U0223251

# 编程改变生活

## 用Python提升你的能力 进阶篇·微课视频版

邢世通 编著

清华大学出版社

北京

## 内 容 简 介

本书以 Python 的实际应用为主线，以理论基础为核心，引导读者渐进式地学习 Python 在生活和工作中的实际应用。

本书分为 4 篇，共 13 章。办公自动化篇（第 1～5 章）、网络应用篇（第 6～10 章）、GUI 编程篇（第 11 和 12 章）、其他应用篇（第 13 章）。

本书示例代码丰富，实用性和系统性较强，并配有视频讲解，助力读者透彻理解书中的重点、难点。精心设计的案例对于工作多年的开发者也有参考价值，并可作为高等院校和培训机构相关专业的教学参考书。本书为进阶版，需要读者有一定的 Python 编程基础。

**图书在版编目（CIP）数据**

编程改变生活：用 Python 提升你的能力.进阶篇：微课视频版/邢世通编著.—北京：清华大学出版社，2023.7

ISBN 978-7-302-63295-5

Ⅰ．①编…　Ⅱ．①邢…　Ⅲ．①软件工具－程序设计　Ⅳ．①TP311.561

中国国家版本馆 CIP 数据核字（2023）第 059305 号

**责任编辑**：赵佳霓
**封面设计**：刘　键
**责任校对**：时翠兰
**责任印制**：杨　艳

**出版发行**：清华大学出版社
　　　　　网　　　址：http://www.tup.com.cn，http://www.wqbook.com
　　　　　地　　　址：北京清华大学学研大厦 A 座　　　邮　　编：100084
　　　　　社 总 机：010-83470000　　　邮　　购：010-62786544
　　　　　投稿与读者服务：010-62776969，c-service@tup.tsinghua.edu.cn
　　　　　质量反馈：010-62772015，zhiliang@tup.tsinghua.edu.cn
　　　　　课件下载：http://www.tup.com.cn，010-83470236
**印 装 者**：北京嘉实印刷有限公司
**经　　销**：全国新华书店
**开　　本**：186mm×240mm　　**印　张**：25.25　　　　**字　　数**：569 千字
**版　　次**：2023 年 9 月第 1 版　　　　**印　　次**：2023 年 9 月第 1 次印刷
**印　　数**：1～2000
**定　　价**：99.00 元

产品编号：101229-01

# 前 言
PREFACE

Python 作为一门优秀的编程语言,由于其语法简洁、优雅、明确,因此受到很多程序员和编程爱好者的青睐。近年来,Python 凭借强大的扩展性和丰富的模块,其应用场景不断扩大。许多人加入了学习 Python 的行列。

也许会有人问:"对于没有编程基础的人,编程会不会太难学了?"其实这样的担心是多余的。Python 的语法简洁易懂,很容易上手,而且学习 Python 不是为了编程而编程,而是为了解决实际的问题。在掌握 Python 编程的基础知识后,就可以用 Python 解决学习和工作中的实际问题,例如复杂的办公自动化、网络爬虫、网络安全、GUI 编程等。

本书有丰富的案例,将语法知识和编程思路融入大量的典型案例中,带领读者学会 Python,并将 Python 应用于解决实际问题中,从而提高能力。

## 本书主要内容

本书分为 4 篇,共 13 章。

办公自动化篇包括第 1～5 章,主要讲解应用 Python 处理 Excel 电子表格、CSV 文件、JSON 文件、PPT 演示文稿、图像、时间日期、多线程、自启动的方法。本篇内容涉及在日常工作和生活中经常要处理的事情,书中提供了批量处理这些事务的方法和代码,这些代码可以直接使用。

网络应用篇包括第 6～10 章,主要讲解应用 Python 操作数据库的方法、应用 requests 模块爬取静态网页的方法、应用 Selenium 模块爬取动态渲染网页的方法、应用正则表达式解析网页的方法、应用 Sqlmap 进行网络安全测试的方法。本篇需要理解 Python 处理数据库的方法及 HTTP,才能比较好地理解使用网络爬虫和网络安全的方法。书中针对网络爬虫列举了大量实例。

GUI 编程篇包括第 11 和 12 章,主要讲解应用 Tkinter 模块创建 GUI 程序的方法、应用 wxPython 创建 GUI 程序的方法。本篇需要读者理解面向过程的程序设计思想和面向对象的程序设计思想。

其他应用篇包括第 13 章,概要讲述了 Python 在创建网站、数据分析等方面的应用。

## 阅读建议

本书主要以实战为目的,书中有丰富的典型案例。这些典型案例贴近工作、学习、生活,应用性强。

建议没有 Python 基础的读者先阅读《编程改变生活——用 Python 提升你的能力(基础篇·微课视频版)》的第一部分,先把 Python 的基本语法知识掌握了,等有了一定的 Python 基础后再来看本书。这些基础知识集中在《编程改变生活——用 Python 提升你的能力(基础篇·微课视频版)》第 1～5 章。有了这些必备知识,阅读后面的章节会比较轻松。如果读者已经具备一定的 Python 基础,则可以直接阅读本书。

## 资源下载提示

素材(源码)等资源:扫描目录上方的二维码下载。

视频等资源:扫描封底的文泉云盘防盗码,再扫描书中相应章节的二维码,可以在线学习。

## 致谢

感谢我的父母、家人、朋友,由于你们的辛勤付出,我才可以全身心地投入写作工作。

感谢赵佳霓编辑,在书稿的审核过程中给我提供了很多建议,没有你们的策划和帮助,我难以顺利完成此书。

感谢我的导师、老师、同学,在我的求学过程中,你们曾经给我很大帮助。感谢为本书付出辛勤工作的每个人!

由于编者水平有限,书中难免存在不妥之处,请读者见谅,并提出宝贵意见。

邢世通

2023 年 5 月

# 目 录

## CONTENTS

教学课件（PPT）

本书源码

## 办公自动化篇

## 网络应用篇

## 其他应用篇

办公自动化篇

# 第 1 章

# 处理 Excel 表格

进入个人计算机时代后,计算机软件改变了人类的工作和生活方式。从客户端的角度出发,对人类影响最大的是办公软件(Word、Excel、PowerPoint)。办公软件 Excel 创建的表格文档称为工作簿,工作簿保存在扩展名为.xlsx 的文件中。每个工作簿可以包含多个表,这些表称为工作表,用户当前查看的工作表称为活动表。

Excel 在数据编辑、处理和分析方面有出色的表现,但在处理重复性、机械性、数据量大的工作方面时,仍需要人工花费大量时间。本章将介绍使用 Python 程序处理 Excel 工作簿,让 Python 程序处理重复性的工作,从而提高工作效率。

在 Python 中,有专门的模块处理 Excel 工作簿,可以读取 Excel 工作簿、创建 Excel 工作簿,可以添加文本、样式、表格、图片,并提供了批量处理 Excel 工作簿的方法。

## 1.1　Python 处理 Excel 工作簿的 9 个模块

在 Python 中,主要有 9 个模块可以处理 Excel 工作簿。这 9 个模块的功能各不相同,这 9 个模块的各自功能见表 1-1。

▶4min

表 1-1　处理 Excel 工作簿的 9 个模块的功能

| 模　　块 | .xls | .xlsx | 读 | 写 | 修改 | 批量操作 |
|---|---|---|---|---|---|---|
| XlsxWriter | × | √ | × | √ | × | × |
| xlrd | √ | √ | √ | × | × | × |
| xlwt | √ | √ | × | √ | × | × |
| xlutils | √ | × | √ | √ | √ | × |
| openpyxl | × | √ | √ | √ | √ | × |
| xlwings | √ | √ | √ | √ | √ | √ |
| pywin32 | √ | √ | √ | √ | √ | √ |
| DataNitro | √ | √ | — | — | — | — |
| Pandas | √ | √ | √ | √ | √ | × |

从表 1-1 可以得出,openpyxl 模块、xlwings 模块、pywin32 模块是功能比较全的模块。由于 pywin32 模块是基于 Windows API(应用程序接口)的,使用起来比较复杂,因此本章

主要讲解 openpyxl 模块和 xlwings 模块。DataNitro 模块可以内嵌在 Excel 程序中,这是个商业软件,需要缴纳费用才能使用。Pandas 模块也是一个很强大的模块,本章会讲解 Pandas 模块的一个应用广泛的功能。

# 1.2 openpyxl 模块

33min

在 Python 中,可以使用 openpyxl 模块处理 Excel 工作簿。由于 openpyxl 模块是第三方模块,所以需要安装此模块。安装 openpyxl 模块需要在 Windows 命令行窗口中输入的命令如下:

```
pip install openpyxl -i https://pypi.tuna.tsinghua.edu.cn/simple
```

然后,按 Enter 键,即可安装 openpyxl 模块,如图 1-1 所示。

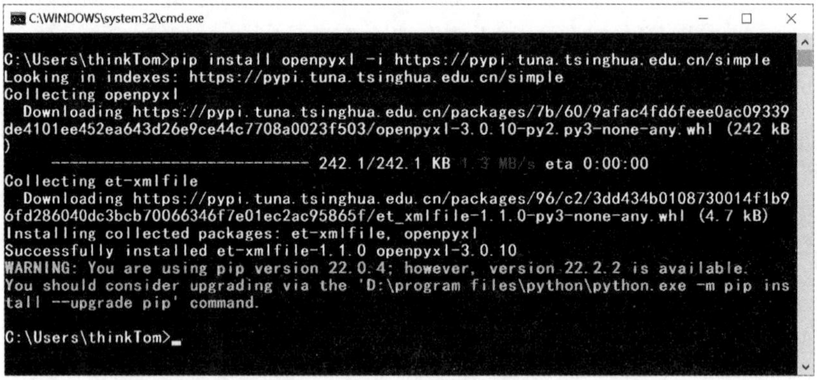

图 1-1  安装 openpyxl 模块

## 1.2.1  读取 Excel 工作簿

第三方模块 openpyxl 模块是采用面向对象的思想编写而成的。该模块可以创建 3 个层次的对象,最顶层的对象是工作簿(Workbook)对象,对应 Excel 工作簿;第 2 层的对象是工作表(Worksheet)对象,对应 Excel 工作表;第 3 层的对象是单元格(Cell)对象,对应 Excel 中的单元格。

### 1. 创建工作簿(Workbook)对象和工作表(Worksheet)对象

在 openpyxl 模块中,可以通过函数 openpyxl.load_workbook()打开一个 Excel 文档并返回一个工作簿(Workbook)对象。调用 Workbook 对象中的方法 get_sheet_by_name()就可以创建工作表(Worksheet)的对象,其语法格式如下:

```
import openpyxl
workbook1 = openpyxl.load_workbook(path)
sheet1 = workbook1.get_sheet_by_name(sheet_name)
```

其中,path 表示 Excel 文档的路径;sheet_name 表示 Excel 中工作表的名字。另外也可以通过访问 Workbook 列表的方式创建工作表对象,其语法格式如下:

```
import openpyxl
workbook1 = openpyxl.load_workbook(path)
sheet1 = workbook1[sheet_name]
```

【实例 1-1】　在 D 盘 test 文件夹下有一个 Excel 文档(销售数据.xlsx),如图 1-2 所示。

| | A | B | C | D | E |
|---|---|---|---|---|---|
| 1 | 出货日期 | 客户名 | 产品名称 | 购买数量 | 单位 |
| 2 | 2022/6/9 | 贾宝玉 | 洗衣机 | 10 | 台 |
| 3 | 2022/6/19 | 林黛玉 | 电饭煲 | 20 | 台 |
| 4 | 2022/7/6 | 史湘云 | 微波炉 | 16 | 台 |
| 5 | 2022/7/16 | 薛宝钗 | 冰箱 | 32 | 台 |
| 6 | 2022/8/10 | 贾探春 | 电吹风 | 26 | 个 |
| 7 | 2022/8/21 | 王熙凤 | 豆浆机 | 18 | 台 |
| 8 | | | | | |
| 9 | | | | | |

Sheet1　Sheet2

图 1-2　销售数据.xlsx

使用 openpyxl 模块中的两种方法获取工作表对象,并打印工作表对象,代码如下:

```
# === 第 1 章 代码 1-1.py === #
from openpyxl import load_workbook

workbook = load_workbook('D:\\test\\销售数据.xlsx')
worksheet1 = workbook['Sheet1']
print(worksheet1)
worksheet2 = workbook.get_sheet_by_name('Sheet1')
print(worksheet2)
```

运行结果如图 1-3 所示。

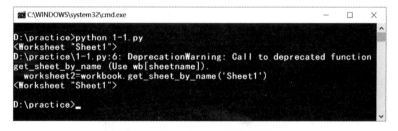

图 1-3　代码 1-1.py 的运行结果

**注意**:从图 1-3 可以得知,工作簿对象的 get_sheet_by_name()方法将被放弃,建议使用 workbook[sheetname]的方法获取工作表对象。

**2. 工作簿(Workbook)对象的属性和方法**

在 openpyxl 模块中,Workbook 对象的常用方法和属性见表 1-2。

表 1-2　Workbook 对象的常用方法和属性

| 方法或属性 | 说　明 |
| --- | --- |
| Workbook. create_sheet() | 创建 Excel 工作簿 |
| Workbook. copy_worksheet() | 创建工作表的副本 |
| Workbook. get_sheet_names() | 返回工作簿下所有的工作表名字 |
| Workbook. get_sheet_by_name(sheetname) | 返回工作表(sheetname)对象 |
| Workbook. get_active_sheet() | 返回工作簿中活动表的对象 |
| Workbook. save(path) | 保存 Excel 工作簿 |
| Workbook. remove_sheet(sheetname) | 删除工作簿中的工作表 |
| Workbook[sheetname] | 返回工作表(Sheet)对象 |
| Workbook. title | 返回或设置工作簿的名字 |
| Workbook. sheetname | 返回 Excel 中所有的工作簿 |
| Workbook. sheet_properties. tabColor | 返回表格背景颜色 |

**3. 通过工作表(Worksheet)对象获取单元格(Cell)对象**

在 openpyxl 模块中,通过 Workbook 对象的方法获得 Worksheet 对象。通过 Worksheet 对象的方法就可以获得单元格的数据。从图 1-2 可以得出,每个工作表中列的地址是大写的英文字母 A、B、C、D、E…,每个工作表中行的地址是数字 1、2、3、4、5…,所以可以通过 Worksheet['A1'] 的方式获取工作表中第 1 行第 1 列单元格对象,或者通过 Worksheet['C5'] 的方式获取工作表中第 5 行第 3 列的单元格对象,然后通过单元格对象的 value 属性读取单元格数据,通过单元格对象的 coordinate 属性获得单元格的坐标或地址。

单元格对象也称为 Cell 对象。Worksheet 对象可以通过切片的方式获得某个范围中所有的 Cell 对象,例如 WorkSheet[A1:D4]。

【实例 1-2】 在 D 盘 test 文件夹下有一个 Excel 文档(销售数据.xlsx),如图 1-2 所示。使用 openpyxl 模块中的方法获得第 1 行第 1 列 Cell 对象,第 2 行第 3 列 Cell 对象,并读取 Cell 对象的数据。使用切片的方式从 Worksheet 对象获取从第 1 行第 1 列到第 5 行第 5 列区域中的 Cell 对象,并遍历该从第 1 行第 1 列到第 4 行第 3 列单元格的坐标和数据,代码如下:

```python
# === 第 1 章 代码 1-2.py === #
from openpyxl import load_workbook

wkbook = load_workbook('D:\\test\\销售数据.xlsx')
wsheet = wkbook['Sheet1']
print(wsheet['A1'])
print(wsheet['C2'])
print(wsheet['A1'].value)
print(wsheet['C2'].value)
print(wsheet['A1':'E5'])
for row_obj in wsheet['A1':'C4']:
    for cell_obj in row_obj:
            print(cell_obj.coordinate, cell_obj.value)
```

运行结果如图 1-4 所示。

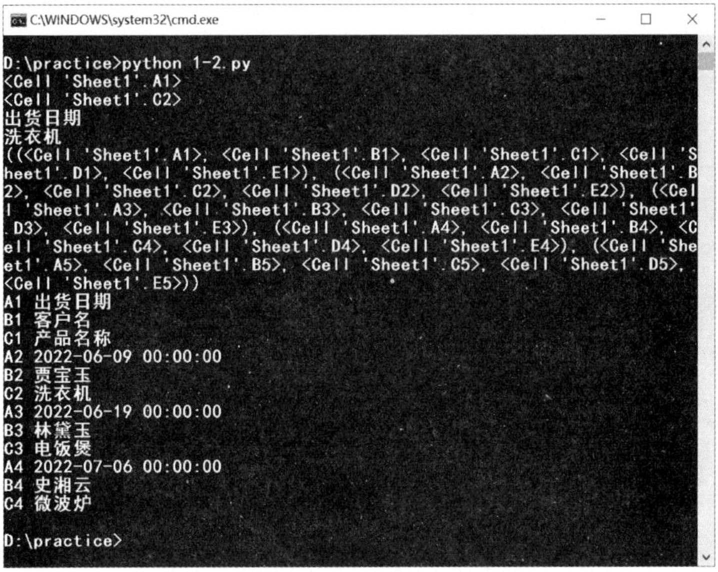

图 1-4　代码 1-2. py 的运行结果

### 4. 工作表(Worksheet)对象和单元格(Cell)对象的属性和方法

在 openpyxl 模块中,Worksheet 对象的常用方法和属性见表 1-3。

表 1-3　Worksheet 对象的常用方法和属性

| 方法或属性 | 说　　明 |
| --- | --- |
| Worksheet[str] | 返回指定单元格对象 |
| Worksheet[str1:str2] | 使用切片法获取某区域中所有的单元格对象 |
| Worksheet[str]. value | 返回指定单元格对象的值 |
| Worksheet[str]. coordinate | 返回指定单元格对象的坐标 |
| Worksheet. values | 获取包含工作表对象单元格的值的 generator 对象 |
| Worksheet. columns[num] | 返回指定列中的单元格对象 |
| Worksheet. rows[str] | 返回指定行中的单元格对象 |
| Worksheet. cell(row＝num1,column＝num2) | 返回指定单元格对象 |
| Worksheet. append() | 给工作表写入数据 |
| Worksheet. merge_cells(str) | 合并指定区域的单元格,例如 Worksheet. merge_cells('A1:D3') |
| Worksheet. unmerge_cells(str) | 拆分指定区域的单元格,例如 Worksheet. unmerge_cells('A1:E5') |
| Worksheet. max_row | 返回工作表对象中最大的行数 |
| Worksheet. max_column | 返回工作表对象中最大的列数 |
| Worksheet. row_dimensions[num]. height | 返回指定行的高度 |
| Worksheet. column_dimensions[str]. width | 返回指定列的宽度 |

在 openpyxl 模块中,Cell 对象的常用属性见表 1-4。

表 1-4　Cell 对象的常用属性

| 方法或属性 | 说　　明 |
| --- | --- |
| Cell. value | 返回单元格对象的值 |
| Cell. coordinate | 返回单元格对象的坐标或地址 |

【实例 1-3】　在 D 盘 test 文件夹下有一个 Excel 文档(销售数据. xlsx),如图 1-2 所示。使用 openpyxl 模块中的两种方法遍历工作表 Sheet1 中的数据,代码如下:

```python
# === 第 1 章 代码 1 - 3. py === #
from openpyxl import load_workbook

workbook = load_workbook('D:\\test\\销售数据.xlsx')
worksheet = workbook['Sheet1']
# 第 1 种方法
for row in range(1, worksheet.max_row + 1):
    date1 = str(worksheet['A' + str(row)].value)
    date1 = date1[0: - 9]
    customer = worksheet['B' + str(row)].value
    produce = worksheet['C' + str(row)].value
    number = worksheet['D' + str(row)].value
    unit = worksheet['E' + str(row)].value
    print(date1, customer, produce, number, unit)
# 第 2 种方法
row_list = list(worksheet.values)
for row in row_list:
    print(row)
```

运行结果如图 1-5 所示。

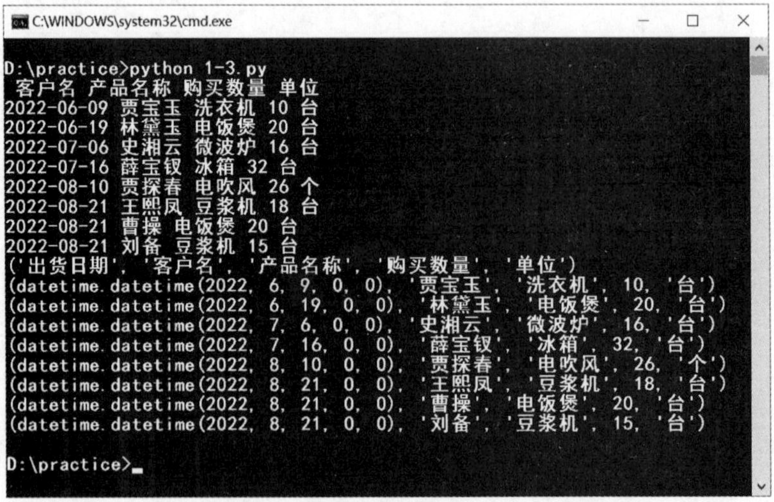

图 1-5　代码 1-3. py 的运行结果

## 1.2.2　写入 Excel 工作簿

### 1. 通过单元格(Cell)对象的属性写入数据

【实例 1-4】　在 D 盘 test 文件夹下有一个 Excel 文档(销售数据.xlsx),如图 1-2 所示。使用 openpyxl 模块中 Cell 对象的属性写入一组数据,代码如下:

```
# === 第 1 章 代码 1-4.py === #
from openpyxl import load_workbook

workbook = load_workbook('D:\\test\\销售数据.xlsx')
worksheet = workbook['Sheet1']
worksheet.cell(row=8,column=1).value = '2022/9/29'
worksheet.cell(row=8,column=2).value = '曹操'
worksheet.cell(row=8,column=3).value = '手术机器人'
worksheet.cell(row=8,column=4).value = '1'
worksheet.cell(row=8,column=5).value = '台'
workbook.save('D:\\test\\销售数据.xlsx')
```

运行结果如图 1-6 所示。

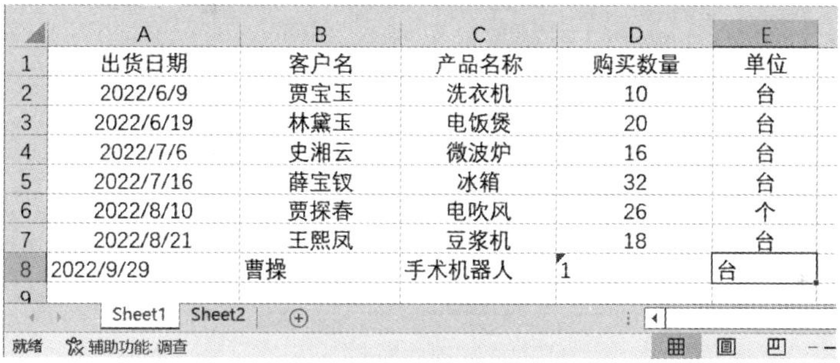

| | A | B | C | D | E |
|---|---|---|---|---|---|
| 1 | 出货日期 | 客户名 | 产品名称 | 购买数量 | 单位 |
| 2 | 2022/6/9 | 贾宝玉 | 洗衣机 | 10 | 台 |
| 3 | 2022/6/19 | 林黛玉 | 电饭煲 | 20 | 台 |
| 4 | 2022/7/6 | 史湘云 | 微波炉 | 16 | 台 |
| 5 | 2022/7/16 | 薛宝钗 | 冰箱 | 32 | 台 |
| 6 | 2022/8/10 | 贾探春 | 电吹风 | 26 | 个 |
| 7 | 2022/8/21 | 王熙凤 | 豆浆机 | 18 | 台 |
| 8 | 2022/9/29 | 曹操 | 手术机器人 | 1 | 台 |

Sheet1　Sheet2　⊕

就绪　辅助功能: 调查

图 1-6　代码 1-4.py 写入的数据

### 2. 通过工作表(Worksheet)对象的方法写入数据

【实例 1-5】　在 D 盘 test 文件夹下有一个 Excel 文档(销售数据.xlsx),如图 1-6 所示。使用 openpyxl 模块中的 Worksheet 对象的属性写入两组数据,代码如下:

```
# === 第 1 章 代码 1-5.py === #
from openpyxl import load_workbook

workbook = load_workbook('D:\\test\\销售数据.xlsx')
worksheet = workbook['Sheet1']
data1_list = ['2022/9/29','华佗','核磁共振仪','1','台']
data2_list = ['2022/9/19','刘备','无人飞行器','10','台']
worksheet.append(data1_list)
worksheet.append(data2_list)
workbook.save('D:\\test\\销售数据.xlsx')
```

运行结果如图 1-7 所示。

| | A | B | C | D | E |
|---|---|---|---|---|---|
| 1 | 出货日期 | 客户名 | 产品名称 | 购买数量 | 单位 |
| 2 | 2022/6/9 | 贾宝玉 | 洗衣机 | 10 | 台 |
| 3 | 2022/6/19 | 林黛玉 | 电饭煲 | 20 | 台 |
| 4 | 2022/7/6 | 史湘云 | 微波炉 | 16 | 台 |
| 5 | 2022/7/16 | 薛宝钗 | 冰箱 | 32 | 台 |
| 6 | 2022/8/10 | 贾探春 | 电吹风 | 26 | 个 |
| 7 | 2022/8/21 | 王熙凤 | 豆浆机 | 18 | 台 |
| 8 | 2022/9/29 | 曹操 | 手术机器人 | 1 | 台 |
| 9 | 2022/9/29 | 华佗 | 核磁共振仪 | 1 | 台 |
| 10 | 2022/9/19 | 刘备 | 无人飞行器 | 10 | 台 |
| 11 | | | | | |

图 1-7　代码 1-5.py 写入的数据

## 1.2.3　批量生成 Excel 工作表

在实际工作和生活中,可以利用 openpyxl 模块和 Excel 模板批量创建 Excel 工作表。

【实例 1-6】　在 D 盘 test 文件夹下有一个 Excel 文档(销售数据.xlsx),如图 1-8 所示。

| | A | B | C | D | E |
|---|---|---|---|---|---|
| 1 | 出货日期 | 客户名 | 产品名称 | 购买数量 | 单位 |
| 2 | 2022/6/9 | 贾宝玉 | 洗衣机 | 10 | 台 |
| 3 | 2022/6/19 | 林黛玉 | 电饭煲 | 20 | 台 |
| 4 | 2022/7/6 | 史湘云 | 微波炉 | 16 | 台 |
| 5 | 2022/7/16 | 薛宝钗 | 冰箱 | 32 | 台 |
| 6 | 2022/8/10 | 贾探春 | 电吹风 | 26 | 个 |
| 7 | 2022/8/21 | 王熙凤 | 豆浆机 | 18 | 台 |
| 8 | 2022/8/21 | 曹操 | 电饭煲 | 20 | 台 |
| 9 | 2022/8/21 | 刘备 | 豆浆机 | 15 | 台 |
| 10 | | | | | |

图 1-8　销售数据.xlsx

现在需要根据出货日期分类整理成多个出货清单,使用的模板存放在 Excel 工作簿(出货清单.xlsx)中,如图 1-9 所示。

图 1-9　出货清单模板

使用 openpyxl 模块在出货清单.xlsx 文件中批量创建 Excel 工作表,即批量创建出货清单工作表,代码如下:

```python
# === 第1章 代码1-6.py === #
from openpyxl import load_workbook

workbook = load_workbook('D:\\test\\销售数据.xlsx')
worksheet = workbook['Sheet1']
data = {}
for row in range(2, worksheet.max_row + 1):
    date1 = str(worksheet['A' + str(row)].value)
    date1 = date1[0: -9]
    data.setdefault(date1, [])
    customer = worksheet['B' + str(row)].value
    produce = worksheet['C' + str(row)].value
    number = worksheet['D' + str(row)].value
    unit = worksheet['E' + str(row)].value
    info_list = [customer, produce, number, unit]
    data[date1].append(info_list)

for key, value in data.items():
    print(key, value)

wk_day = load_workbook('D:\\test\\出货清单.xlsx')
ws_day = wk_day['出货清单模板']
# 遍历字典data中的键
for date in data.keys():
    ws_new = wk_day.copy_worksheet(ws_day)
    ws_new.title = str(date)[-5:]
    ws_new.cell(row=2, column=4).value = date
    i = 4  # 从第4行开始逐行填写出货记录
    for product in data[date]:
        ws_new.cell(row=i, column=1).value = product[0]
        ws_new.cell(row=i, column=2).value = product[1]
        ws_new.cell(row=i, column=3).value = product[2]
        ws_new.cell(row=i, column=4).value = product[3]
        i = i + 1

wk_day.save('D:\\test\\出货清单.xlsx')
```

运行结果如图1-10和图1-11所示。

图1-10　代码1-6.py的运行结果

图 1-11　代码 1-6.py 批量创建的工作表

## 1.2.4　提取 PDF 表格存储在 Excel 工作表中

在实际工作和生活中,需要将 PDF 文档中表格数据提取出来,并存储在 Excel 工作表中。运用《编程改变生活——用 Python 提升你的能力(基础篇·微课视频版)》第 16 章讲解的 pdfplumber 模块可以提取 PDF 文档中的表格,然后通过 openpyxl 模块存储在 Excel 工作表中。

【实例 1-7】　在 D 盘 test 文件夹下有一个 PDF 文档(2021 年报.pdf)和一个空 Excel 文档(pdf_excel.xlsx),PDF 文档的第 76 页是资产负债表的一部分,如图 1-12 所示。

| 项目 | 2020 年 12 月 31 日 | 2021 年 1 月 1 日 | 调整数 |
|---|---|---|---|
| **流动资产:** | | | |
| 货币资金 | 36,091,090,060.90 | 36,091,090,060.90 | |
| 结算备付金 | | | |
| 拆出资金 | 118,199,586,541.06 | 118,199,586,541.06 | |
| 交易性金融资产 | | | |
| 衍生金融资产 | | | |
| 应收票据 | 1,532,728,979.67 | 1,532,728,979.67 | |
| 应收账款 | | | |
| 应收款项融资 | | | |
| 预付款项 | 898,436,259.15 | 898,436,259.15 | |
| 应收保费 | | | |
| 应收分保账款 | | | |
| 应收分保合同准备金 | | | |
| 其他应收款 | 34,488,582.19 | 34,488,582.19 | |
| 其中:应收利息 | | | |
| 应收股利 | | | |
| 买入返售金融资产 | | | |
| 存货 | 28,869,087,678.06 | 28,869,087,678.06 | |
| 合同资产 | | | |
| 持有待售资产 | | | |
| 一年内到期的非流动资产 | | | |
| 其他流动资产 | 26,736,855.91 | 26,736,855.91 | |
| 流动资产合计 | 185,652,154,956.94 | 185,652,154,956.94 | |
| **非流动资产:** | | | |
| 发放贷款和垫款 | 2,953,036,834.80 | 2,953,036,834.80 | |
| 债权投资 | 20,143,397.78 | 20,143,397.78 | |
| 其他债权投资 | | | |
| 长期应收款 | | | |
| 长期股权投资 | | | |
| 其他权益工具投资 | | | |
| 其他非流动金融资产 | 9,830,052.91 | 9,830,052.91 | |
| 投资性房地产 | | | |
| 固定资产 | 16,225,082,847.29 | 16,225,082,847.29 | |
| 在建工程 | 2,447,444,843.03 | 2,447,444,843.03 | |
| 生产性生物资产 | | | |
| 油气资产 | | | |
| 使用权资产 | | 536,281,365.04 | 536,281,365.04 |
| 无形资产 | 4,817,170,981.91 | 4,817,170,981.91 | |
| 开发支出 | | | |
| 商誉 | | | |
| 长期待摊费用 | 147,721,526.43 | 147,721,526.43 | |
| 递延所得税资产 | 1,123,225,086.37 | 1,123,225,086.37 | |
| 其他非流动资产 | | | |
| 非流动资产合计 | 27,743,655,570.52 | 28,279,936,935.56 | 536,281,365.04 |
| 资产总计 | 213,395,810,527.46 | 213,932,091,892.50 | 536,281,365.04 |
| **流动负债:** | | | |
| 短期借款 | | | |
| 向中央银行借款 | | | |

76 / 124

图 1-12　PDF 文档中的表格数据

提取 PDF 文档中第 76 页表格数据,并存储在 Excel 文档(pdf_excel.xlsx)的工作表中,代码如下:

```python
# === 第 1 章 代码 1-7.py === #
import pdfplumber
import os
from openpyxl import load_workbook

wb = load_workbook('D:\\test\\pdf_excel.xlsx')
ws = wb['Sheet1'] #获取第 1 个 Sheet
os.chdir('D:\\test\\')
with pdfplumber.open('2021 年报.pdf') as pdf:
    page = pdf.pages[75] #设置操作页面
    for rows in page.extract_tables():
        for row in rows:
            ws.append(row)
    wb.save('pdf_excel.xlsx')
```

运行结果如图 1-13 所示。

| | A | B | C | D |
|---|---|---|---|---|
| 1 | 项目 | 2020年12月31日 | 2021年1月1日 | 调整数 |
| 2 | 流动资产: | | | |
| 3 | 货币资金 | 36,091,090,060.90 | 36,091,090,060.90 | |
| 4 | 结算备付金 | | | |
| 5 | 拆出资金 | 118,199,586,541.06 | 118,199,586,541.06 | |
| 6 | 交易性金融资产 | | | |
| 7 | 衍生金融资产 | | | |
| 8 | 应收票据 | 1,532,728,979.67 | 1,532,728,979.67 | |
| 9 | 应收账款 | | | |
| 10 | 应收款项融资 | | | |
| 11 | 预付款项 | 898,436,259.15 | 898,436,259.15 | |
| 12 | 应收保费 | | | |
| 13 | 应收分保账款 | | | |
| 14 | 应收分保合同准备金 | | | |
| 15 | 其他应收款 | 34,488,582.19 | 34,488,582.19 | |
| 16 | 其中: 应收利息 | | | |
| 17 | 应收股利 | | | |
| 18 | 买入返售金融资产 | | | |
| 19 | 存货 | 28,869,087,678.06 | 28,869,087,678.06 | |
| 20 | 合同资产 | | | |
| 21 | 持有待售资产 | | | |
| 22 | 一年内到期的非流动资产 | | | |
| 23 | 其他流动资产 | 26,736,855.91 | 26,736,855.91 | |
| 24 | 流动资产合计 | 185,652,154,956.94 | 185,652,154,956.94 | |
| 25 | 非流动资产: | | | |
| 26 | 发放贷款和垫款 | 2,953,036,834.80 | 2,953,036,834.80 | |
| 27 | 债权投资 | 20,143,397.78 | 20,143,397.78 | |

图 1-13 代码 1-7.py 运行后存储在工作表中的数据

## 1.3 xlwings 模块

在 Python 中,可以使用 xlwings 模块处理 Excel 工作簿,该模块的名字由 xl 和 wings (翅膀)构成,寓意给 Excel 文件添加翅膀,让 Excel 飞起来。由于 xlwings 模块是第三方模块,所以需要安装此模块。安装 xlwings 模块需要在 Windows 命令行窗口中输入的命令如下:

▶ 36min

```
pip install xlwings - i https://pypi.tuna.tsinghua.edu.cn/simple
```

然后按 Enter 键,即可安装 xlwings 模块,如图 1-14 所示。

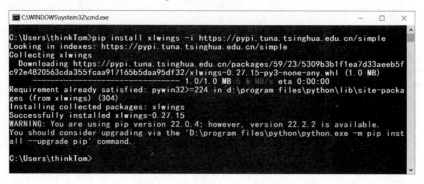

图 1-14　安装 xlwings 模块

### 1.3.1　xlwings 模块中的对象

第三方模块 xlwings 模块是采用面向对象的思想编写而成的。该模块可以创建 4 个层次的对象,最顶层的对象是 Excel 应用程序(App)对象,对应 Excel 应用程序。第 2 层对象是工作簿(Book)对象,对应 Excel 工作簿;第 3 层的对象是工作表(Sheet)对象,对应 Excel 工作表;第 4 层的对象是单元格(Range)对象,对应 Excel 中的单元格。4 个层次对象的逻辑结构如图 1-15 所示。

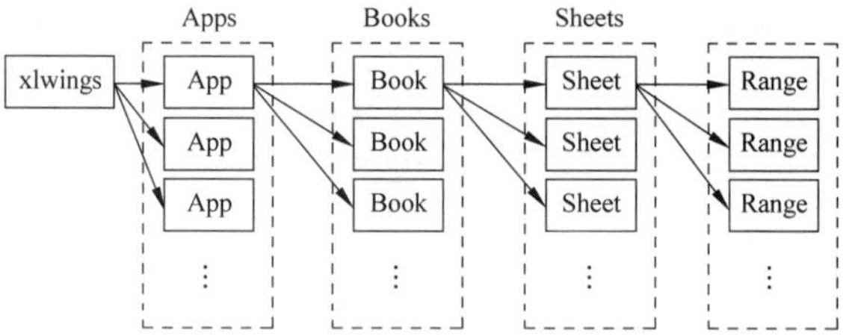

图 1-15　xlwings 模块中 4 个对象的逻辑结构图

在 xlwings 模块中,xlwings 模块可以创建多个 Excel 应用程序(App)对象;每个 App 对象可以创建多个工作簿(Book)对象;每个 Book 对象可以创建多个工作表(Sheet)对象;每个 Sheet 对象可以创建多个单元格(Range)对象。

#### 1. 创建应用程序(App)对象和工作簿(Book)对象

在 xlwings 模块中,可以使用函数 xlwings. App()创建 App 对象,其语法格式如下:

```
import xlwings as xw
app = xw. App(visible = False,add_book = False)
```

其中,visible 表示创建的 App 对象是否可见;add_book 表示是否在打开的工作簿中新增工作表。

在 xlwings 模块中,可以使用函数 xlwings. Book()创建一个 Book 对象,也可以应用已创建的 App 对象的方法创建一个 Book 对象,其语法格式如下:

```
import xlwings as xw
#第 1 种方法
wb1 = xw. Book()  #创建一个新的 App 对象,并在 App 对象中新建一个工作簿 Book 对象
```

```
＃第2种方法
app2 = xw. App(visible = False, add_book = False)
wb2 = app2.books.add()                ＃创建一个新的工作簿 Book 对象
wb3 = app2.books.open(path)           ＃打开 Excel 工作簿并创建工作簿 Book 对象
```

其中，path 表示 Excel 文件的路径。

在 xlwings 模块中，应用程序（App）对象常用的方法和属性见表 1-5。

表 1-5　App 对象常用的方法和属性

| 方法或属性 | 说　明 |
| --- | --- |
| App. kill() | 终止进程，强制退出 |
| App. quit() | 在不保存的情况下退出 Excel 程序 |
| App. books | 返回 App 对象下所有 Book 对象的列表 |
| App. book. add() | 创建一个新的 Book 对象 |
| App. book. open(path) | 打开 Excel 工作簿并创建 Book 对象 |
| App. book. active() | 返回 App 对象下活动的 Book 对象 |

在 xlwings 模块中，工作簿（Book）对象常用的方法和属性见表 1-6。

表 1-6　Book 对象常用的方法和属性

| 方法或属性 | 说　明 |
| --- | --- |
| Book. close() | 关闭工作簿 |
| Book. save(path) | 保存工作簿 |
| Book. active() | 激活工作簿 |
| Book. active(steal_focus = True) | 激活工作簿，把窗口显示到最上层，并且把焦点从 Python 切换到 Excel |
| Book. fullname | 返回工作簿的绝对路径 |
| Book. name | 返回工作簿的名称（带扩展名） |
| Book. app | 返回创建工作簿的 App 对象 |
| Book. display_alerts | 是否开启提示，例如保存提示 |
| Book. screen_updating | 是否更新显示内容，若值为 False，则看不到文档的打开或变化 |
| Book. sheets | 返回工作表对象列表 |
| Book. sheets[sheetname] | 返回名称是 sheetname 的工作表对象 |
| Book. sheets[num] | 返回序号是 num 的工作表对象 |
| Book. sheets. active() | 返回当前工作簿中的活动工作表 |

### 2. 创建工作表（Sheet）对象

在 xlwings 模块中，可以应用已创建的 Book 对象的方法选择工作表并创建 Sheet 对象，其语法格式如下：

```
import xlwings as xw
app = xw. App(visible = False, add_book = False)
book = app. books. open(path)
sheet1 = book. sheets[sheetname]        ＃选择名称是 sheetname 的工作表
sheet2 = book. sheets[num]              ＃选择序号是 num 的工作表
```

其中,path 表示 Excel 文档的路径；sheetname 表示工作表的名称；num 表示工作表的序号,初始数从 0 开始。

在 xlwings 模块中,可以应用已创建的 Book 对象的方法新增工作表并创建 Sheet 对象,其语法格式如下：

```
import xlwings as xw
app = xw.App(visible = False,add_book = False)
book = app.books.open(path)
sheet1 = book.add(new_sheet,after = old_sheet)
```

其中,new_sheet 表示新增工作表的名称；old_sheet 表示已有工作表的名称。

在 xlwings 模块中,工作表(Sheet)对象常用的方法和属性见表 1-7。

**表 1-7　Sheet 对象常用的方法和属性**

| 方法或属性 | 说　　明 |
|---|---|
| Sheet.add(new_sheet,after=old_sheet) | 新增工作表并创建 Sheet 对象 |
| Sheet.activate() | 激活当前工作表 |
| Sheet.clear() | 清除工作表的所有内容和格式 |
| Sheet.clear_contents() | 清除工作表的内容,但保留原格式 |
| Sheet.delete() | 删除工作表 |
| Sheet.name | 返回工作表的名称 |
| Sheet.book | 返回工作表所属的工作簿 |
| Sheet.cells | 返回工作表上单元格的区域对象 |
| Sheet.index | 返回工作表的索引值 |
| Sheet.used_range | 返回工作表中用过的区域,如果是空表,则返回 A1 单元格 |
| Sheet.range(coordinate) | 返回坐标是 coordinate 的单元格对象,例如 A1、B3 |
| Sheet.cells(a,b) | 返回坐标是(a,b)的单元格对象 |
| Sheet.range(str1:str2) | 使用切片的方式获取某一区域的单元格对象 |
| Sheet[str1:str2] | 使用切面的方式获取某一区域的单元格对象 |

**【实例 1-8】** 在 D 盘 test 文件夹下有一个 Excel 文档(销售数据.xlsx),该文档中的工作表 Sheet2 如图 1-16 所示。

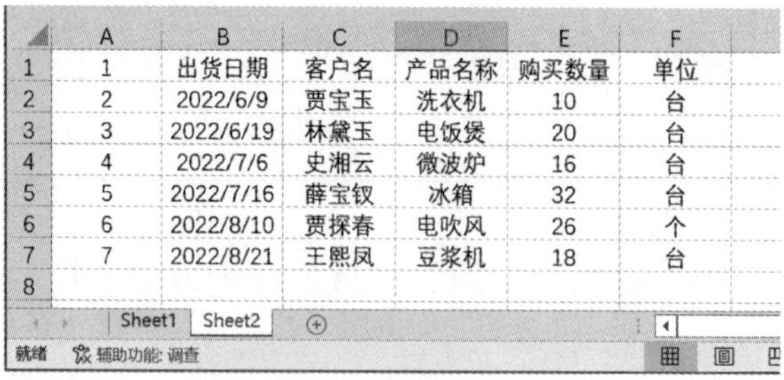

| | A | B | C | D | E | F |
|---|---|---|---|---|---|---|
| 1 | 1 | 出货日期 | 客户名 | 产品名称 | 购买数量 | 单位 |
| 2 | 2 | 2022/6/9 | 贾宝玉 | 洗衣机 | 10 | 台 |
| 3 | 3 | 2022/6/19 | 林黛玉 | 电饭煲 | 20 | 台 |
| 4 | 4 | 2022/7/6 | 史湘云 | 微波炉 | 16 | 台 |
| 5 | 5 | 2022/7/16 | 薛宝钗 | 冰箱 | 32 | 台 |
| 6 | 6 | 2022/8/10 | 贾探春 | 电吹风 | 26 | 个 |
| 7 | 7 | 2022/8/21 | 王熙凤 | 豆浆机 | 18 | 台 |
| 8 | | | | | | |



图 1-16　销售数据.xlsx

使用 xlwings 模块创建并打印 App 对象、Book 对象。使用两种方法创建 Sheet 对象,然后打印该对象,代码如下：

```
# === 第 1 章 代码 1-8.py === #
import xlwings as xw

app = xw.App(visible = False,add_book = False)
book = app.books.open('D:\\test\\销售数据.xlsx')
sheet1 = book.sheets['Sheet2']
sheet2 = book.sheets[1]
print(app)
print(book)
print(sheet1)
print(sheet2)
book.close()
app.quit()
```

运行结果如图 1-17 所示。

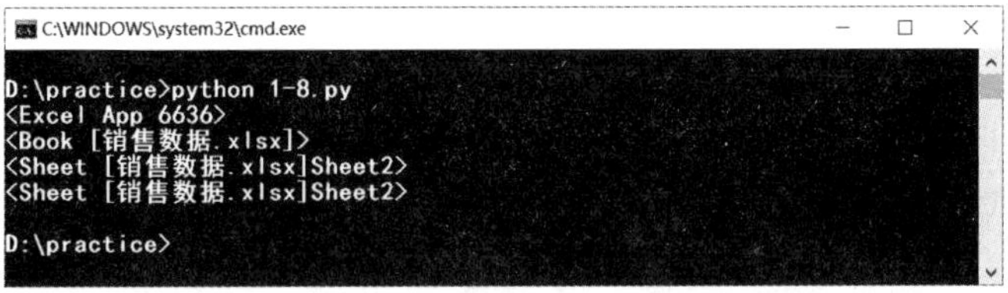

图 1-17　代码 1-8.py 的运行结果

### 3. 创建单元格(Range)对象

在 xlwings 模块中,可以应用已创建的 Sheet 对象的方法选择指定的单元格并创建 Range 对象,其语法格式如下:

```
import xlwings as xw
app = xw.App(visible = False,add_book = False)
book = app.books.open(path)
sheet = book.sheets[sheetname]        # 选择名称是 sheetname 的工作表
range1 = sheet.range(str1)            # 使用 Sheet 对象的 range()方法创建单元格对象
range2 = sheet[str2]                  # 使用列表的方式创建单元格对象
range3 = sheet.cells(num1,num2)       # 使用 Sheet 对象的 cell()方法创建单元格对象
```

其中,str1、str2 表示工作表中单元格的地址,例如'A1'、'B3'、'C5';num1、num2 表示工作表中单元格的行、列索引。在 xlwings 模块中,可以使用切片的方式获取某一区域的单元格对象,例如 sheet['A1:C5']。

【实例 1-9】　在 D 盘 test 文件夹下有一个 Excel 文档(销售数据.xlsx),该文档中的工作表 Sheet2 如图 1-16 所示。使用 3 种方法创建第 1 行第 1 列的单元格对象,然后打印该对象和对象的值,代码如下:

```
# === 第 1 章 代码 1-9.py === #
import xlwings as xw
```

```
app = xw. App(visible = False, add_book = False)
book = app. books. open('D:\\test\\销售数据.xlsx')
sheet1 = book. sheets['Sheet2']
data1 = sheet1. range('a1')
data2 = sheet1['a1']
data3 = sheet1. cells(1,1)
print(data1)
print(data2)
print(data3)
print(data1.value)
print(data2.value)
print(data3.value)
book. close()
app. quit()
```

运行结果如图 1-18 所示。

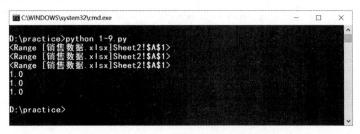

图 1-18　代码 1-9. py 的运行结果

在 xlwings 模块中,单元格(Range)对象常用的方法和属性见表 1-8。

表 1-8　Range 对象常用的方法和属性

| 方法或属性 | 说　　明 |
| --- | --- |
| Range. value | 返回单元格的值 |
| Range. get_address() | 获取单元格的地址 |
| Range. add_hyperlink(address, text_to_display = None, screen_tip = None) | 在单元格中添加超链接 |
| Range. clear() | 清除单元格的内容和格式 |
| Range. clear_contents() | 清除单元格的内容 |
| Range. autofit() | 自动调节单元格的行高和列宽 |
| Range. options(convert = None, ** options) | 允许设置转换器及其选项,合并 Range 对象 |
| Range. formula | 返回单元格的公式 |
| Range. color | 返回单元格背景颜色 |
| Range. column | 返回单元格所在列的列数 |
| Range. column_width | 返回单元格列的宽度 |
| Range. row | 返回单元格所在行的行数 |
| Range. row_height | 返回单元格行的宽度 |
| Range. name | 返回单元格的名字 |
| Range. count | 返回单元格的数量 |
| Range. last_cell. row | 返回单元格区域的最后一行 |

续表

| 方法或属性 | 说　　明 |
|---|---|
| Range. last_cell. column | 返回单元格区域的最后一列 |
| Range. expand('table') | 以单元格为起点选择工作表中所有单元格对象 |
| Range. api. merge() | 通过 pywin32 的 API 合并单元格区域 |
| Range. api. unmerge() | 通过 pywin32 的 API 拆分单元格 |
| Range. offset(row_offset＝0,column_offset＝0) | 对单元格或单元格区域进行合并 |
| Range. rows | 返回单元格区域的所有行 |
| Range. columns | 返回单元格区域的所有列 |

**注意**：xlwings 是一个很强大的模块，可以设置单元格的格式、边框样式、对齐设置，有兴趣的读者可以查看其官方文档。

## 1.3.2　读取 Excel 工作簿

在 xlwings 模块中，可以使用 Range 对象的 expand()函数读取 Excel 工作簿中的数据。

**【实例 1-10】**　在 D 盘 test 文件夹下有一个 Excel 文档(销售数据. xlsx)，该文档中的工作表 Sheet2 如图 1-16 所示。遍历并打印工作表 Sheet2 中的数据，代码如下：

```
# === 第 1 章 代码 1 - 10. py === #
import xlwings as xw

app = xw. App(visible = False, add_book = False)
book = app. books. open('D:\\test\\销售数据. xlsx')
sheet1 = book. sheets['Sheet2']
range1 = sheet1. range('a1')
# 从单元格 A1 开始读取工作表中的所有数据
data_list = range1. expand('table'). value
for row in data_list:
    print(row)
book. close()
app. quit()
```

运行结果如图 1-19 所示。

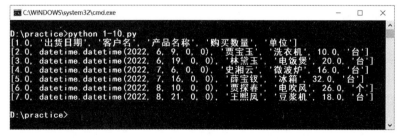

图 1-19　代码 1-10. py 的运行结果

### 1.3.3 写入 Excel 工作簿

在 xlwings 模块中,可以使用 Range 对象的方法或属性向 Excel 工作簿中写入数据。

**1. 逐个写入数据**

【实例 1-11】 在 D 盘 test 文件夹下有一个 Excel 文档(销售数据.xlsx),该文档中的工作表 Sheet2 如图 1-16 所示。使用 xlwings 模块向工作表 Sheet2 中写入一组数据,代码如下:

```python
# === 第 1 章 代码 1 - 11.py === #
import xlwings as xw

app = xw.App(visible = False, add_book = False)
book = app.books.open('D:\\test\\销售数据.xlsx')
sheet1 = book.sheets['Sheet2']

range1 = sheet1.range('a8')
range2 = sheet1.range('b8')
range3 = sheet1.range('c8')
range4 = sheet1.range('d8')
range5 = sheet1.range('e8')
range6 = sheet1.range('f8')
range1.value = '8'
range2.value = '2022/9/30'
range3.value = '孙权'
range4.value = '电吹风'
range5.value = '16'
range6.value = '个'

book.save()
book.close()
app.quit()
```

运行结果如图 1-20 所示。

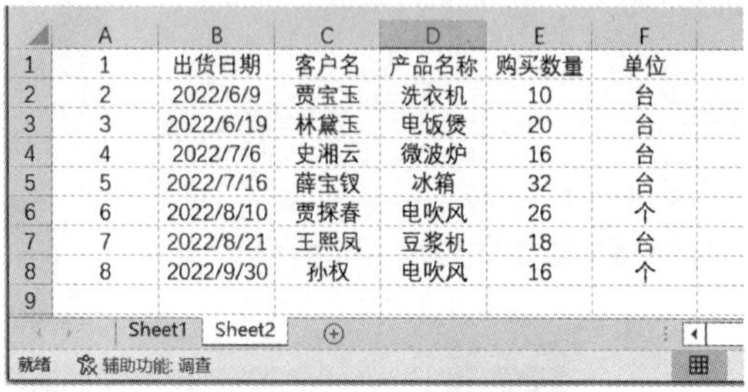

**注意**:在 xlwings 模块中,单元格的行坐标既可以使用大写字母,也可以使用小写字母表示。

**2. 逐行写入数据**

【实例 1-12】 在 D 盘 test 文件夹下有一个 Excel 文档(销售数据.xlsx),该文档中的工作表 Sheet2 如图 1-20 所示。使用 xlwings 模块向工作表 Sheet2 中写入一组数据,代码如下:

| | A | B | C | D | E | F |
|---|---|---|---|---|---|---|
| 1 | 1 | 出货日期 | 客户名 | 产品名称 | 购买数量 | 单位 |
| 2 | 2 | 2022/6/9 | 贾宝玉 | 洗衣机 | 10 | 台 |
| 3 | 3 | 2022/6/19 | 林黛玉 | 电饭煲 | 20 | 台 |
| 4 | 4 | 2022/7/6 | 史湘云 | 微波炉 | 16 | 台 |
| 5 | 5 | 2022/7/16 | 薛宝钗 | 冰箱 | 32 | 台 |
| 6 | 6 | 2022/8/10 | 贾探春 | 电吹风 | 26 | 个 |
| 7 | 7 | 2022/8/21 | 王熙凤 | 豆浆机 | 18 | 台 |
| 8 | 8 | 2022/9/30 | 孙权 | 电吹风 | 16 | 个 |
| 9 | | | | | | |

图 1-20 代码 1-11.py 的运行结果

```python
# === 第 1 章 代码 1 - 12.py === #
import xlwings as xw

app = xw.App(visible = False, add_book = False)
book = app.books.open('D:\\test\\销售数据.xlsx')
```

```
sheet1 = book.sheets['Sheet2']

data1 = ['9','2022/9/30','周瑜','洗衣机','23','台']
list1 = ['a','b','c','d','e','f']
for index,item in enumerate(list1):
    range1 = sheet1.range(item + '9')
    print(range1)
    range1.value = data1[index]


book.save()
book.close()
app.quit()
```

运行结果如图 1-21 和图 1-22 所示。

图 1-21  代码 1-12.py 的运行结果

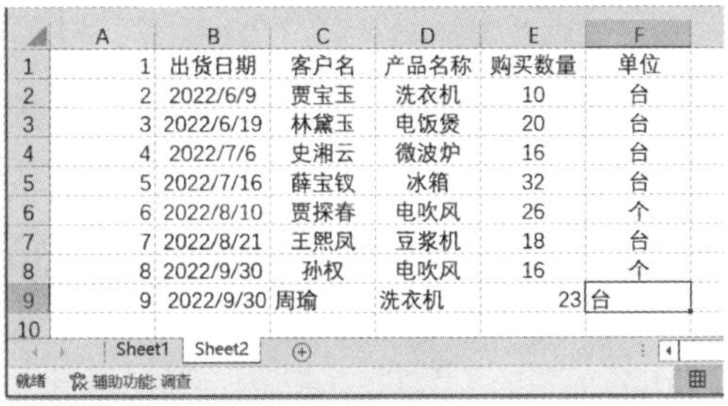

图 1-22  代码 1-12.py 写入的数据

**注意**：函数 enumerate()是 Python 的内置函数,可以同时输出索引值和元素内容。

## 1.3.4  替换 Excel 工作表的单元格数据

在 xlwings 模块中,可以批量替换 Excel 工作表中的单元格数据。

【**实例 1-13**】  在 D 盘 test 文件夹下有一个 Excel 文档(3 月销售数据.xlsx),该文档中的工作表 Sheet1 如图 1-23 所示。

使用 xlwings 模块将工作表中的"电冰箱"替换成"双门电冰箱",代码如下：

```
# === 第 1 章 代码 1-13.py === #
import xlwings as xw
```

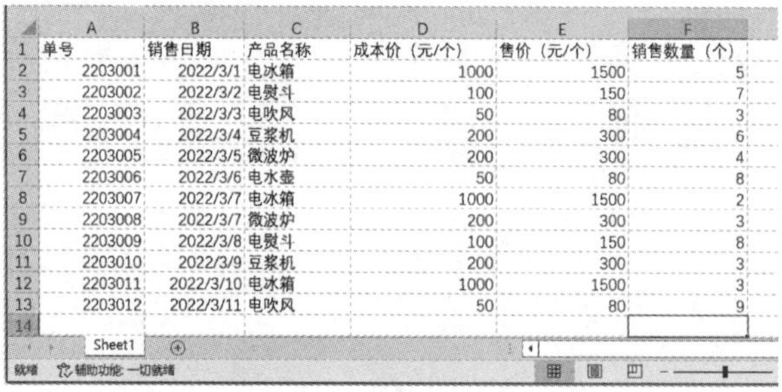

| | A | B | C | D | E | F |
|---|---|---|---|---|---|---|
| 1 | 单号 | 销售日期 | 产品名称 | 成本价（元/个） | 售价（元/个） | 销售数量（个） |
| 2 | 2203001 | 2022/3/1 | 电冰箱 | 1000 | 1500 | 5 |
| 3 | 2203002 | 2022/3/2 | 电熨斗 | 100 | 150 | 7 |
| 4 | 2203003 | 2022/3/3 | 电吹风 | 50 | 80 | 3 |
| 5 | 2203004 | 2022/3/4 | 豆浆机 | 200 | 300 | 6 |
| 6 | 2203005 | 2022/3/5 | 微波炉 | 200 | 300 | 4 |
| 7 | 2203006 | 2022/3/6 | 电水壶 | 50 | 80 | 8 |
| 8 | 2203007 | 2022/3/7 | 电冰箱 | 1000 | 1500 | 2 |
| 9 | 2203008 | 2022/3/7 | 微波炉 | 200 | 300 | 3 |
| 10 | 2203009 | 2022/3/8 | 电熨斗 | 100 | 150 | 8 |
| 11 | 2203010 | 2022/3/9 | 豆浆机 | 200 | 300 | 3 |
| 12 | 2203011 | 2022/3/10 | 电冰箱 | 1000 | 1500 | 3 |
| 13 | 2203012 | 2022/3/11 | 电吹风 | 50 | 80 | 9 |
| 14 | | | | | | |

图 1-23　3 月销售数据.xlsx

```
app = xw.App(visible = False,add_book = False)
book = app.books.open('D:\\test\\3月销售数据.xlsx')
sheet1 = book.sheets['Sheet1']
data = sheet1['a2'].expand('table').value

for index,val in enumerate(data):
    print(val)
    if val[2] == '电冰箱':
        val[2] = '双门电冰箱'
        data[index] = val

sheet1['a2'].expand('table').value = data
book.save()
book.close()
app.quit()
```

运行结果如图 1-24 和图 1-25 所示。

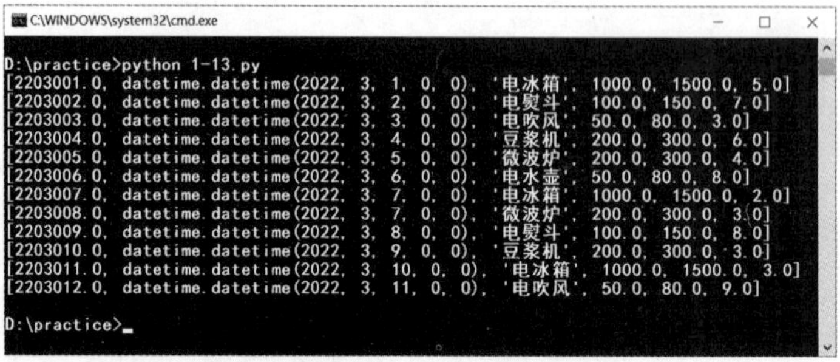

```
D:\practice>python 1-13.py
[2203001.0, datetime.datetime(2022, 3, 1, 0, 0), '电冰箱', 1000.0, 1500.0, 5.0]
[2203002.0, datetime.datetime(2022, 3, 2, 0, 0), '电熨斗', 100.0, 150.0, 7.0]
[2203003.0, datetime.datetime(2022, 3, 3, 0, 0), '电吹风', 50.0, 80.0, 3.0]
[2203004.0, datetime.datetime(2022, 3, 4, 0, 0), '豆浆机', 200.0, 300.0, 6.0]
[2203005.0, datetime.datetime(2022, 3, 5, 0, 0), '微波炉', 200.0, 300.0, 4.0]
[2203006.0, datetime.datetime(2022, 3, 6, 0, 0), '电水壶', 50.0, 80.0, 8.0]
[2203007.0, datetime.datetime(2022, 3, 7, 0, 0), '电冰箱', 1000.0, 1500.0, 2.0]
[2203008.0, datetime.datetime(2022, 3, 7, 0, 0), '微波炉', 200.0, 300.0, 3.0]
[2203009.0, datetime.datetime(2022, 3, 8, 0, 0), '电熨斗', 100.0, 150.0, 8.0]
[2203010.0, datetime.datetime(2022, 3, 9, 0, 0), '豆浆机', 200.0, 300.0, 3.0]
[2203011.0, datetime.datetime(2022, 3, 10, 0, 0), '电冰箱', 1000.0, 1500.0, 3.0]
[2203012.0, datetime.datetime(2022, 3, 11, 0, 0), '电吹风', 50.0, 80.0, 9.0]

D:\practice>_
```

图 1-24　代码 1-13.py 的运行结果

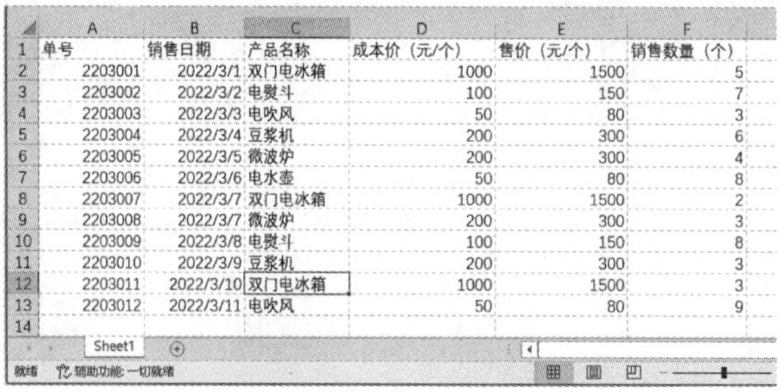

| | A | B | C | D | E | F |
|---|---|---|---|---|---|---|
| 1 | 单号 | 销售日期 | 产品名称 | 成本价（元/个） | 售价（元/个） | 销售数量（个） |
| 2 | 2203001 | 2022/3/1 | 双门电冰箱 | 1000 | 1500 | 5 |
| 3 | 2203002 | 2022/3/2 | 电熨斗 | 100 | 150 | 7 |
| 4 | 2203003 | 2022/3/3 | 电吹风 | 50 | 80 | 3 |
| 5 | 2203004 | 2022/3/4 | 豆浆机 | 200 | 300 | 6 |
| 6 | 2203005 | 2022/3/5 | 微波炉 | 200 | 300 | 4 |
| 7 | 2203006 | 2022/3/6 | 电水壶 | 50 | 80 | 8 |
| 8 | 2203007 | 2022/3/7 | 双门电冰箱 | 1000 | 1500 | 2 |
| 9 | 2203008 | 2022/3/7 | 微波炉 | 200 | 300 | 3 |
| 10 | 2203009 | 2022/3/8 | 电熨斗 | 100 | 150 | 8 |
| 11 | 2203010 | 2022/3/9 | 豆浆机 | 200 | 300 | 3 |
| 12 | 2203011 | 2022/3/10 | 双门电冰箱 | 1000 | 1500 | 3 |
| 13 | 2203012 | 2022/3/11 | 电吹风 | 50 | 80 | 9 |
| 14 | | | | | | |

图 1-25　替换数据后的 3 月销售数据.xlsx

## 1.3.5 将两个工作表合并为一个工作表

在 xlwings 模块中,可以将两个相同类型的工作表合并为一个工作表,并保存在一个新的工作簿中。

**【实例 1-14】** 在 D 盘 test 文件夹下有两个 Excel 文档,其中一个是 3 月销售数据 .xlsx,该文档中的工作表 Sheet1 如图 1-25 所示。另一个是 4 月销售数据.xlsx,该文档中的工作表 Sheet1 如图 1-26 所示。

| | A | B | C | D | E | F |
|---|---|---|---|---|---|---|
| 1 | 单号 | 销售日期 | 产品名称 | 成本价 (元/个) | 售价 (元/个) | 销售数量 (个) |
| 2 | 2204001 | 2022/4/1 | 电冰箱 | 1000 | 1500 | 5 |
| 3 | 2204002 | 2022/4/2 | 电熨斗 | 100 | 150 | 17 |
| 4 | 2204003 | 2022/4/3 | 电吹风 | 50 | 80 | 3 |
| 5 | 2204004 | 2022/4/4 | 豆浆机 | 200 | 300 | 6 |
| 6 | 2204005 | 2022/4/5 | 微波炉 | 200 | 300 | 4 |
| 7 | 2204006 | 2022/4/6 | 电水壶 | 50 | 80 | 8 |
| 8 | 2203007 | 2022/4/7 | 电冰箱 | 1000 | 1500 | 2 |
| 9 | 2204008 | 2022/4/8 | 微波炉 | 200 | 300 | 3 |
| 10 | 2204009 | 2022/4/9 | 电熨斗 | 100 | 150 | 8 |
| 11 | 2204010 | 2022/4/10 | 豆浆机 | 200 | 300 | 3 |
| 12 | 2204011 | 2022/4/11 | 电冰箱 | 1000 | 1500 | 3 |
| 13 | 2204012 | 2022/4/12 | 电吹风 | 50 | 80 | 9 |
| 14 | | | | | | |

图 1-26 4 月销售数据.xlsx

使用 xlwings 模块将两个工作表合并为一个工作表(两个月的销售数据),并保存在一个新的工作簿中,代码如下:

```python
# === 第 1 章 代码 1-14.py === #
import xlwings as xw

app = xw.App(visible = False, add_book = False)
book1 = app.books.open('D:\\test\\3 月销售数据.xlsx')
sheet1 = book1.sheets['Sheet1']
book2 = app.books.open('D:\\test\\4 月销售数据.xlsx')
sheet2 = book2.sheets['Sheet1']
header = sheet1['a1:f1'].value
all_data = []
data1 = sheet1['a2'].expand('table').value
data2 = sheet2['a2'].expand('table').value
all_data = data1 + data2
print(header)
print(all_data)


new_book = xw.Book()
new_sheet = new_book.sheets.add('两个月的销售数据')
new_sheet['a1'].value = header
new_sheet['a2'].value = all_data
new_sheet.autofit()
new_book.save('D:\\test\\合并两个月后的销售数据.xlsx')
new_book.close()

book1.save()
```

```
book2.save()
book1.close()
book2.close()
app.quit()
```

运行结果如图 1-27 和图 1-28 所示。

```
C:\WINDOWS\system32\cmd.exe

D:\practice>python 1-14.py
['单号', '销售日期', '产品名称', '成本价（元/个）', '售价（元/个）', '销售数量（个）']
[[2203001.0, datetime.datetime(2022, 3, 1, 0, 0), '双门电冰箱', 1000.0, 1500.0, 5.0], [2203002.0, dat
etime.datetime(2022, 3, 2, 0, 0), '电熨斗', 100.0, 150.0, 7.0], [2203003.0, datetime.datetime(2022, 3
, 3, 0, 0), '电吹风', 50.0, 80.0, 3.0], [2203004.0, datetime.datetime(2022, 3, 4, 0, 0), '豆浆机', 20
0.0, 300.0, 6.0], [2203005.0, datetime.datetime(2022, 3, 5, 0, 0), '微波炉', 200.0, 300.0, 4.0], [220
3006.0, datetime.datetime(2022, 3, 6, 0, 0), '电水壶', 50.0, 80.0, 8.0], [2203007.0, datetime.datetim
e(2022, 3, 7, 0, 0), '双门电冰箱', 1000.0, 1500.0, 2.0], [2203008.0, datetime.datetime(2022, 3, 7, 0,
 0), '微波炉', 200.0, 300.0, 3.0], [2203009.0, datetime.datetime(2022, 3, 8, 0, 0), '电熨斗', 100.0,
150.0, 8.0], [2203010.0, datetime.datetime(2022, 3, 9, 0, 0), '豆浆机', 200.0, 300.0, 3.0], [2203011.
0, datetime.datetime(2022, 3, 10, 0, 0), '双门电冰箱', 1000.0, 1500.0, 3.0], [2203012.0, datetime.dat
etime(2022, 3, 11, 0, 0), '电吹风', 50.0, 80.0, 9.0], [2204002.0, datetime.datetime(2022, 4, 2, 0, 0)
, '电熨斗', 100.0, 150.0, 17.0], [2204003.0, datetime.datetime(2022, 4, 3, 0, 0), '电吹风', 50.0, 80.
0, 3.0], [2204004.0, datetime.datetime(2022, 4, 4, 0, 0), '豆浆机', 200.0, 300.0, 6.0], [2204005.0, d
atetime.datetime(2022, 4, 5, 0, 0), '微波炉', 200.0, 300.0, 4.0], [2204006.0, datetime.datetime(2022,
 4, 6, 0, 0), '电水壶', 50.0, 80.0, 8.0], [2203007.0, datetime.datetime(2022, 4, 7, 0, 0), '电冰箱',
1000.0, 1500.0, 2.0], [2204008.0, datetime.datetime(2022, 4, 8, 0, 0), '微波炉', 200.0, 300.0, 3.0],
[2204009.0, datetime.datetime(2022, 4, 9, 0, 0), '电熨斗', 100.0, 150.0, 8.0], [2204010.0, datetime.d
atetime(2022, 4, 10, 0, 0), '豆浆机', 200.0, 300.0, 3.0], [2204011.0, datetime.datetime(2022, 4, 11,
0, 0), '电冰箱', 1000.0, 1500.0, 3.0], [2204012.0, datetime.datetime(2022, 4, 12, 0, 0), '电吹风', 50
.0, 80.0, 9.0]]

D:\practice>
```

图 1-27　代码 1-14.py 的运行结果

| | A | B | C | D | E | F | G |
|---|---|---|---|---|---|---|---|
| 1 | 单号 | 销售日期 | 产品名称 | 成本价（元/个） | 售价（元/个） | 销售数量（个） | |
| 2 | 2203001 | 2022/3/1 | 双门电冰箱 | 1000 | 1500 | 5 | |
| 3 | 2203002 | 2022/3/2 | 电熨斗 | 100 | 150 | 7 | |
| 4 | 2203003 | 2022/3/3 | 电吹风 | 50 | 80 | 3 | |
| 5 | 2203004 | 2022/3/4 | 豆浆机 | 200 | 300 | 6 | |
| 6 | 2203005 | 2022/3/5 | 微波炉 | 200 | 300 | 4 | |
| 7 | 2203006 | 2022/3/6 | 电水壶 | 50 | 80 | 8 | |
| 8 | 2203007 | 2022/3/7 | 双门电冰箱 | 1000 | 1500 | 2 | |
| 9 | 2203008 | 2022/3/7 | 微波炉 | 200 | 300 | 3 | |
| 10 | 2203009 | 2022/3/8 | 电熨斗 | 100 | 150 | 8 | |
| 11 | 2203010 | 2022/3/9 | 豆浆机 | 200 | 300 | 3 | |
| 12 | 2203011 | 2022/3/10 | 双门电冰箱 | 1000 | 1500 | 3 | |
| 13 | 2203012 | 2022/3/11 | 电吹风 | 50 | 80 | 9 | |
| 14 | 2204001 | 2022/4/1 | 电冰箱 | 1000 | 1500 | 5 | |
| 15 | 2204002 | 2022/4/2 | 电熨斗 | 100 | 150 | 17 | |
| 16 | 2204003 | 2022/4/3 | 电吹风 | 50 | 80 | 3 | |
| 17 | 2204004 | 2022/4/4 | 豆浆机 | 200 | 300 | 6 | |
| 18 | 2204005 | 2022/4/5 | 微波炉 | 200 | 300 | 4 | |
| 19 | 2204006 | 2022/4/6 | 电水壶 | 50 | 80 | 8 | |
| 20 | 2203007 | 2022/4/7 | 电冰箱 | 1000 | 1500 | 2 | |
| 21 | 2204008 | 2022/4/8 | 微波炉 | 200 | 300 | 3 | |

两个月的销售数据　Sheet1

就绪　辅助功能: 一切就绪

图 1-28　合并后的工作表

## 1.3.6　将一个工作表分拆成多个工作簿

在 xlwings 模块中，可以将一个工作表分拆成多个工作簿，并保存下来。

**【实例 1-15】**　在 D 盘 test 文件夹下的 demo1 文件夹下有一个 Excel 文档(两个月的销售数据.xlsx)，该文档中的工作表保存着的两个月的销售数据如图 1-29 所示。

将这个工作表按照产品名称把不同的数据分类整理到不同的工作簿中，并将这些工作

| | A | B | C | D | E | F |
|---|---|---|---|---|---|---|
| 1 | 单号 | 销售日期 | 产品名称 | 成本价（元/个） | 售价（元/个） | 销售数量（个） |
| 2 | 2203001 | 2022/3/1 | 电冰箱 | 1000 | 1500 | 5 |
| 3 | 2203002 | 2022/3/2 | 电熨斗 | 100 | 150 | 7 |
| 4 | 2203003 | 2022/3/3 | 电吹风 | 50 | 80 | 3 |
| 5 | 2203004 | 2022/3/4 | 豆浆机 | 200 | 300 | 6 |
| 6 | 2203005 | 2022/3/5 | 微波炉 | 200 | 300 | 4 |
| 7 | 2203006 | 2022/3/6 | 电水壶 | 50 | 80 | 8 |
| 8 | 2203007 | 2022/3/7 | 电冰箱 | 1000 | 1500 | 2 |
| 9 | 2203008 | 2022/3/7 | 微波炉 | 200 | 300 | 3 |
| 10 | 2203009 | 2022/3/8 | 电熨斗 | 100 | 150 | 8 |
| 11 | 2203010 | 2022/3/9 | 豆浆机 | 200 | 300 | 3 |
| 12 | 2203011 | 2022/3/10 | 电冰箱 | 1000 | 1500 | 3 |

两个月的销售数据　Sheet1

就绪　辅助功能: 一切就绪

图 1-29　两个月的销售数据.xlsx

簿保存在同一目录下的文件夹中，代码如下：

```
# === 第 1 章 代码 1-15.py === #
from pathlib import Path
import xlwings as xw

src_file = Path('D:\\test\\demo1\\两个月的销售数据.xlsx')
des_folder = Path('D:\\test\\demo1\\拆分后的表格')
if des_folder.exists() == False:
    des_folder.mkdir(parents = True)

app = xw.App(visible = False,add_book = False)
book = app.books.open(src_file)
sheet = book.sheets['两个月的销售数据']
header = sheet['a1:f1'].value
data1 = sheet.range('a2').expand('table').value
data2 = dict()

#按产品名称对数据进行分类,并存储在 data2 中
for i in range(len(data1)):
    product_name = data1[i][2] #第 3 列是产品名称
    if product_name not in data2:
            data2[product_name] = []
    data2[product_name].append(data1[i])

#新建工作簿,保存分类后的数据
for key,val in data2.items():
    new_book = xw.books.add()
    new_sheet = new_book.sheets.add(key)
    new_sheet['a1'].value = header
    new_sheet['a2'].value = val
    new_sheet.autofit()
    new_book.save(des_folder/f'{key}.xlsx')
    new_book.close()
app.quit()
```

运行结果如图 1-30 和图 1-31 所示。

图 1-30　代码 1-15. py 拆分的工作簿

图 1-31　拆分后工作簿的数据

## 1.3.7　在工作表中应用公式

在 xlwings 模块中,可以在工作表中应用公式。

【实例 1-16】　在 D 盘 test 文件夹下有一个 Excel 文档(电冰箱. xlsx),该文档中的工作表电冰箱的数据如图 1-31 所示。应用 xlwings 模块中类的属性或方法,在工作表最右下角单元格下的单元格中写入公式,计算销售总数,代码如下:

```python
# === 第 1 章 代码 1 - 16. py === #
import xlwings as xw

app = xw. App( visible = False, add_book = False)
book = app. books. open( 'D:\\test\\电冰箱. xlsx')
sheet = book. sheets[ '电冰箱']
# 获取最右下角的单元格对象
last_cell = sheet[ 'a1']. expand( 'table'). last_cell
last_row = last_cell. row
last_column = last_cell. column
# 获取工作表最右边列的字母, 字母 A 的 ASCII 码是 65
last_column_letter = chr( 64 + last_column)
# 汇总求和的单元格地址
sum_name = f'{last_column_letter}{last_row + 1}'
# 最右下角单元格地址
last_cell_name = f'{last_column_letter}{last_row}'
# 创建公式
formula = f' = SUM({last_column_letter}2:{last_cell_name})'
sheet[ sum_name]. formula = formula
sheet. autofit()

book. save()
book. close()
app. quit()
```

运行结果如图 1-32 所示。

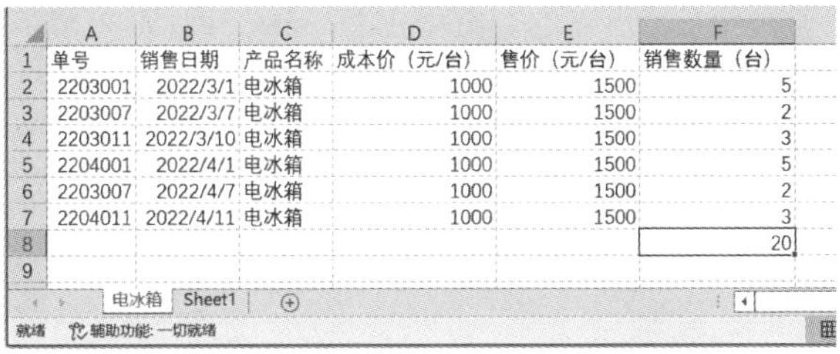

| | A | B | C | D | E | F |
|---|---|---|---|---|---|---|
| 1 | 单号 | 销售日期 | 产品名称 | 成本价（元/台） | 售价（元/台） | 销售数量（台） |
| 2 | 2203001 | 2022/3/1 | 电冰箱 | 1000 | 1500 | 5 |
| 3 | 2203007 | 2022/3/7 | 电冰箱 | 1000 | 1500 | 2 |
| 4 | 2203011 | 2022/3/10 | 电冰箱 | 1000 | 1500 | 3 |
| 5 | 2204001 | 2022/4/1 | 电冰箱 | 1000 | 1500 | 5 |
| 6 | 2203007 | 2022/4/7 | 电冰箱 | 1000 | 1500 | 2 |
| 7 | 2204011 | 2022/4/11 | 电冰箱 | 1000 | 1500 | 3 |
| 8 | | | | | | 20 |
| 9 | | | | | | |

电冰箱　Sheet1　⊕

图 1-32　代码 1-16.py 的运行结果

**注意**：代码 1-16.py 主要应用于工作表的行数和列数未知的情况。对于已知的情况，代码会简单很多。

## 1.4　Pandas 模块

在 Python 中，可以使用 xlwings 模块和 Pandas 模块相结合的方式处理比较复杂的 Excel 文档。Pandas（Python Data Analysis Library）是基于 NumPy 的一种工具，该工具是为了解决数据分析任务而创建的。

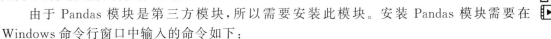

由于 Pandas 模块是第三方模块，所以需要安装此模块。安装 Pandas 模块需要在 Windows 命令行窗口中输入的命令如下：

```
pip install pandas - i https://pypi.tuna.tsinghua.edu.cn/simple
```

然后按 Enter 键，即可安装 Pandas 模块，如图 1-33 所示。

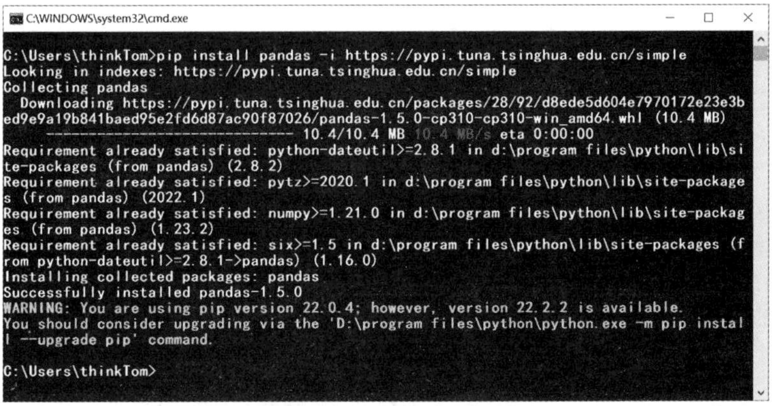

图 1-33　安装 Pandas 模块

### 1.4.1　Pandas 模块创建的对象

Pandas 是一个开源的第三方 Python 库，从 NumPy 和 Matplotlib 的基础上构建而来，享有数据分析"三剑客之一"的盛名（NumPy、Matplotlib、Pandas）。Pandas 已经成为

Python 数据分析的必备高级工具,它的目标是成为强大、灵活、可以支持任何编程语言的数据分析工具。

Pandas 模块是采用面向对象的思想编写而成的。可以创建 3 种对象(Series、DataFrame、Panel)。这 3 种对象分别用于处理不同类型的数据结构,具体的数据结构见表 1-9。

表 1-9　Pandas 模块创建的对象

| 对　　象 | 说　　明 |
| --- | --- |
| Series | 处理一维数组,该数据结构能够存储各种数据类型,例如字符数、整数、浮点数、Python 对象等,Series 用 name 和 index 属性来描述 |
| DataFrame | 处理二维表格型数据,该数据结构既有行索引,也有列索引。行索引是 index,列索引是 columns。在创建该结构时,可以指定相应的索引值 |
| Panel | 处理三维数据,可以理解为 DataFrame 容器 |

### 1. 创建 Series 对象

在 Pandas 模块中,可以使用函数 pandas.Series()创建 Series 对象,其语法格式如下:

```
import pandas as pd
series1 = pd.Series(data,index,dtype,copy)
```

其中,data 用于保存输入的数据,可以是各种类型的数据;index 表示数据的索引值,该索引值是唯一的,与数据长度相同;dtype 表示数据类型,如果没有输入,则自行判断数据的类型;copy 表示是否复制数据,默认值为 False。

【实例 1-17】　使用 Pandas 模块创建一个包含 5 个元素的 Series 对象和一个包含 1 个元素的 Series 对象。打印这两个 Series 对象,代码如下:

```
# === 第 1 章 代码 1-17.py === #
import pandas as pd

data1 = ['a','b','c','d','e']
data2 = 'ABCDE'
series1 = pd.Series(data1)
series2 = pd.Series(data2)
print(series1)
print(series2)
```

运行结果如图 1-34 所示。

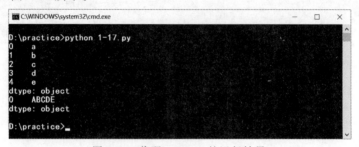

图 1-34　代码 1-17.py 的运行结果

## 2. 创建 DataFrame 对象

在 Pandas 模块中,可以使用函数 pandas.DataFrame()创建 DataFrame 对象,其语法格式如下:

```
import pandas as pd
df1 = pd.DataFrame(data, index, columns, dtype, copy)
```

其中,data 用于保存输入的数据,可以是各种类型的数据;index 表示行标签,如果没有传递 index 值,则默认的行标签是 np.arange(n),n 代表 data 的元素个数;columns 表示列标签,如果没有传递 columns 值,则默认的行标签是 np.arange(n);dtype 表示每列的数据类型,如果没有输入,则自行判断数据的类型;copy 表示是否复制数据,默认值为 False。

【实例 1-18】　使用 Pandas 模块创建一个包含 1 列元素的 DataFrame 对象和一个包含 2 行 3 列元素的 DataFrame 对象。打印这两个 DataFrame 对象,代码如下:

```
# === 第1章 代码 1-18.py === #
import pandas as pd

data1 = ['a', 'b', 'c', 'd', 'e']
data2 = [['c', 'java', 'python'], ['11', '12', '13']]
df1 = pd.DataFrame(data1)
df2 = pd.DataFrame(data2)
print(df1)
print(df2)
```

运行结果如图 1-35 所示。

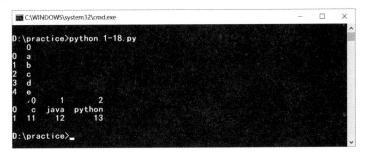

图 1-35　代码 1-18.py 的运行结果

## 3. 创建 Panel 对象

在 Pandas 模块中,可以使用函数 pandas.Panel()创建 Panel 对象,其语法格式如下:

```
import pandas as pd
pan1 = pd.Panel(data, items, major_axis, minor_axis, dtype, copy)
```

其中,data 用于保存输入的数据,可以是各种类型的数据;items 表示 axis=0;major_axis 表示 axis=1;minor_axis 表示 axis=2;dtype 表示每列的数据类型;copy 表示是否复制数据,默认值为 False。

---

**注意**：最新版本的 Pandas 模块已经移出了 Panel 类。如果有读者要使用 Panel 类，则可以安装之前的版本。

---

## 1.4.2　读取 Excel 工作簿

第三方模块 Pandas 是一个很强大的模块，不仅可以读取 Excel 工作簿中的数据，还可以读取 HTML、JSON、CSV 格式文件中的数据，使用的函数见表 1-10。

表 1-10　Pandas 模块中读取文件的函数

| 函　　数 | 说　　明 |
|---|---|
| pandas. read_html(path) | 读取 HTML 格式的文件，并返回一个 DataFrame 对象 |
| pandas. read_json(path) | 读取 JSON 格式的文件，并返回一个 DataFrame 对象 |
| pandas. read_csv(path) | 读取 CSV 格式的文件，并返回一个 DataFrame 对象 |
| pandas. read_excel(io, sheet_name) | 读取 Excel 文件，并返回一个 DataFrame 对象 |

由于 Excel 文件是比较复杂的文件，因此 pandas. read_excel()函数的参数非常多，该函数详细的语法格式如下：

```
import pandas as pd
data = pd. read_excel( io, sheet_name = 0, header = 0, names = None, index_col = None,
         usecols = None, squeeze = False, dtype = None, engine = None,
         converters = None, true_values = None, false_values = None,
         skiprows = None, nrows = None, na_values = None, parse_dates = False,
         date_parser = None, thousands = None, comment = None, skipfooter = 0,
         convert_float = True, encoding = None, ** kwds)
```

其中，常用参数的说明见表 1-11。

表 1-11　pandas. read_excel()函数中的常用参数说明

| 参　　数 | 说　　明 |
|---|---|
| io | 表示 Excel 文件的存储路径 |
| sheet_name | 表示要读取的工作表名称 |
| header | 表示指定作为列名的行，默认值为 0，即取第 1 行的值为列名；若数据不包含列名，则设定 header＝None；若设置为 header＝2，则表示将前两行作为多重索引 |
| names | 一般应用于 Excel 表格缺少列名，或者需要重新定义列名的情况；names 的长度必须等于 Excel 表格列的长度，否则会报错 |
| index_col | 指定某列作为索引列，可以是工作表的列名称，如 index_col＝'列名'，也可以是整数或者列表 |
| usecols | int 或者 list 类型，默认值为 None，表示要解析所有列；若值为 int，则解析最后一列；若值为 list 列，则解析列号、列表的列；若值为字符串，则表示以逗号分隔的 Excel 列字母和列范围(例如'A:F'或'A,C,E:F') |
| dtype | 列的数据类型名称或字典，例如{'a':np. float64,'b':np. int32} |
| squeeze | 默认值为 False，如果解析的数据之包含一列，则返回一个 Series |

续表

| 参 数 | 说 明 |
|---|---|
| converters | 规定每列的数据类型 |
| skiprows | 接受一个列表,表示跳过指定行数的数据,默认从头部第1行开始 |
| nrows | 需要读取的行数 |
| skipfooter | 接受一个列表,省略指定行数的数据,从尾部最后一行开始 |
| encoding | 表示文件的编码方式,数据类型为字符串型,默认值为 None |

【实例 1-19】 在 D 盘 test 文件夹下有一个 Excel 文档(销售数据.xlsx)。该文档的工作表 Sheet1 如图 1-36 所示。

使用 Pandas 模块读取该工作表中的数据,然后跳过第 1 行读取工作表中的数据,打印读取的数据,代码如下:

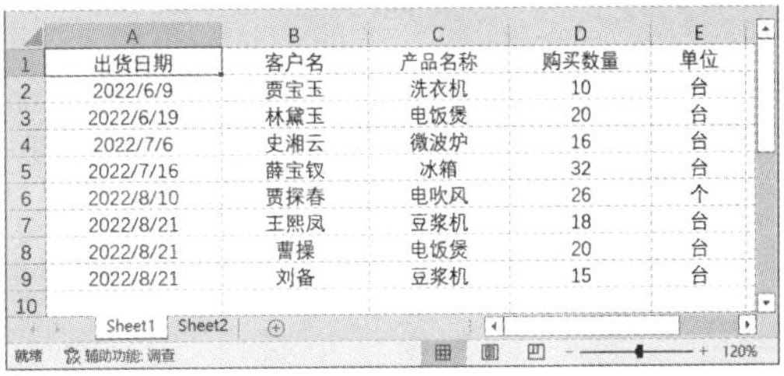

图 1-36 销售数据.xlsx

```
# === 第1章 代码 1-19.py === #
import pandas as pd

src_path = 'D:\\test\\销售数据.xlsx'
data1 = pd.read_excel(src_path, sheet_name = 'Sheet1')
print(data1)
data2 = pd.read_excel(src_path, sheet_name = 'Sheet1', skiprows = [1])
print(data2)
```

运行结果如图 1-37 所示。

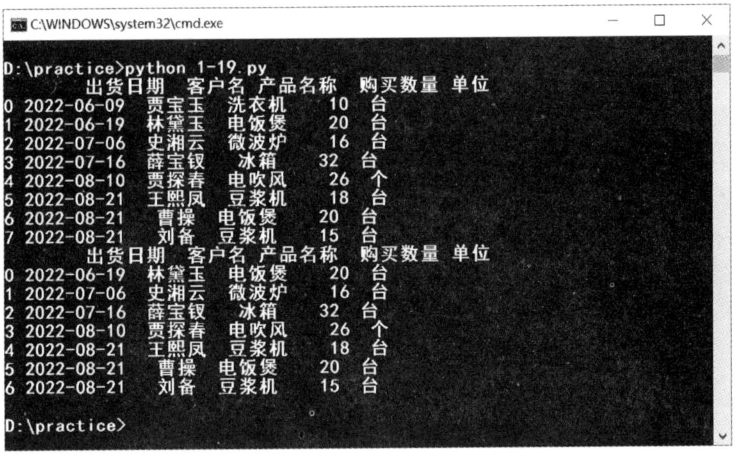

图 1-37 代码 1-19.py 的运行结果

## 1.4.3 创建并写入 Excel 工作簿

在 Pandas 模块中,可以创建 Excel 工作簿,并将数据写入 Excel 工作簿。首先创建一个带有目标文件名的 ExcelWriter 对象,然后使用 DataFrame 对象的 to_excel()方法,将 DataFrame 中的数据写入 Excel 文档,其语法格式如下:

```
import pandas as pd
dataf = pd.DataFrame(data) #创建包含数据 data 的 DataFrame 对象
writer = pd.ExcelWriter(path) #创建带有目标文件名的 ExcelWriter 对象
dataf.to_excel(writer, sheet_name = None) #将数据写入 Excel 文档
writer.save() #保存数据
writer.close()
```

其中,path 表示目标文件名的路径;sheet_name 表示 Excel 工作表的名称。

如果 Excel 工作簿已经被创建,则可以直接使用 DataFrame 对象的 to_excel()方法将数据写入 Excel 文档,其语法格式如下:

```
import pandas as pd
dataf.to_excel(path, index = False) #将数据写入已存在的 Excel 文档
```

其中,path 表示已存在的 Excel 文档的路径。

在 Pandas 模块中,函数 DataFrame.to_excel()的语法格式如下:

```
DataFrame.to_excel(excel_writer, sheet_name = 'Sheet1', na_rep = '', float_format = None,
columns = None, header = True, index = True, index_label = None, startrow = 0, startcol = 0,
engine = None, merge_cells = True, encoding = None, inf_rep = 'inf', verbose = True, freeze_panes =
None)
```

其中,常用参数的说明见表 1-12 所示。

表 1-12　DataFrame.to_excel()函数中常用参数的说明

| 参　　数 | 说　　明 |
| --- | --- |
| excel_writer | 表示文件路径的字符串或 ExcelWriter 对象 |
| sheet_name | 指定要写入数据的工作表名称 |
| na_rep | 缺失值的表示形式,默认值为空格 |
| float_format | 可选参数,用于格式化浮点数、字符串 |
| columns | 指定要写入的列 |
| header | 写出每列的名称,如果给出的是字符串列表,则表示列的别名 |
| index | 表示要写入的行索引,默认值为 True |
| index_label | 表示引用索引列的列标签。如果未指定,并且 header 和 index 的值均为 True,则使用索引名称。如果 DataFrame 使用 MultiIndex,则需要给出一个序列。数据类型为字符串型或数列,默认值为 None |
| startrow | 初始写入的行位置,默认值为 0。表示引用左上角的行单元格来储存 DataFrame |
| startcol | 初始写入的列位置,默认值为 0。表示引用左上角的行单元格来储存 DataFrame |
| engine | 可选参数,用于指定要使用的引擎,可以是 openpyxl 或 xlsxwriter |
| encoding | 指定 Excel 文件的编码方式,默认值为 None |

【实例 1-20】　使用 Pandas 模块在 D 盘 test 文件夹下创建一个 Excel 文档(文学名著.xlsx),然后创建一组包含文学名著名字和人物的 DataFrame 数据,最后写入 Excel 文档,代码如下:

```
# === 第 1 章 代码 1 − 20.py === #
import pandas as pd

src_path = 'D:\\test\\文学名著.xlsx'
info = pd.DataFrame({
        '西游记':['唐僧','孙悟空','猪八戒','沙僧','白龙马'],
        '红楼梦':['贾宝玉','林黛玉','薛宝钗','史湘云','晴雯'],
        '三国演义':['曹操','孙权','刘备','诸葛亮','司马懿']
        })
writer = pd.ExcelWriter(src_path)
info.to_excel(writer,sheet_name = 'Sheet1')
writer.save()
writer.close()
```

运行结果如图 1-38 所示。

**注意**：当使用 Pandas 模块打开已存在的
Excel 文件并写入数据时，一定要慎重。因为在保
存数据那一刻，会清除 Excel 文件中原有的数据，
因此，Pandas 模块经常和 xlwings、openpyxl 模块
一起使用，处理比较复杂的问题。

图 1-38　代码 1-20.py 创建的 Excel 工作表

## 1.4.4　拆分列数据

Pandas 模块、xlwings 模块搭配使用，可以处理比较复杂的信息，例如将 Excel 工作表
中的列数据分拆成多列数据。

**【实例 1-21】**　在 D 盘 test 文件夹下有一个 Excel 文档（电冰柜.xlsx），该文档的工作表
Sheet1 如图 1-39 所示。

图 1-39　电冰柜.xlsx 文件中工作表 Sheet1

将工作表中的产品尺寸列分拆为长、宽、高三列，并保存该文档，代码如下：

```
# === 第 1 章 代码 1 − 21.py === #
import xlwings as xw
import pandas as pd

app = xw.App(visible = False,add_book = False)
book = app.books.open('D:\\test\\电冰柜.xlsx')
sheet = book.sheets['Sheet1']
```

```
#读取工作表中的数据并转换为 Pandas 模块的 DataFrame 格式
data = sheet.range('a1').options(pd.DataFrame, header = 1, index = False, expand = 'table').value
print(data)
#分拆 DataFrame 数据中的['产品尺寸(mm)']列
new_data = data['产品尺寸(mm)'].str.split('*', expand = True)
print(new_data)
new_data.columns = ['长(mm)', '宽(mm)', '高(mm)']
#在 E 列中插入两列
for n in range(new_data.shape[1] - 1):
    sheet['E:E'].insert(shift = 'right', copy_origin = 'format_from_left_or_above')


#在 E 列中写入数据
sheet['E1'].options(index = False).value = new_data
sheet.autofit()
book.save()
app.quit
```

运行结果如图 1-40 和图 1-41 所示。

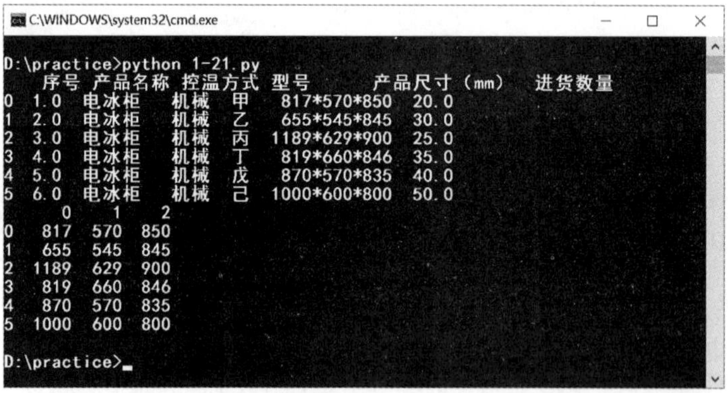

图 1-40  代码 1-21. py 的运行结果

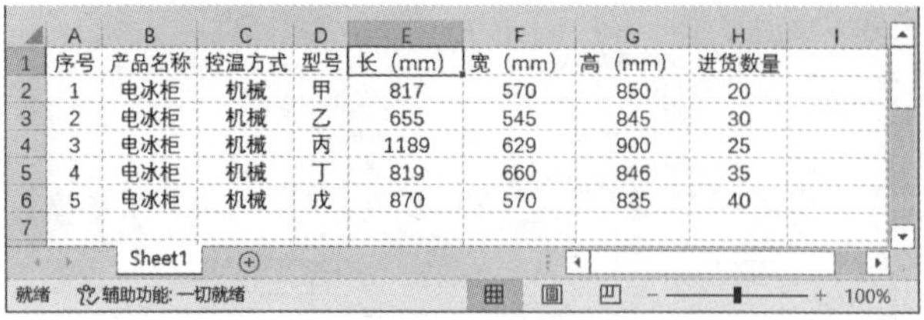

图 1-41  代码 1-21. py 分拆的列数据

## 1.4.5  批量分类数据

Pandas 模块、xlwings 模块搭配使用,可以处理比较复杂的信息,例如对 Excel 工作表中的数据按照特定规则进行分类,这主要使用了 DataFrame 对象的 groupby(name)方法,参数 name 表示分组所依据的列,也可以用列表的形式指定多列。

【实例 1-22】  在 D 盘 text 文件夹下的 demo2 文件夹中有一个 Excel 文档(1 月-4 月销

售数据.xlsx),该文档的工作表(1月)如图 1-42 所示。

| | A | B | C | D | E | F |
|---|---|---|---|---|---|---|
| 1 | 单号 | 销售日期 | 产品名称 | 成本价(元/台) | 售价(元/台) | 销售数量(台) |
| 2 | 2201001 | 2022/1/1 | 电冰箱 | 1000 | 1500 | 5 |
| 3 | 2201002 | 2022/1/2 | 电熨斗 | 100 | 150 | 7 |
| 4 | 2201003 | 2022/1/3 | 电吹风 | 50 | 80 | 3 |
| 5 | 2201004 | 2022/1/4 | 豆浆机 | 200 | 300 | 6 |
| 6 | 2201005 | 2022/1/5 | 微波炉 | 200 | 300 | 4 |
| 7 | 2201006 | 2022/1/6 | 电水壶 | 50 | 80 | 8 |
| 8 | 2201007 | 2022/1/7 | 电冰箱 | 1000 | 1500 | 2 |
| 9 | 2201008 | 2022/1/7 | 微波炉 | 200 | 300 | 3 |
| 10 | 2201009 | 2022/1/8 | 电熨斗 | 100 | 150 | 8 |
| 11 | 2201010 | 2022/1/9 | 豆浆机 | 200 | 300 | 3 |
| 12 | 2201011 | 2022/1/10 | 电冰箱 | 1000 | 1500 | 3 |
| 13 | 2201012 | 2022/1/11 | 电吹风 | 50 | 80 | 9 |
| 14 | | | | | | |

图 1-42　1 月-4 月销售数据.xlsx 文件中的工作表

将工作表中的所有数据按照产品名称进行分类,并写入不同的工作表,代码如下:

```python
# === 第 1 章 代码 1 - 22.py === #
import xlwings as xw
import pandas as pd

app = xw.App(visible = False, add_book = False)
book = app.books.open('D:\\test\\demo2\\1 月 - 4 月销售数据.xlsx')
sheet_list = book.sheets
table = pd.DataFrame()
cols = ['单号','销售日期','产品名称','成本价(元/台)','售价(元/台)','销售数量(台)']
for index, val in enumerate(sheet_list):
    data = val.range('a1').options(pd.DataFrame, header = 1, index = False, expand = 'table').value
    data = data.reindex(columns = cols) # 设置列标题
    table = pd.concat([table, data], ignore_index = True)
    # table = table.append(data, ignore_index = True)

# 按产品名称对数据进行汇总
table = table.groupby('产品名称')
print(table)

new_book = xw.books.add()
for index, group in table:
    new_sheet = new_book.sheets.add(index)
    new_sheet['a1'].options(index = False).value = group
    new_sheet.autofit()

new_book.save('D:\\test\\demo2\\1 月 - 4 月分类统计数据.xlsx')
app.quit()
```

运行结果如图 1-43 和图 1-44 所示。

图 1-43　代码 1-22.py 的运行结果

| 单号 | 销售日期 | 产品名称 | 成本价（元/台） | 售价（元/台） | 销售数量（台） |
|---|---|---|---|---|---|
| 2201001 | 2022/1/1 | 电冰箱 | 1000 | 1500 | 5 |
| 2201007 | 2022/1/7 | 电冰箱 | 1000 | 1500 | 2 |
| 2201011 | 2022/1/10 | 电冰箱 | 1000 | 1500 | 3 |
| 2202001 | 2022/2/1 | 电冰箱 | 1000 | 1500 | 5 |
| 2202007 | 2022/2/7 | 电冰箱 | 1000 | 1500 | 2 |
| 2202011 | 2022/2/10 | 电冰箱 | 1000 | 1500 | 3 |
| 2203001 | 2022/3/1 | 电冰箱 | 1000 | 1500 | 5 |
| 2203007 | 2022/3/7 | 电冰箱 | 1000 | 1500 | 2 |
| 2203011 | 2022/3/10 | 电冰箱 | 1000 | 1500 | 3 |



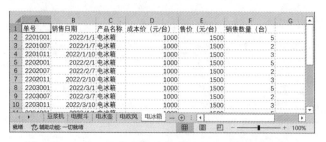

图 1-44　1 月-4 月分类统计数据.xlsx 文件中的工作表

**注意**：使用 DataFrame 对象的方法 append()可以拼接数据，也可以使用函数 pandas.contact()拼接数据，前一种方法会在 Pandas 未来的版本中舍弃。

# 1.5　典型应用

本节讲述使用 Python 批量处理 Excel 文档的典型应用，包括批量替换 Excel 工作簿中的数据、将多个工作表合并为一个工作表、批量拆分列数据。

## 1.5.1　批量替换 Excel 工作簿中的单元格数据

**【实例 1-23】** 在 D 盘 test 文件夹下的 demo3 文件夹下有 5 个 Excel 文档，这 5 个工作簿中都存储了"电冰箱"的数据，如图 1-45 和图 1-46 所示。

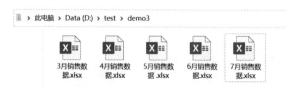

图 1-45　文件夹 demo3 下的 Excel 文档

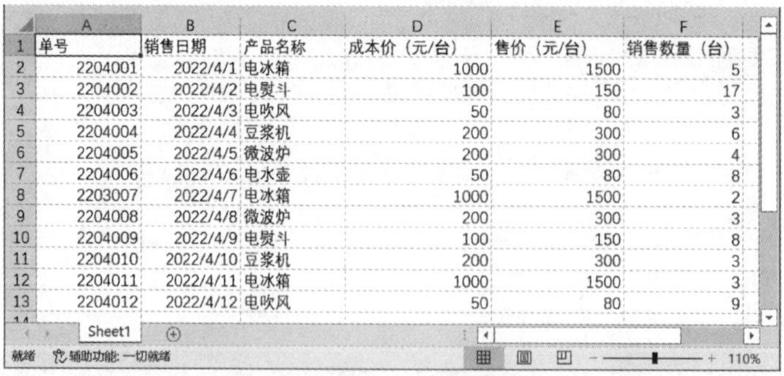

| 单号 | 销售日期 | 产品名称 | 成本价（元/台） | 售价（元/台） | 销售数量（台） |
|---|---|---|---|---|---|
| 2204001 | 2022/4/1 | 电冰箱 | 1000 | 1500 | 5 |
| 2204002 | 2022/4/2 | 电熨斗 | 100 | 150 | 17 |
| 2204003 | 2022/4/3 | 电吹风 | 50 | 80 | 3 |
| 2204004 | 2022/4/4 | 豆浆机 | 200 | 300 | 6 |
| 2204005 | 2022/4/5 | 微波炉 | 200 | 300 | 4 |
| 2204006 | 2022/4/6 | 电水壶 | 50 | 80 | 8 |
| 2203007 | 2022/4/7 | 电冰箱 | 1000 | 1500 | 2 |
| 2204008 | 2022/4/8 | 微波炉 | 200 | 300 | 3 |
| 2204009 | 2022/4/9 | 电熨斗 | 100 | 150 | 8 |
| 2204010 | 2022/4/10 | 豆浆机 | 200 | 300 | 3 |
| 2204011 | 2022/4/11 | 电冰箱 | 1000 | 1500 | 3 |
| 2204012 | 2022/4/12 | 电吹风 | 50 | 80 | 9 |



图 1-46　4 月销售数据.xlsx 文件中的工作表

将该文件夹下 Excel 工作簿中的"电冰箱"替换为"三门电冰箱"，并保存数据，代码如下：

```
# === 第1章 代码1-23.py === #
import xlwings as xw
from pathlib import Path

src_folder = Path('D:\\test\\demo3\\')
file_list = list(src_folder.glob('*.xlsx'))
app = xw.App(visible = False,add_book = False)
for file in file_list:
    if file.name.startswith('~$'):
            continue # Excel在打开一个工作簿的同时会生成一个以'~$'为开头的临时文件,要
                     # 跳过此类文件
    book = app.books.open(file)
    for sheet in book.sheets:
            data = sheet['a2'].expand('table').value
            for index,val in enumerate(data):
                    print(val)
                    if val[2] == '电冰箱':
                            val[2] = '三门电冰箱'
                            data[index] = val
            sheet['a2'].expand('table').value = data

    book.save()
    book.close()
app.quit()
```

运行结果如图1-47和图1-48所示。

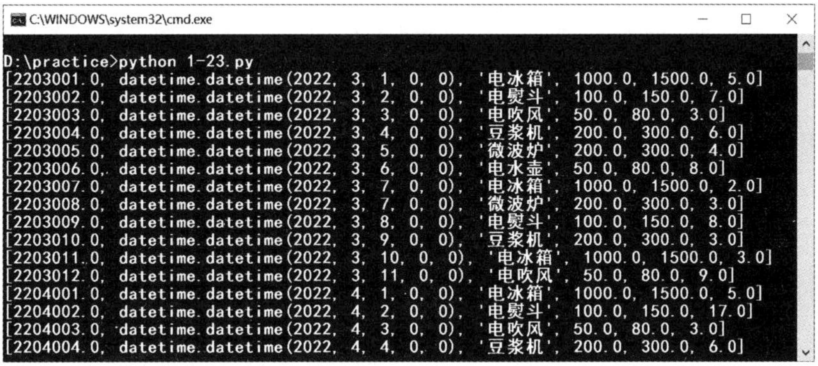

图1-47　代码1-23.py的运行结果

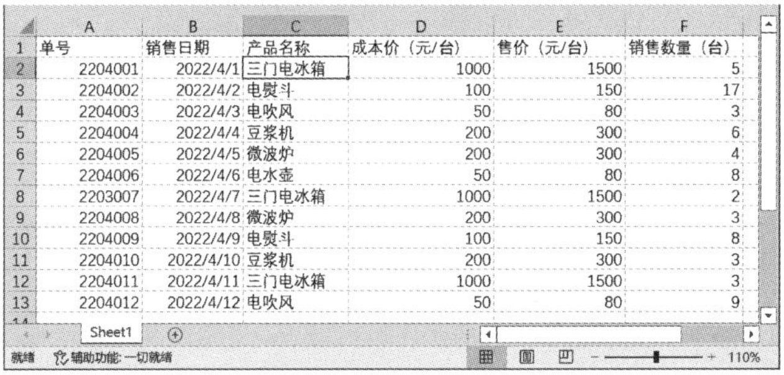

图1-48　替换关键词后的Excel工作簿

## 1.5.2 将多个工作表合并为一个工作表

【实例1-24】 在 D 盘 test 文件夹下的 demo4 文件夹下有 4 个 Excel 文档,这 4 个工作簿中都含有名字是 Sheet1 的工作表,如图 1-49 和图 1-50 所示。

| | A | B | C | D | E | F |
|---|---|---|---|---|---|---|
| 1 | 单号 | 销售日期 | 产品名称 | 成本价 (元/台) | 售价 (元/台) | 销售数量 (台) |
| 2 | 2201001 | 2022/1/1 | 电冰箱 | 1000 | 1500 | 5 |
| 3 | 2201002 | 2022/1/2 | 电熨斗 | 100 | 150 | 7 |
| 4 | 2201003 | 2022/1/3 | 电吹风 | 50 | 80 | 3 |
| 5 | 2201004 | 2022/1/4 | 豆浆机 | 200 | 300 | 6 |
| 6 | 2201005 | 2022/1/5 | 微波炉 | 200 | 300 | 4 |
| 7 | 2201006 | 2022/1/6 | 电水壶 | 50 | 80 | 8 |
| 8 | 2201007 | 2022/1/7 | 电冰箱 | 1000 | 1500 | 2 |
| 9 | 2201008 | 2022/1/8 | 微波炉 | 200 | 300 | 5 |
| 10 | 2201009 | 2022/1/8 | 电熨斗 | 100 | 150 | 8 |
| 11 | 2201010 | 2022/1/9 | 豆浆机 | 200 | 300 | 4 |
| 12 | 2201011 | 2022/1/10 | 电冰箱 | 1000 | 1500 | 3 |
| 13 | 2201012 | 2022/1/11 | 电吹风 | 50 | 80 | 9 |

图 1-49 文件夹 demo4 下的 Excel 文档          图 1-50 Excel 文档中的工作表 Sheet1

将该文件夹下 Excel 文档中的名字是 Sheet1 的工作表合并为一个工作表,并保存在该目录下,代码如下:

```
# === 第 1 章 代码 1-24.py === #
import xlwings as xw
from pathlib import Path

src_folder = Path('D:\\test\\demo4\\')
file_list = list(src_folder.glob('*.xlsx'))
app = xw.App(visible = False, add_book = False)
# 数据的读取和合并
header = None
all_data = []
for file in file_list:
    if file.name.startswith('~$'):
            continue
    book = app.books.open(file)
    for sheet in book.sheets:
            if sheet.name == 'Sheet1':
                    if header == None:
                            header = sheet['a1:f1'].value
                    data = sheet['a2'].expand('table').value
                    all_data = all_data + data
    book.close()
# 创建一个新的工作簿来存储数据
new_book = xw.Book()
new_sheet = new_book.sheets.add('四个月的销售数据')
new_sheet['a1'].value = header
new_sheet['a2'].value = all_data
new_sheet.autofit()
new_book.save('D:\\test\\demo4\\合并的销售数据.xlsx')
```

```
new_book.close()

app.quit()
```

运行结果如图 1-51 和图 1-52 所示。

图 1-51　代码 1-24.py 创建的 Excel 文档　　　图 1-52　代码 1-24.py 合并的工作表

## 1.5.3　批量拆分列数据

【实例 1-25】　在 D 盘 test 文件夹下的 demo5 文件夹下有 5 个 Excel 文档,这 5 个工作簿中都含有名字是 Sheet1 的工作表,如图 1-53 和图 1-54 所示。

图 1-53　文件夹 demo5 下的 Excel 文档　　　图 1-54　Excel 文档中的工作表 Sheet1

将该文件夹下 Excel 文档中工作表的"产品尺寸(mm)"列批量分拆成三列(长、宽、高),并保存数据,代码如下:

```
# === 第 1 章 代码 1-25.py === #
import xlwings as xw
import pandas as pd
from pathlib import Path

src_folder = Path('D:\\test\\demo5\\')
file_list = list(src_folder.glob('*.xlsx'))
app = xw.App(visible = False,add_book = False)
for file in file_list:
    if file.name.startswith('~$'):
            continue
    book = app.books.open(file)
```

```
    sheet = book.sheets['Sheet1']
    data = sheet.range('a1').options(pd.DataFrame, header = 1, index = False,
expand = 'table').value
    new_data = data['产品尺寸(mm)'].str.split('*', expand = True)
    new_data.columns = ['长(mm)', '宽(mm)', '高(mm)']
    for n in range(new_data.shape[1] - 1):
            sheet['E:E'].insert(shift = 'right',
copy_origin = 'format_from_left_or_above')
    sheet['E1'].options(index = False).value = new_data
    sheet.autofit()
    book.save()
app.quit
```

运行结果如图 1-55 所示。

图 1-55　分拆后的工作表 Sheet1

## 1.6　小结

本章列举了 Python 中可以处理 Excel 的 9 个模块，对比了它们的优缺点，然后重点介绍 openpyxl 模块、xlwings 模块、Pandas 模块，以及这 3 个模块各自擅长处理的问题。

本章介绍了 Excel 办公自动化的典型应用：批量替换 Excel 工作簿中的单元格数据、将多个工作表合并为一个工作表、批量分拆列数据。

# 第 2 章

# 处理 CSV 文件和 JSON 数据

在第 1 章中学习的扩展名为 . xlsx 的文件是二进制文件。在二进制文件中的文本不仅包括字符串，还包括与之相关的字体、大小、颜色等样式信息。与之对应，还有一种扩展名为 . csv 的 CSV 文件。CSV 表示 Comma-Separated Values，即逗号分隔的值。CSV 文件是一种简化电子表格文件，保存为纯文本文件。

在实际应用中，可能更需要纯文本的电子表格数据，例如嵌入式开发、树莓派等。在 Python 中，可以使用 CSV 模块来处理 CSV 文件。

JSON(JavaScript Object Notation)是一种轻量级的数据交换格式。易于人阅读和编写，可以在多种语言之间进行数据交换。JSON 数据以 JavaScript 源代码的形式，将信息存储在纯文本文件中。

JSON 数据被广泛地应用于 Web 应用程序中，即便不了解 JavaScript 编程语言，也可以应用 JSON 数据。在 Python 中，可以使用 json 模块处理 JSON 数据。

## 2.1 CSV 模块

CSV 文件是纯文本的电子表格，文件中的每行代表电子表格中的一行，并用逗号分隔该行中的单元格。可以使用 Sublime Text 编辑器或记事本程序打开 CSV 文件，如图 2-1 所示。

23min

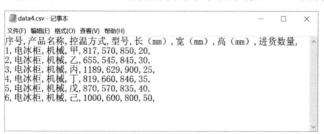

图 2-1　使用记事本程序打开 CSV 文件

当然，也可以使用 Excel 打开 CSV 文件，并且可以使用 Excel 程序将扩展名为 . xlsx 的文件另存为 CSV 文件。如果 CSV 文件中有中文字符，则建议另存为 CSV UTF-8(逗号分隔)( * . csv)格式，如图 2-2 所示。

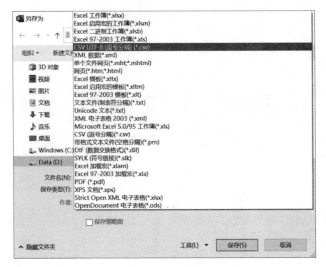

图 2-2　使用 Excel 存储 CSV 文件

如果 CSV 文件中没有中文字符,则可以另存为 CSV(逗号分隔)( ∗.csv)格式。

---

**注意**:使用 UTF-8 编码,可以有效地避免中文乱码,可以使用 Sublime Text 编辑器打开 CSV 文件。

---

在 Python 中,可以使用 CSV 模块处理 CSV 文件,可以实现对 CSV 文件的读取和写入,并且 CSV 模块是 Python 的内置模块,因此不需要安装。

## 2.1.1　以列表的形式读取和写入数据

在 CSV 模块中,可以使用 csv.reader()函数创建 csv.reader 对象。使用 csv.reader 对象能以列表的形式从 CSV 文件中读取数据,其语法格式如下:

```
import csv
reader1 = csv.reader(file_obj)
```

其中,reader1 表示用于存储 csv.reader 对象的变量;file_obj 表示用函数 open(path)创建的文件对象,path 表示文件的路径。

【**实例 2-1**】　在 D 盘的 test 文件夹下有一个 CSV 文件(data1.csv),如图 2-3 所示。

图 2-3　data1.csv 的表格数据

使用 CSV 模块读取该 CSV 数据中的表格信息，代码如下：

```
# === 第 2 章 代码 2-1.py === #
import csv

src_file = 'D:\\test\\data1.csv'
with open(src_file, mode = 'r') as f:
    reader = csv.reader(f)
    for row in reader:
            print(row)
```

运行结果如图 2-4 所示。

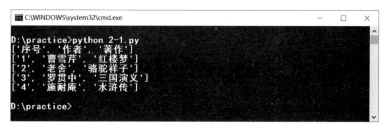

图 2-4　代码 2-1.py 的运行结果

在 CSV 模块中，可以使用 csv.writer()函数创建 csv.writer 对象。使用 csv.writer 对象的方法可以创建 CSV 文件并向其中写入数据，其语法格式如下：

```
import csv
writer1 = csv.writer(file_obj)
```

其中，file_obj 表示用函数 open(path)创建的文件对象，path 表示文件的路径。

在 CSV 模块中，可以使用 csv.writer 对象的 writerow()方法一次写入一行数据；使用 writerows()方法可以一次写入多行数据。

【实例 2-2】　使用 CSV 模块创建一个 CSV 文件，将该文件保存在 D 盘的 test 文件夹下并以列表的形式写入数据，代码如下：

```
# === 第 2 章 代码 2-2.py === #
import csv

header_line = ['序号', '作者', '著作']
data_list = [[1,'吴承恩','西游记'],[2,'狄更斯','远大前程'],[3,'沈从文','边城']]

src_file = 'D:\\test\\data2.csv'
# 以写的方式打开文件，要添加 newline = ""，否则会在两行数据之间插入一行空白
with open(src_file, mode = 'w', encoding = 'utf-8-sig', newline = "") as f:
    writer = csv.writer(f)
    writer.writerow(header_line) # 写入单行数据
    writer.writerows(data_list) # 写入多行数据
```

运行代码创建的 CSV 文件如图 2-5 所示。

图 2-5 代码 2-2.py 创建的 CSV 文件

## 2.1.2 以字典的形式读取和写入数据

在 CSV 模块中,可以使用 csv.DictReader()函数创建 csv.DictReader 对象。使用 csv. DictReader 对象能以字典的形式从 CSV 文件中读取数据,其语法格式如下:

```
import csv
reader1 = csv.DictReader(file_obj)
```

其中,reader1 表示用于存储 csv.DictReader 对象的变量;file_obj 表示用函数 open(path) 创建的文件对象,path 表示文件的路径。

【实例 2-3】 在 D 盘的 test 文件夹下有一个 CSV 文件(data2.csv),如图 2-5 所示。使用 CSV 模块以字典的形式读取该文件中的数据,代码如下:

```
# === 第 2 章 代码 2-3.py === #
import csv

src_file = 'D:\\test\\data2.csv'
with open(src_file, mode = 'r', encoding = 'utf-8-sig') as f:
    reader = csv.DictReader(f)
    for row in reader:
        print(row)
```

运行结果如图 2-6 所示。

图 2-6 代码 2-3.py 的运行结果

在 CSV 模块中,可以使用 csv.DictWriter()函数创建 csv.DictWriter 对象。使用 csv. DictReader 对象的方法可以创建 CSV 文件,并向其中写入数据,其语法格式如下:

```
import csv
writer1 = csv.DictWriter(file_obj, header_line)
```

其中，writer1 表示用于存储 csv.DictWriter 对象的变量；file_obj 表示用函数 open(path) 创建的文件对象，path 表示文件的路径；header_line 表示要创建的 CSV 文件的表头，数据类型是列表。

在 CSV 模块中，可以使用 csv.DictWriter 对象的 writerheader() 方法写入表头数据；使用 writerows() 方法可以一次写入多行数据。

【实例 2-4】 使用 CSV 模块创建一个 CSV 文件，将文件保存在 D 盘的 test 文件夹下，并以字典的形式写入数据，代码如下：

```python
# === 第 2 章 代码 2-4.py === #
import csv

# 创建 CSV 文件的表头列表
header_line = ['序号', '作者', '著作']

# 创建内容列表，列表的元素是字典
data_list = [{'序号':'1', '作者':'莎士比亚', '著作':'哈姆雷特'},
{'序号':'2', '作者':'王实甫', '著作':'西厢记'},{'序号':'3', '作者':'汤显祖', '著作':'牡丹亭'}]

src_file = 'D:\\test\\data3.csv'
# 以写的方式打开文件，要添加 newline = ""，否则会在两行数据之间插入一行空白
with open(src_file, mode = 'w', encoding = 'utf-8-sig', newline = "") as f:
    writer = csv.DictWriter(f, header_line)
    writer.writeheader()
    writer.writerows(data_list)
```

运行代码后创建的 CSV 文件如图 2-7 所示。

图 2-7　代码 2-4.py 创建的 CSV 文件

## 2.2　json 模块

JSON(JavaScript Object Notation) 是一种流行的文件格式，主要用于在 Web 应用程序中存储和传输数据。如果我们经常和数据打交道，则一定或多或少遇到过 JSON 格式的文件，因此我们有必要来学习如何读取和写入 JSON 数据。

在 Python 中，主要使用 json 模块来处理 JSON 数据或扩展名为 .json 的文件。由于 json 模块是 Python 的内置模块，因此不需要安装此模块。json 模块中常用的方法见表 2-1。

表 2-1   json 模块中常用的方法

| 方　　法 | 说　　明 |
| --- | --- |
| json. loads() | 将 JSON 字符串转换为 Python 对象 |
| json. dumps() | 将 Python 对象转换为 JSON 字符串 |
| json. load() | 读取扩展名为.json 的文件,将文件中的 JSON 数据转换为 Python 数据类型 |
| json. dump() | 创建并写入扩展名为.json 的文件,将 Python 数据转换为 JSON 数据并写入 JSON 文件 |

## 2.2.1  读取和写入 JSON 字符串

在 json 模块中,可以使用 json. loads()函数将 JSON 字符串转换为 Python 对象。

【实例 2-5】  创建两个 JSON 字符串,并将 JSON 字符串转换为 Python 对象,代码如下:

```
# ===第 2 章 代码 2-5.py === #
import json

str1_json = '{"男一号":"贾宝玉","女一号":"林黛玉","大家长":"贾母","远亲":"刘姥姥"}'
str2_json = '{"作者":"曹雪芹","人物":[{"男一号":"贾宝玉","女一号":"林黛玉","大家长":"贾
母","远亲":"刘姥姥"}]}'
str1_python = json.loads(str1_json)
str2_python = json.loads(str2_json)
print(str1_python)
print(str2_python)
```

运行结果如图 2-8 所示。

图 2-8   代码 2-5.py 的运行结果

**注意**:JSON 数据有以下特点:名称必须用双引号括起来;值可以是双引号包括的字符串、数字、数组、对象等 JavaScript 数据类型;数据存储在 name 或 value 中,数据用逗号分隔;花括号用于保存对象;方括号用于保存数组。

在 json 模块中,可以使用 json. dump()函数将 Python 对象转换为 JSON 字符串。

【实例 2-6】  创建两个 Python 对象,并将 Python 对象转换为 JSON 字符串,代码如下:

```
# ===第 2 章 代码 2-6.py === #
import json

str1_python = {"男一号":"贾宝玉","女一号":"林黛玉","大家长":"贾母","远亲":"刘姥姥"}
```

```
str2_python = {"作者":"曹雪芹","人物":
[{"男一号":"贾宝玉","女一号":"林黛玉","大家长":"贾母","远亲":"刘姥姥"}]}
str1_json = json.dumps(str1_python,ensure_ascii = False)
# ensure_ascii 表示 ASCII 编码,默认值为 True(中文乱码)
str2_json = json.dumps(str2_python,ensure_ascii = False)
# ensure_ascii 表示 ASCII 编码,默认值为 True(中文乱码)
print(str1_json)
print(str2_json)
```

运行结果如图 2-9 所示。

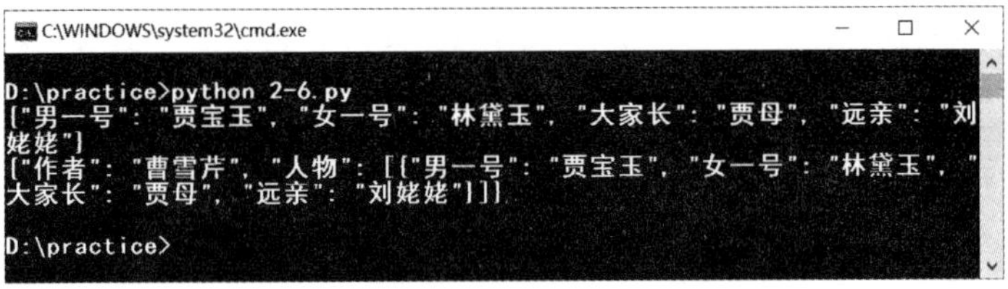

图 2-9　代码 2-6.py 的运行结果

## 2.2.2　写入和读取 JSON 文件

在 json 模块中,可以使用 json.dump()函数创建并将数据写入 JSON 文件(扩展名为 .json 的文件),将 Python 数据转换为 JSON 数据并写入 JSON 文件。

**【实例 2-7】**　在 D 盘的 test 文件夹下创建一个 JSON 文件,并将元素为字典的列表写入 JSON 文件,代码如下:

```
# === 第 2 章 代码 2 - 7.py === #
import json

src_file = 'D:\\test\\数据.json'
data1 = [{'曹雪芹':'红楼梦','吴承恩':'西游记'},{'狄更斯':'远大前程'}]
# 将 data1 数据写入 JSON 文件
with open(src_file,'w',encoding = 'utf - 8') as f:
    json.dump(data1,f,ensure_ascii = False)
```

运行代码创建的 JSON 文件如图 2-10 所示。

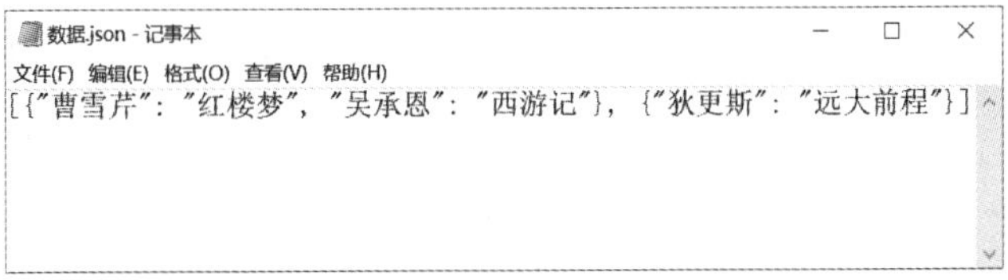

图 2-10　代码 2-7.py 的运行结果

在 json 模块中,可以使用 json.load()函数读取扩展名为.json 的文件,将文件中的 JSON 数据转换为 Python 数据类型。

**【实例 2-8】**　在 D 盘的 test 文件夹下有一个 JSON 文件,使用 json 模块中的方法读取

该文件中的内容,代码如下:

```
# === 第 2 章 代码 2-8.py === #
import json

src_file = 'D:\\test\\数据.json'
# 读取 json 文件
with open(src_file, 'r', encoding = 'utf - 8') as f:
    res = json.load(f)
    print(res)
```

运行结果如图 2-11 所示。

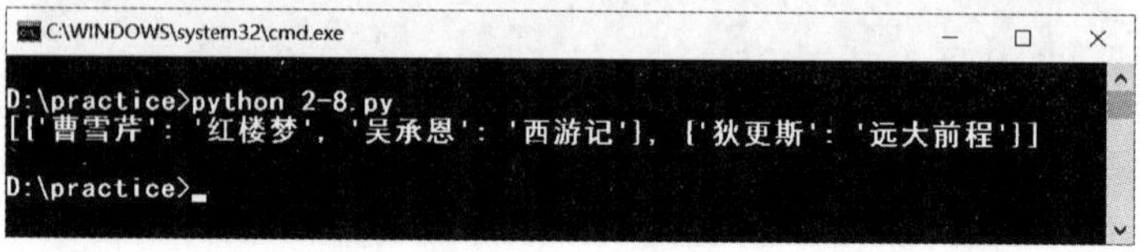

图 2-11　代码 2-8.py 的运行结果

### 2.2.3　Python 数据类型和 JSON 数据类型的转换

Python 数据类型与 JSON 数据类型的转换对应表见表 2-2。

表 2-2　Python 数据类型与 JSON 数据类型的转换对应表

| Python 数据类型 | JSON 数据类型 | Python 数据类型 | JSON 数据类型 |
| --- | --- | --- | --- |
| dict | object | long | number |
| list | array | True | true |
| str,unicode | string | False | false |
| int | number | None | null |

## 2.3　小结

本章主要介绍了使用 CSV 模块的方法读取并写入 CSV 文件的方法,既可以使用列表的形式读取和写入数据,也可以使用字典的形式读取和写入数据。

本章介绍了使用 json 模块读取和写入 JSON 字符串的方法,介绍了读取和写入 JSON 文件的方法。

# 第 3 章

# 处理 PPT 文件

进入个人计算机时代后,计算机软件改变了人类的工作和生活方式。从客户端的角度出发,对人类影响最大的是办公软件(Word、Excel、PowerPoint)。办公软件 PowerPoint 创建的 PPT 文件,即带有 .pptx 扩展名的文件,成为人们每天要演示、阅读、写作的对象。PPT 文件也称为演示文稿。

在 Python 中,有专门的模块处理 PPT 演示文稿,可以打开、读取、创建、保存 PPT 演示文稿,并提供添加幻灯片、文本、表格、图片的方法,以及批量处理 PPT 演示文稿的方法。

## 3.1 python-pptx 模块

在 Python 中,主要使用 python-pptx 模块处理 PPT 演示文稿。由于 python-pptx 模块是第三方模块,所以需要安装此模块。安装 python-pptx 模块需要在 Windows 命令行窗口中输入的命令如下:

```
pip install python-pptx -i https://pypi.tuna.tsinghua.edu.cn/simple
```

然后按 Enter 键,即可安装 python-pptx 模块,如图 3-1 所示。

```
C:\Users\thinkTom>pip install python-pptx -i https://pypi.tuna.tsinghua.edu.cn/simple
Looking in indexes: https://pypi.tuna.tsinghua.edu.cn/simple
Collecting python-pptx
  Downloading https://pypi.tuna.tsinghua.edu.cn/packages/eb/c3/bd8f2316a790291ef5aa5225c740fa6
0e2cf754376e90cb1a44fde056830/python-pptx-0.6.21.tar.gz (10.1 MB)
                        ---- 10.1/10.1 MB 8.8 MB/s eta 0:00:00
  Preparing metadata (setup.py) ... done
Requirement already satisfied: lxml>=3.1.0 in d:\program files\python\lib\site-packages (from
python-pptx) (4.9.1)
Requirement already satisfied: Pillow>=3.3.2 in d:\program files\python\lib\site-packages (fro
m python-pptx) (9.2.0)
Collecting XlsxWriter>=0.5.7
  Downloading https://pypi.tuna.tsinghua.edu.cn/packages/ef/95/30f6ee57f10232e2055a85c3e4c8db7
d38ab5f1349b6cdced85cb8acd5e6/XlsxWriter-3.0.3-py3-none-any.whl (149 kB)
                        ---- 150.0/150.0 KB 8.7 MB/s eta 0:00:00
Using legacy 'setup.py install' for python-pptx, since package 'wheel' is not installed.
Installing collected packages: XlsxWriter, python-pptx
  Running setup.py install for python-pptx ... done
Successfully installed XlsxWriter-3.0.3 python-pptx-0.6.21
WARNING: You are using pip version 22.0.4; however, version 22.2.2 is available.
You should consider upgrading via the 'D:\program files\python\python.exe -m pip install --upg
rade pip' command.

C:\Users\thinkTom>
```

图 3-1   安装 python-pptx 模块

---

**注意**：安装 python-pptx 模块，使用 pip install python-pptx 命令。如果在 Python 程序中引入 python-pptx 模块，则需使用 import pptx 语句，而不是 import python-pptx 语句。从图 3-1 可以得出，在成功安装了 python-pptx 模块的同时，也安装了 XlsxWriter 模块。

---

### 3.1.1 python-pptx 模块创建的对象

第三方模块 python-pptx 是采用面向对象的思想编写而成的。与纯文本文件不同，PPT 演示文稿有很多结构。这些结构可以使用 python-pptx 模块中 5 种不同层次的对象来表示。在最高一层，使用 Presentation 对象表示整个 PPT 演示文稿。Presentation 对象中又包含 Slide 对象的一个列表，Slide 对象表示演示文稿中的幻灯片。每个幻灯片 Slide 对象中又包含 Shape 对象的一个列表，Shape 对象表示幻灯片中插入的方框，可以是形状，也可以是文本框。每个 Shape 对象中的文本框 text_frame 又包含 Paragraph 对象的一个列表。Paragraph 对象表示幻灯片方框中的文字段落。每个段落 Paragraph 对象又包含 Run 对象的一个列表。Run 对象表示段落中具有不同样式的文字块。因为每个 PPT 演示文稿中的文本不仅包含字符串，还包含与之相关的字体、大小、颜色等样式信息。python-pptx 模块中不同层次的对象如图 3-2 所示。

图 3-2　python-pptx 模块中不同层次的对象

#### 1. 创建 Presentation 对象和幻灯片 Slide 对象

在 python-pptx 模块中，可以通过 pptx.Presentation()函数打开或创建 PPT 演示文稿，并创建 Presentation 对象，其语法格式如下：

```
import pptx
pr1 = pptx.Presentation(path)
```

其中，pr1 表示用于存储 Presentation 对象的变量；path 表示 PPT 文件的路径，如果无参数，则表示创建一个 PPT 文件，并创建一个 Presentation 对象。

在 python-pptx 模块中,可以通过 Presentation 对象的 slides 属性获得 Slide 对象的列表,其语法格式如下:

```
import pptx
pr1 = pptx.Presentation(path)
slide_list = pr1.slides
```

其中,slide_list 是用于存储 Slide 对象列表的变量。

【实例 3-1】 在 D 盘 test 文件夹下有一个 PPT 文件(展示 1.pptx),如图 3-3 所示。

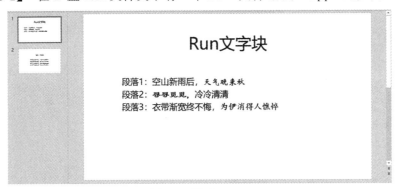

图 3-3 展示 1.pptx

使用 python-pptx 打开该 PPT 文件并创建 Presentation 对象,打印 Presentation 对象并遍历其中的幻灯片 Slide 对象,代码如下:

```
# === 第 3 章 代码 3-1.py === #
import collections.abc
from pptx import Presentation

pre1 = Presentation('D:\\test\\展示 1.pptx')
print(pre1)
slide_list = pre1.slides
for slide in slide_list:
    print(slide)
```

运行结果如图 3-4 所示。

```
C:\WINDOWS\system32\cmd.exe                                    —   □   ×

D:\practice>python 3-1.py
<pptx.presentation.Presentation object at 0x000002F7EA2B3490>
<pptx.slide.Slide object at 0x000002F7EA2B3520>
<pptx.slide.Slide object at 0x000002F7EA2B3640>

D:\practice>_
```

图 3-4 代码 3-1.py 的运行结果

**注意**:如果在运行 pptx 模块时出现异常 AttributeError:module 'collections' has no attribute 'Container',则需要在代码开头加上 import collections.abc 语句,这是由 Python 3.10 的版本支持问题造成的。

**2. 获取 Shape 对象、text_frame 对象、Paragraph 对象、Run 对象**

在 python-pptx 模块中,可以通过幻灯片 Slide 对象的 shapes 属性获得方框 Shape 对象的列表。通过方框 Shape 对象的 text_frame 属性可以获得方框中的文本框对象。通过文本框对象的 paragraphs 属性可以获得文本框中的 Paragraph 对象列表。通过段落 Paragraph 对象的 runs 属性可以获得文本块 Run 对象的列表,其语法格式如下:

```python
import pptx
pr1 = pptx.Presentation(path)
slide_list = pr1.slides
shape_list = slide_list[0].shapes        # 获取方框 Shape 对象的列表
text_frame = shape_list[0].text_frame    # 获取方框中的文本框
para_list = text_frame.paragraphs        # 获取段落 Paragraph 对象的列表
run_list = para_list[0].runs             # 获取文字块 Run 对象的列表
```

其中,shape_list 表示包含方框 Shape 对象的列表;para_list 表示包含段落 Paragraph 对象的列表;run_list 表示包含文本块 Run 对象的列表。

【**实例 3-2**】 在 D 盘 test 文件夹下有一个 PPT 文件(展示 1. pptx),如图 3-3 所示。使用 python-pptx 模块打开该 PPT 文件并创建 Presentation 对象,获取并遍历 Presentation 对象下的第 1 张幻灯片中的方框 Shape 对象、文本框 text_frame 对象、段落 Paragraph 对象、文字块 Run 对象,代码如下:

```python
# === 第 3 章 代码 3 - 2.py === #
import collections.abc
from pptx import Presentation

pre1 = Presentation('D:\\test\\展示 1.pptx')
slide_list = pre1.slides
# 第 1 张幻灯片中的方框
shape_list = slide_list[0].shapes

print('方框 Shape 对象为')
for shape in shape_list:
    print(shape)

# 第 2 个方框中的文本框
text_frame = shape_list[1].text_frame
print('\n 文本框对象为', text_frame)

# 文本框中的段落
para_list = text_frame.paragraphs
print('\n 段落 Paragraph 对象为')
for para in para_list:
    print(para)
# 段落中的文字块
run_list = para_list[1].runs
print('\n 文字块 Run 对象为')
for run in run_list:
    print(run)
```

运行结果如图 3-5 所示。

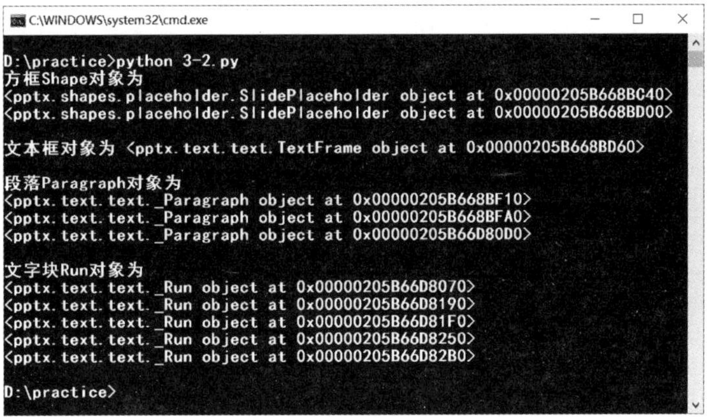

图 3-5　代码 3-2.py 的运行结果

## 3.1.2　提取 PPT 演示文稿中的文本

在 python-pptx 中，可以使用方框 Shape 对象的 has_text_frame 属性判断该方框对象中是否有文本框。如果有文本框，则可以提取 PPT 演示文稿的文本，并保存在 Word 文档中。

【实例 3-3】　在 D 盘 test 文件夹下有一个 PPT 文件（展示 1.pptx），如图 3-3 所示。使用 python-pptx 模块提取该文件中的文本，并保存在 Word 文档中，代码如下：

```
# === 第3章 代码3-3.py === #
import collections.abc
from pptx import Presentation
from docx import Document

ppt_file = 'D:\\test\\展示 1.pptx'
ppt = Presentation(ppt_file)
doc_file = Document()
for item in ppt.slides:
    for j in item.shapes:
        if j.has_text_frame == True:
            text_frame = j.text_frame
            for para in text_frame.paragraphs:
                doc_file.add_paragraph(para.text)

doc_file.save('D:\\test\\展示 1.docx')
```

运行结果如图 3-6 所示。

## 3.1.3　创建 PPT 演示文稿

在 python-pptx 模块中，可以创建 PPT 演示文稿。第 1 步是创建 PPT 文件；第 2 步是添加幻灯片（包括有占位符的模板幻灯片和无占位符的空白幻灯片）；第 3 步是给幻灯片添

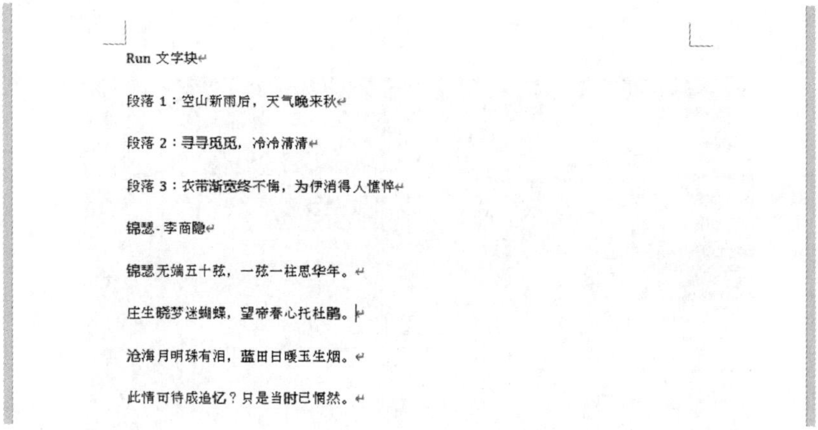

Run 文字块

段落 1：空山新雨后，天气晚来秋

段落 2：寻寻觅觅，冷冷清清

段落 3：衣带渐宽终不悔，为伊消得人憔悴

锦瑟-李商隐

锦瑟无端五十弦，一弦一柱思华年。

庄生晓梦迷蝴蝶，望帝春心托杜鹃。

沧海月明珠有泪，蓝田日暖玉生烟。

此情可待成追忆？只是当时已惘然。

图 3-6　代码 3-3. py 的运行结果

加文本、图片、表格等内容；第 4 步是重复第 2、第 3 步的内容。

### 1. 创建 PPT 文件并添加幻灯片

在 python-pptx 模块中，使用函数 pptx. Presentation()创建一个 PPT 文件并创建一个 Presentation 对象，然后使用该对象的 slides 属性返回的 Slides 对象的 add_slide()方法添加幻灯片，语法格式如下：

```
from pptx import Presentation
ppt = Presentation()            #创建 PPT 文件
slide = ppt.slides.add_slide(ppt.slide_layouts[num]) #添加幻灯片
ppt.save(path)                  #保存 PPT 文件
```

其中，参数 path 表示 PPT 文件的存储位置；ppt. slide_layouts 表示 PPT 文件中插入的幻灯片版式，按照从左到右、从上到下的顺序依次编号为 0~10，其中 slide_layouts[6]表示空白幻灯片，即无占位符的幻灯片。幻灯片版式如图 3-7 所示。

### 2. 给幻灯片中的占位符添加文本

从图 3-7 可以得知，除了第 7 个幻灯片版式是空白幻灯片，其余的版式都是带有占位符的模板。占位符是可以将内容放入其中的预格式化容器，即先占一个位置，预设好格式，然后添加内容。通俗地讲，占位符就是文本框，为后续添加文字内容做铺垫。版式幻灯片中的占位符共有 5 种类型，分别是标题占位符、文本占位符、数字占位符、日期占位符、页脚占位符。

在 python-pptx 模块中，可以通过幻灯片 Slide 对象的 placeholders 属性获取包含占位符 Placeholder 对象的列表，并通过 Placeholder 对象的 text 属性给占位

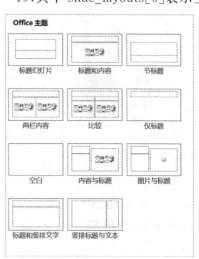

图 3-7　添加的幻灯片版式

符添加文本。

【实例 3-4】 使用 python-pptx 模块创建一个 PPT 文件（占位符.pptx），在文件中插入一张幻灯片，幻灯片采用版式 1 并在占位符的位置添加文本。将该文件保存在 D 盘的 test 文件夹下，代码如下：

```
# === 第3章 代码3-4.py === #
import collections.abc
from pptx import Presentation

ppt = Presentation()
slide1 = ppt.slides.add_slide(ppt.slide_layouts[0])
for place in slide1.placeholders:
    print(place)
    place.text = '这里是占位符,可以添加文字.'

ppt.save('D:\\test\\占位符.pptx')
```

运行结果如图 3-8 和图 3-9 所示。

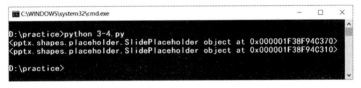

图 3-8 代码 3-4.py 的运行结果

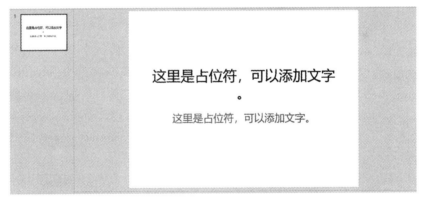

图 3-9 代码 3-4.py 创建的 PPT 文件

### 3. 给空白幻灯片添加文本框

从图 3-7 可以得知，除了第 7 个幻灯片版式是空白幻灯片，其余的版式都是带有占位符的模板。在 python-pptx 模块中，使用幻灯片 Slide 对象的 shapes 属性获取方框列表 Shapes 对象，利用 Shapes 对象的 add_textbox(left,top,width,height) 方法可以给幻灯片添加文本框。

【实例 3-5】 使用 python-pptx 模块创建一个 PPT 文件（文本框.pptx），在文件中插入

一张空白幻灯片,在幻灯片中插入文本框,在文本框中添加文字。将该文件保存在 D 盘的 test 文件夹下,代码如下:

```
# === 第 3 章 代码 3 - 5. py === #
import collections.abc
from pptx import Presentation


ppt = Presentation()
sli_w = ppt.slide_width
sli_h = ppt.slide_height
slide1 = ppt.slides.add_slide(ppt.slide_layouts[6])
box = slide1.shapes.add_textbox(left = 0, top = sli_h/2, width = sli_w/2, height = sli_h)
box.text = '采菊东篱下,悠然见南山.山气日夕佳,飞鸟相与还.此中有真意,欲辨已忘言.'
ppt.save('D:\\test\\文本框.pptx')
```

运行结果如图 3-10 所示。

图 3-10　代码 3-5. py 创建的 PPT 文件

### 4. 给空白幻灯片添加段落

在 python-pptx 模块中,使用幻灯片 Slide 对象的 shapes 属性获取方框列表 Shapes 对象,利用 Shapes 对象的 add_textbox(left,top,width,height)方法可以给幻灯片添加文本框。使用文本框 Textbox 对象的 text_frame 属性即可获取 Text_frame 对象,使用 Text_frame 对象的 add_paragraph()即可添加段落。

【实例 3-6】　使用 python-pptx 模块创建一个 PPT 文件(段落.pptx),在文件中插入一张空白幻灯片,在幻灯片中插入文本框,在文本框中添加两个段落,并设置不同的字体。将该文件保存在 D 盘的 test 文件夹下,代码如下:

```
# === 第 3 章 代码 3 - 6. py === #
import collections.abc
from pptx import Presentation
from pptx.util import Pt
from pptx.enum.text import PP_PARAGRAPH_ALIGNMENT, MSO_ANCHOR
from pptx.dml.color import RGBColor


ppt = Presentation()
```

```
sli_w = ppt.slide_width
sli_h = ppt.slide_height
slide1 = ppt.slides.add_slide(ppt.slide_layouts[6])
box = slide1.shapes.add_textbox(left=0,top=sli_h * 0.28,width=sli_w,height=sli_h)
#设置文本框的内容,使其居中对齐
box.text_frame.vertical = MSO_ANCHOR.MIDDLE
#如果文本框中的文本超出文本框的宽度,则自动换行
box.text_frame.word_wrap = True

para1 = box.text_frame.add_paragraph()
para1.text = '春花秋月何时了?往事知多少.小楼昨夜又东风,故国不堪回首月明中.'
para1.alignment = PP_PARAGRAPH_ALIGNMENT.LEFT
para1.font.name = '楷体'
para1.font.size = Pt(36) #设置字号
para1.font.color.rgb = RGBColor(0,0,0) #设置颜色

para2 = box.text_frame.add_paragraph()
para2.text = '雕栏玉砌应犹在,只是朱颜改.问君能有几多愁?恰似一江春水向东流.'
para2.alignment = PP_PARAGRAPH_ALIGNMENT.LEFT
para2.font.name = '宋体'
para2.font.bold = True #加粗
para2.font.italic = True #斜体
para2.font.underline = True #加下画线
para2.font.size = Pt(36)
para2.font.color.rgb = RGBColor(0,0,0)

ppt.save('D:\\test\\段落.pptx')
```

运行结果如图 3-11 所示。

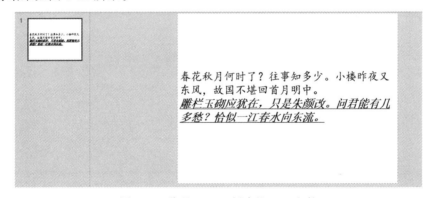

图 3-11 代码 3-6.py 创建的 PPT 文件

**5. 给空白幻灯片添加表格**

在 python-pptx 模块中,使用幻灯片 Slide 对象的 shapes 属性获取方框列表 Shapes 对象,利用 Shapes 对象的 add_table(rows,cols,left,top,width,height)方法可以给幻灯片添加表格。

【**实例 3-7**】 使用 python-pptx 模块创建一个 PPT 文件(表格.pptx),在文件中插入一张空白幻灯片,在幻灯片中插入 4 列 3 行的表格。将该文件保存在 D 盘的 test 文件夹下,

代码如下：

```
# === 第 3 章 代码 3-7.py === #
import collections.abc
from pptx import Presentation
from pptx.util import Cm

ppt = Presentation()
slide1 = ppt.slides.add_slide(ppt.slide_layouts[6])
shapes = slide1.shapes
#设置行数、列数、位置、表格的宽度和高度
rows = 4
cols = 3
top = Cm(5)
left = Cm(5)
width = Cm(18)
height = Cm(2.5)
#创建表格
table = shapes.add_table(rows,cols,left,top,width,height).table
data = [['姓名','学校','专业'],
['林黛玉','银河系大学','古典文学'],
['贾宝玉','太阳系大学','批评文学'],
['贾探春','地球大学','管理学']]
for row in range(rows):
    for col in range(cols):
            table.cell(row,col).text = str(data[row][col])
ppt.save('D:\\test\\表格.pptx')
```

运行结果如图 3-12 所示。

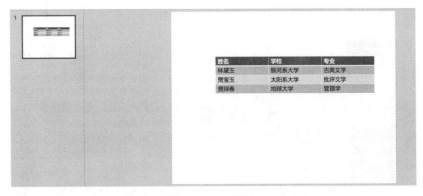

图 3-12　代码 3-7.py 创建的 PPT 文件

### 6. 给空白幻灯片添加形状

在 python-pptx 模块中，使用幻灯片 Slide 对象的 shapes 属性获取方框列表 Shapes 对象，利用 Shapes 对象的 add_shape()方法可以给幻灯片添加形状。

【实例 3-8】　使用 python-pptx 模块创建一个 PPT 文件(矩形.pptx)，在文件中插入一张空白幻灯片，在幻灯片中插入蓝色的矩形。将该文件保存在 D 盘的 test 文件夹下，代码如下：

```
# === 第3章 代码3-8.py === #
import collections.abc
from pptx import Presentation
from pptx.util import Cm
from pptx.enum.shapes import MSO_SHAPE
from pptx.dml.color import RGBColor


ppt = Presentation()
slide1 = ppt.slides.add_slide(ppt.slide_layouts[6])
shapes = slide1.shapes
# 获取幻灯片的宽度和高度
sli_w = ppt.slide_width
sli_h = ppt.slide_height
# 设置矩形的位置及宽和高
left1 = 0
top1 = (sli_h - Cm(10))//2
width1 = sli_w
height1 = Cm(10)
# 添加矩形
rec = shapes.add_shape(MSO_SHAPE.RECTANGLE, left = left1, top = top1,
    width = width1, height = height1)
# 将填充格式设置为纯色填充
rec.fill.solid()
# 将填充颜色设置为蓝色
rec.fill.fore_color.rgb = RGBColor(0, 0, 255)
# 将形状的轮廓设置为无
rec.line.fill.background()
ppt.save('D:\\test\\矩形.pptx')
```

运行结果如图 3-13 所示。

图 3-13 代码 3-8.py 创建的 PPT 文件

**注意**：函数 add_shape() 的第 1 个参数，使用 MSO_SHAPE.RECTANGLE 表示矩形，使用 MSO_SHAPE.CAN 表示圆柱形，使用 MSO_SHAPE.OVAL 表示椭圆，使用 MSO_SHAPE.ROUNDED_RECTANGLE 表示圆角矩形等。

### 7. 给空白幻灯片添加图片

在 python-pptx 模块中，使用幻灯片 Slide 对象的 shapes 属性获取方框列表 Shapes 对象,利用 Shapes 对象的 add_picture(img_path,left,top,width,height)方法可以给幻灯片添加图片。

【**实例 3-9**】 使用 python-pptx 模块创建一个 PPT 文件(矩形.pptx),在文件中插入一张空白幻灯片,在幻灯片中插入一张图片。将该文件保存在 D 盘的 test 文件夹下的 demo1 文件夹中,代码如下:

```python
# === 第 3 章 代码 3 - 9.py === #
import collections.abc
from pptx import Presentation
from pptx.util import Cm

ppt = Presentation()
slide1 = ppt.slides.add_slide(ppt.slide_layouts[6])
shapes = slide1.shapes
img_path = 'D:\\test\\demo1\\001.jpg'
# 获取幻灯片的宽度和高度
sli_w = ppt.slide_width
sli_h = ppt.slide_height
# 设置图片的位置及宽和高
left1 = 0
top1 = Cm(5)
width1 = sli_w
height1 = sli_h - Cm(10)
# 添加照片
pic1 = shapes.add_picture(img_path,left1,top1,width1,height1)
ppt.save('D:\\test\\demo1\\图片.pptx')
```

运行结果如图 3-14 所示。

图 3-14　代码 3-9.py 创建的 PPT 文件

## 3.1.4　Presentation、Slides、Shapes 对象的方法和属性

在 python-pptx 模块中,可以创建多个层次的对象,其中最主要的 5 个对象分别是代表 PPT 演示文稿的 Presentation 对象、幻灯片列表 Slides 对象、幻灯片 Slide 对象、方框列表 Shapes 对象、方框 Shape 对象。

在 python-pptx 模块中,Presentation 对象常用的方法和属性见表 3-1。

表 3-1　Presentation 对象常用的方法和属性

| 方法或属性 | 说　　明 |
|---|---|
| Presentation. slide_width | 返回 PPT 文件中幻灯片的宽度 |
| Presentation. slide_height | 返回 PPT 文件中幻灯片的高度 |
| Presentation. slides | 返回 PPT 文件中幻灯片 Slide 实例列表对象 |
| Presentation. slide_layouts | 返回 PPT 文件中要插入的版式幻灯片 Slide_layout 实例列表对象 |
| Presentation. save(path) | 保存 PPT 文件 |

在 python-pptx 模块中,Slides 对象常用的方法和属性见表 3-2。

表 3-2　Slides 对象常用的方法和属性

| 方法或属性 | 说　　明 |
|---|---|
| Slides. add_slide(slide_layout) | 添加幻灯片,并返回幻灯片对象,即 Slide 对象 |
| Slides. get(slide_id,default＝None) | 返回指定序号的 Slide 对象 |
| Slides. index(slide) | 返回指定 Slide 对象的序号 |
| Slides[num] | 通过列表的方式获取指定序号的 Slide 对象 |

在 python-pptx 模块中,Slide 对象常用的方法和属性见表 3-3。

表 3-3　Slide 对象常用的方法和属性

| 方法或属性 | 说　　明 |
|---|---|
| Slide. shapes | 返回该幻灯片下的方框 Shape 实例列表对象 |
| Slide. placeholders | 返回该幻灯片下的占位符 Placeholder 实例列表对象 |
| Slide. has_notes_slide | 是否有备注幻灯片,如果有,则返回值为 True,否则返回值为 False |
| Slide. name | 返回幻灯片的名字,如果没有设置,则返回 None 或空字符串 |
| Slide. notes_slide | 返回幻灯片下的 NotesSlide 对象 |
| Slide. slide_id | 返回该幻灯片的序号 |
| Slide. slide_layout | 返回该幻灯片继承的版式幻灯片对象 |
| Slide. element | 返回幻灯片的 lxml 元素 |

在 python-pptx 模块中,Shapes 对象常用的方法和属性见表 3-4。

表 3-4　Shapes 对象常用的方法和属性

| 方法或属性 | 说　　明 |
|---|---|
| Shapes. element | 返回方框列表中的 lxml 元素 |
| Shapes. placeholders | 返回方框列表下的包含占位符 Placeholde 实例的列表对象 |
| Shapes. title | 返回方框列表的标题,如果没有设置,则返回 None |
| Shapes[num] | 返回指定序号的方框 Shape 对象 |
| Shapes. add_chart(chart_type, x, y, cx, cy, chart_data) | 向方框列表中添加图表 |

续表

| 方法或属性 | 说　明 |
|---|---|
| Shapes. add_movie(movie_file, left, top, width, height, poster_frame_image＝None, mime_type＝'video/unknown') | 向方框列表对象中添加视频,并返回该视频对象 |
| Shapes. add_picture(image_file, left, top, width＝None, height＝None) | 向方框列表对象中添加图片,并返回该图片对象 |
| Shapes. add_shape(autoshape_type_id, left, top, width, height) | 向方框列表对象中添加形状,并返回该形状对象 |
| Shapes. add_table(rows, cols, left, top, width, height)[source] | 向方框列表对象中添加表格,并返回该表格对象 |
| Shapes. add_textbox(left, top, width, height) | 向方框列表对象中添加文本框,并返回该文本框对象 |

在 python-pptx 模块中,Shape 对象常用的方法和属性见表 3-5。

**表 3-5　Shape 对象常用的方法和属性**

| 方法或属性 | 说　明 |
|---|---|
| Shape. fill | 设置方框的填充格式,并返回 FillFormat 对象 |
| Shape. has_text_frame | 该方框中是否含有文本,如果有文本,则返回值为 True,否则返回值为 False |
| Shape. line | 设置方框的边线格式,并返回 LineFormat 对象 |
| Shape. shape_type | 返回表示方框的唯一标识,例如 MSO_SHAPE_TYPE.TEXT_BOX |
| Shape. text | 返回或写入方框中的文本 |
| Shape. text_frame | 返回方框中的文本框 TextFrame 对象 |

## 3.1.5　根据 Excel 表格生成 PPT 演示文稿

在 python-pptx 模块中,可以根据表格 Excel 文件自动生成 PPT 演示文稿,用这种方法可以省略在幻灯片中重复插入文本框的操作。

【实例 3-10】　在 D 盘的 test 文件夹下的 demo2 文件夹有一个 Excel 表格(唐诗.xlsx),唐诗.xlsx 文件中的工作表如图 3-15 所示。

根据工作表中的信息创建一个 PPT 文件(唐诗.pptx),并自动生成幻灯片,每张幻灯片中含有每行表格的信息,代码如下:

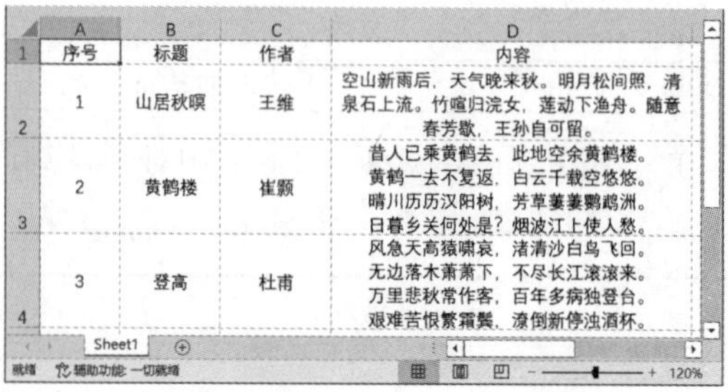

图 3-15　唐诗.xlsx 文件中的工作表

```
# === 第 3 章 代码 3 - 10. py === #
import collections.abc
from pptx import Presentation
from pptx.util import Cm,Pt
```

```python
from pptx.enum.text import PP_PARAGRAPH_ALIGNMENT,MSO_ANCHOR
from pptx.dml.color import RGBColor
from openpyxl import load_workbook

ppt = Presentation()

# 获取幻灯片的宽度和高度
sli_w = ppt.slide_width
sli_h = ppt.slide_height
# 设置文本框的位置及宽和高
left1 = Cm(3)
top1 = Cm(3)
width1 = sli_w - Cm(6)
height1 = sli_h - Cm(6)
# 获取 Excel 表格中的工作表
book = load_workbook('D:\\test\\demo2\\唐诗.xlsx')
sheet = book.active
for row in range(2,sheet.max_row + 1):
    slide = ppt.slides.add_slide(ppt.slide_layouts[6])
    shapes = slide.shapes
    box = shapes.add_textbox(left1,top1,width1,height1)
    # 设置文本框的内容,使其居中对齐
    box.text_frame.vertical = MSO_ANCHOR.MIDDLE
    # 如果文本框中的文本超出文本框的宽度,则自动换行
    box.text_frame.word_wrap = True
    for col in range(2,5):
            para1 = box.text_frame.add_paragraph()
            para1.text = f'{sheet.cell(row = row,column = col).value}'
            para1.alignment = PP_PARAGRAPH_ALIGNMENT.LEFT
            para1.font.name = '楷体'
            para1.font.size = Pt(32) # 设置字号
            para1.font.color.rgb = RGBColor(0,0,0) # 设置颜色

ppt.save('D:\\test\\demo2\\唐诗.pptx')
```

运行结果如图 3-16 所示。

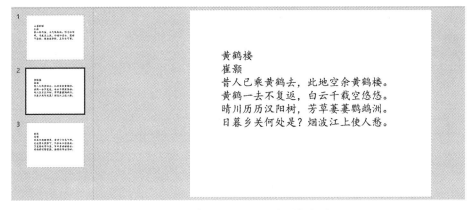

图 3-16 代码 3-10.py 生成的幻灯片

### 3.1.6 根据图片生成 PPT 演示文稿

在 python-pptx 模块中,可以根据文件夹中的图片自动生成 PPT 演示文稿,用这种方法可以省略在幻灯片中重复插入图片的操作。

【实例 3-11】 在 D 盘的 test 文件夹下的 demo3 文件夹有 6 张 JPG 格式的图片,如图 3-17 所示。

图 3-17 demo3 文件夹下的图片

根据文件夹下的图片创建一个 PPT 文件(图片.pptx),并自动生成幻灯片,在每张幻灯片中插入一张图片,代码如下:

```python
# === 第 3 章 代码 3-11.py === #
import collections.abc
from pptx import Presentation
from pptx.util import Cm
from pathlib import Path

ppt = Presentation()
src_folder = Path('D:\\test\\demo3\\')
img_list = list(src_folder.glob('*.jpg'))
# 获取幻灯片的宽度和高度
sli_w = ppt.slide_width
sli_h = ppt.slide_height
# 设置图片的位置及宽和高
left1 = 0
top1 = Cm(3)
width1 = sli_w
height1 = sli_h - Cm(6)
# 创建幻灯片并插入图片
for img_path in img_list:
    slide = ppt.slides.add_slide(ppt.slide_layouts[6])
    shapes = slide.shapes
    img_path = str(img_path)
    pic = shapes.add_picture(img_path, left1, top1, width1, height1)

ppt.save('D:\\test\\demo3\\图片.pptx')
```

运行结果如图 3-18 所示。

图 3-18 代码 3-11.py 生成的幻灯片

## 3.2 典型应用

本节讲述使用 Python 批量处理 PPT 文件的典型应用,包括向一张幻灯片中批量插入图片、批量提取 PPT 文件中的文本、将 PPT 文件批量导出为图片、将 PPT 文件批量导出为 PDF 文件、批量提取 PPT 文件中的图片素材。

29min

### 3.2.1 向一张幻灯片中批量插入图片

【实例 3-12】 在 D 盘的 test 文件夹下的 demo4 文件夹有 32 张 PNG 格式的图片,如图 3-19 所示。

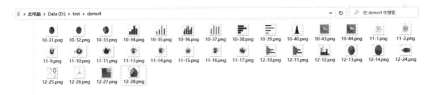

图 3-19 demo4 文件夹下的图片

在当前目录下创建一个 PPT 文件(批量图片.pptx),并创建一张幻灯片,将这 32 张图片插入幻灯片,代码如下:

```
# === 第 3 章 代码 3 - 12.py === #
import collections.abc
from pptx import Presentation
from pptx.util import Cm
from pathlib import Path

ppt = Presentation()
src_folder = Path('D:\\test\\demo4\\')
img_list = list(src_folder.glob(' * .png'))
# 设置幻灯片的宽度和高度
```

```
ppt.slide_width = Cm(32)
ppt.slide_height = Cm(19)
＃设置图片的宽和高
width1 = Cm(4)
height1 = Cm(4)
＃创建幻灯片并插入图片
slide1 = ppt.slides.add_slide(ppt.slide_layouts[6])
shapes = slide1.shapes
for img_path in img_list:
    n = img_list.index(img_path)
    n = n + 1 ＃列表的索引从 0 开始,加 1 便于理解
    if n <= 8:
            top = Cm(0)
            left = Cm((n - 1) * 4)
    elif n <= 16:
            top = Cm(5)
            left = Cm((n - 9) * 4)
    elif n <= 24:
            top = Cm(10)
            left = Cm((n - 17) * 4)
    elif n <= 32:
            top = Cm(15)
            left = Cm((n - 25) * 4)
    img_path = str(img_path)
    pic1 = shapes.add_picture(img_path, left, top, width1, height1)

ppt.save('D:\\test\\demo4\\批量图片.pptx')
```

运行结果如图 3-20 所示。

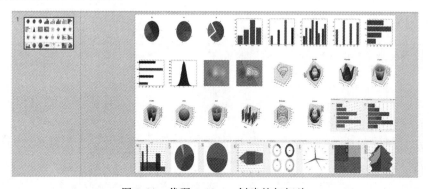

图 3-20　代码 3-12.py 创建的幻灯片

## 3.2.2　批量提取 PPT 演示文稿中的文本

【实例 3-13】　在 D 盘的 test 文件夹下的 demo5 文件夹有 6 个 PPT 演示文稿,如图 3-21 所示。

批量提取当前目录下 PPT 演示文稿中的文本,并保存在当前目录下的 Word 文档(提取文本.docx)中,代码如下:

图 3-21　demo5 文件夹下的 PPT 演示文稿

```python
# === 第 3 章 代码 3-13.py === #
import collections.abc
from pptx import Presentation
from docx import Document
from pathlib import Path

src_folder = Path('D:\\test\\demo5\\')
ppt_list = list(src_folder.glob('*.pptx'))
doc_file = Document()

for ppt_path in ppt_list:
    ppt_path = str(ppt_path)
    ppt = Presentation(ppt_path)
    for item in ppt.slides:
        for j in item.shapes:
            if j.has_text_frame == True:
                text_frame = j.text_frame
                for para in text_frame.paragraphs:
                    doc_file.add_paragraph(para.text)

doc_file.save('D:\\test\\demo5\\提取文本.docx')
```

运行结果如图 3-22 所示。

图 3-22　代码 3-13.py 提取的文本

## 3.2.3　将 PPT 演示文稿批量导出为 PDF 文档

要将一个 PPT 演示文稿导出为 PDF 文档，可打开应用程序 PowerPoint 中的“另存为”对话框，并将“保存类型”设置为 PDF 格式，即可导出 PDF 文档。如果有大量的 PPT 演示文稿要导出，则需要一个一个地手动操作，这会耗费大量时间。利用 Python 中的第三方模块 pywin32 操控 PowerPoint 应用程序，可以将 PPT 演示文稿批量导出为 PDF 文档。

【**实例 3-14**】 在 D 盘的 test 文件夹下的 demo6 文件夹有 6 个 PPT 演示文稿,如图 3-23 所示。

将当前目录下 PPT 演示文稿批量导出为 PDF 文档,代码如下:

```python
# === 第 3 章 代码 3 - 14.py === #
import win32com.client as win32
from pathlib import Path

# 创建一个函数,可以将 PPT 格式转换为 PDF 格式
def ppt_pdf(ppt_path):
    app = win32.gencache.EnsureDispatch('PowerPoint.Application')
    ppt = app.Presentations.Open(ppt_path)
    ppt.Visible = False
    pdf_path = ppt_path.with_suffix('.pdf') # 修改扩展名
    ppt.SaveAs(pdf_path, 32) # 32 表示 PDF 格式文件
    ppt.Close()
    app.Quit()

if __name__ == '__main__':
    src_folder = Path('D:\\test\\demo6\\')
    ppt_list = src_folder.glob('*.ppt*')         # PPT 格式、PPTX 格式都可以转换
    for item in ppt_list:
        if item.is_file() == True:
            ppt_pdf(item)
```

运行结果如图 3-24 所示。

图 3-23　demo6 文件夹下的 PPT 演示文稿　　　　图 3-24　代码 3-14.py 导出的 PDF 文档

如果想要导出为其他格式,则需要修改代码中的扩展名和代表格式的数值。更多常用格式的数值见表 3-6。

表 3-6　常用格式的数值

| 格　　式 | 数　　值 | 格　　式 | 数　　值 | 格　　式 | 数　　值 |
|---|---|---|---|---|---|
| RIF 格式文档 | 6 | JPG 格式图片 | 17 | BMP 格式图片 | 19 |
| GIF 格式图片 | 16 | PNG 格式图片 | 18 | TIF 格式图片 | 21 |
| EMF 格式图片 | 23 | PDF 格式文件 | 32 | PPT 格式文件 | 24 |

### 3.2.4　将 PPT 演示文稿批量导出为图片

要将一个 PPT 演示文稿导出为图片,可打开应用程序 PowerPoint 中的"另存为"对话框,并将"保存类型"设置为 JPG、TIF、PNG 等图片格式,即可导出图片。如果有大量的 PPT 演示文稿要导出,则需要一个一个地手动操作,这会耗费大量时间。利用 Python 中的第三方模块 pywin32 操控 PowerPoint 应用程序,可以将 PPT 演示文稿批量导出为图片。

【**实例 3-15**】 在 D 盘的 test 文件夹下的 demo7 文件夹有 6 个 PPT 演示文稿,如图 3-25 所示。

将当前目录下 PPT 演示文稿批量导出为 JPG 图片,代码如下:

图 3-25　demo7 文件夹下的 PPT 演示文稿

```python
# === 第 3 章 代码 3-15.py === #
import win32com.client as win32
from pathlib import Path

# 创建一个函数,可以将 PPT 格式转换为 JPG 格式
def ppt_jpg(ppt_path):
    app = win32.gencache.EnsureDispatch('PowerPoint.Application')
    ppt = app.Presentations.Open(ppt_path)
    ppt.Visible = False
    jpg_path = ppt_path.with_suffix('.jpg')
    ppt.SaveAs(jpg_path, 17)  # 17 表示 JPG 格式文件
    ppt.Close()
    app.Quit()

if __name__ == '__main__':
    src_folder = Path('D:\\test\\demo7\\')
    jpg_list = src_folder.glob('*.ppt*')       # PPT 格式、PPTX 格式都可以转换
    for item in jpg_list:
        if item.is_file() == True:
            ppt_jpg(item)
```

运行结果如图 3-26 和图 3-27 所示。

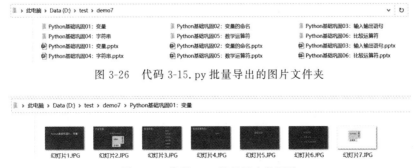

图 3-26　代码 3-15.py 批量导出的图片文件夹

图 3-27　代码 3-15 批量导出的图片

### 3.2.5 批量提取 PPT 演示文稿中的图片素材

打开一个 PPT 演示文稿,右击幻灯片中的图片,在弹出的快捷菜单中选择"另存为图片"命令,即可将此图片提取出来。如果 PPT 演示文稿中的图片比较多,则需要重复地进行手动操作,这就太麻烦了。利用 Python 编写的程序,可以一次性提取演示稿中的所有图片。

在编写代码之前,需要分析扩展名为".pptx"的演示文稿的文件结构。实际上 PPTX 格式的演示文稿是一个压缩包,其中打包存放着演示文稿中的文本、图片、音频、视频等资源。在计算机中将 PPTX 格式的文件(模板.pptx)的扩展名修改为".zip",然后按 Enter 键,在弹出的警告对话框中单击"是"按钮,确认修改。使用压缩软件打开此文件(模板.zip),如图 3-28 所示。

图 3-28　模板.zip 中的文件

依次打开文件夹 ppt 下的文件夹 media,就可以看到演示文稿中的所有图片文件,并且图片文件的名字格式为"image+数字",如图 3-29 所示。

图 3-29　模板.zip 中的图片

将压缩文件中的图片全部解压缩,就完成了从演示文稿中对图片素材的提取。

由于扩展名为".ppt"格式的演示文稿具有不同的文件,因此当遇到扩展名为".ppt"格式的文件时应修改为扩展名为".pptx"格式的文件。

【实例 3-16】 在 D 盘的 test 文件夹下的 demo8 文件夹有一个 PPT 演示文稿(模板.pptx),该演示文稿中有 32 张图片,如图 3-30 所示。

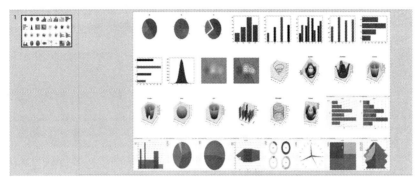

图 3-30 模板.pptx 中的幻灯片

批量提取演示文稿的图片素材,并保存在当前目录下,代码如下:

```python
# === 第 3 章 代码 3 - 16.py === #
import win32com.client as win32
from pathlib import Path
from zipfile import ZipFile

# 创建一个函数,可以将 PPT 格式转换为 PPTX 格式
def ppt2pptx(ppt_path):
    app = win32.gencache.EnsureDispatch('PowerPoint.Application')
    ppt = app.Presentations.Open(ppt_path)
    ppt.Visible = False
    pptx_path = ppt_path.with_suffix('.pptx')
    ppt.SaveAs(pptx_path, 24)  # 24 表示 PPTX 格式文件
    ppt.Close()
    app.Quit()
    return pptx_path

# 创建一个函数,用来提取图片
def extract_img(ppt_path, img_folder):
    if ppt_path.suffix == '.ppt':
        pptx_path = ppt2pptx(ppt_path)
    with ZipFile(ppt_path) as zf:
        for name in zf.namelist():
            if name.startswith('ppt/media/image'):
                zf.extract(name, img_folder)


if __name__ == '__main__':
    pptx_path = Path('D:\\test\\demo8\\模板.pptx')
    img_folder = Path('D:\\test\\demo8\\提取图片\\')
    if img_folder.exists() == False:
        img_folder.mkdir(parents=True)
    extract_img(pptx_path, img_folder)
```

运行结果如图 3-31 所示。

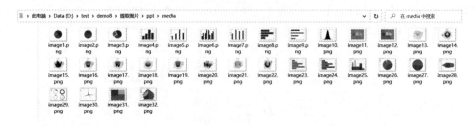

图 3-31　代码 3-16.py 批量提取的图片素材

## 3.3　小结

本章介绍了使用 python-pptx 模块处理 PPT 演示文稿的方法,包括提取文本、创建幻灯片、添加图片、添加形状、添加表格,以及自动生成 PPT 演示文稿的方法。由于幻灯片的文本结构比较复杂,因此在 python-pptx 模块中可以创建多个层级的对象,读者需理解不同层级对象之间的隶属关系。

本章介绍了 PPT 办公自动化的典型应用:向一张幻灯片中批量插入图片、批量提取 PPT 演示文稿中的文本、将 PPT 演示文稿批量导出为 PDF 文档、将 PPT 演示文稿批量导出为图片、批量提取 PPT 文件中的图片素材。

# 第4章

# 操 作 图 像

进入移动互联网时代后,人手一部智能手机。智能手机上有数码相机功能,只要手机电池有电,就可以随时随地地拍摄图像。手机上或计算机上的图像处理程序(例如 Adobe Photoshop)可以编辑、裁剪、修改图像。如果需要处理大量的图像,则需要重复大量的操作、耗费大量时间。

在 Python 中,有专门的模块处理图像文件,可以裁剪图像、新建图像、调整图像大小、编辑图像、转换图像的格式。

## 4.1 Pillow 模块与图像基础

在 Python 中,主要使用 Pillow 模块处理图像。由于 Pillow 模块是第三方模块,所以需要安装此模块。安装 Pillow 模块需要在 Windows 命令行窗口中输入的命令如下:

```
pip install pillow - i https://pypi.tuna.tsinghua.edu.cn/simple
```

然后,按 Enter 键,即可安装 Pillow 模块,如图 4-1 所示。

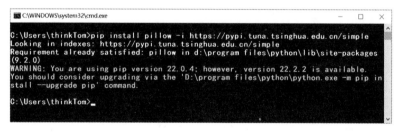

图 4-1　安装 Pillow 模块

**注意**：安装 Pillow 模块,使用 pip install pillow 命令。如果在 Python 程序中引入 Pillow 模块,则需使用 from PIL import Image 语句,而不是 from pillow import Image 语句。从图 4-1 可以得出,笔者的计算机已经安装了 Pillow 模块。

### 4.1.1 获取图像的 RGBA 值

第三方模块 Pillow 是 Python 图像处理库(Python Image Library,PIL)的一个分支。

PIL 库支持图像存储、显示和处理,能够处理绝大多数格式的图片。

图像的颜色在计算机程序中表示为 RGBA 值。RGBA 值是一组数字,分别指定颜色中的红(Red)、绿(Green)、蓝(Blue)、透明度(Alpha)的值。这些值是从 0~255 的整数,其中 0 表示最小值,即根本没有或完全透明;255 表示颜色显示的最大值或完全不透明。这些 RGBA 值被分配给图像的最小单位像素。像素是指由图像的小方格组成的,这些小方格都有一个明确的位置和被分配的色彩数 RGBA 值,小方格的颜色和位置就决定了该图像所呈现出来的样子。

在 Pillow 模块中,RGBA 值表示为 4 个整数值的元组,例如红色表示为(255,0,0,255)。Pillow 模块中的颜色采用了 HTML 标准颜色名称。常用的标准颜色及其 RGBA 值见表 4-1。

**表 4-1  常用的标准颜色及其 RGBA 值**

| 颜　　色 | 名　　称 | RGBA 值 | 颜　　色 | 名　　称 | RGBA 值 |
|---|---|---|---|---|---|
| 白色 | White | (255,255,255,255) | 蓝色 | Blue | (0,0,255,255) |
| 黑色 | Black | (0,0,0,255) | 黄色 | Yellow | (255,255,0,255) |
| 红色 | Red | (255,0,0,255) | 紫色 | Purple | (128,0,128,255) |
| 绿色 | Green | (0,255,0,255) | 灰色 | Gray | (128,128,128,255) |

在 Pillow 模块中,可以使用 ImageColor.getcolor()函数获取常用颜色的 RGBA 值。

**【实例 4-1】**  使用 Pillow 模块中的函数获取白色、黑色、红色、绿色、蓝色、黄色的 RGBA 值,代码如下:

```python
# === 第 4 章 代码 4-1.py === #
from PIL import ImageColor

num1 = ImageColor.getcolor('black', 'RGBA')
num2 = ImageColor.getcolor('white', 'RGBA')
num3 = ImageColor.getcolor('red', 'RGBA')
num4 = ImageColor.getcolor('green', 'RGBA')
num5 = ImageColor.getcolor('blue', 'RGBA')
num6 = ImageColor.getcolor('yellow', 'RGBA')
print('黑色', num1)
print('白色', num2)
print('红色', num3)
print('绿色', num4)
print('蓝色', num5)
print('黄色', num6)
```

运行结果如图 4-2 所示。

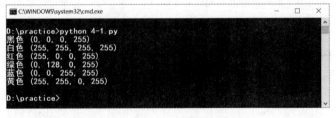

图 4-2  代码 4-1.py 的运行结果

### 4.1.2　选取图像中的矩形区域

在计算机上,右击一张图像,选择快捷菜单中的"属性",此时会弹出一个属性对话框,选择"详细信息",即可看到该图像的像素信息,如图 4-3 所示。

每幅图像都有自己的像素信息,每个像素中不仅包含着表示颜色的 RGBA 值,还包含像素的位置信息。图像的像素位置采用 $x$ 和 $y$ 的坐标指定,分别标注了像素在图像中的水平和垂直位置,原点位于图像的左上角,坐标为(0,0),右下角的像素标注了图像中 $x$ 和 $y$ 最大的像素,如图 4-4 所示。

如果要使用 Pillow 模块中的函数或方法在图像中选择一个矩形区域,则需要该矩形区域的左上角像素的坐标值($x_1$,$y_1$)和右下角像素的坐标值($x_2$,$y_2$),如图 4-5 所示。

其中,$x_1$ 也表示该矩形区域最左边的 $x$ 轴坐标;$y_1$ 表示该矩形区域最顶边的 $y$ 轴坐标;$x_2$ 表示该矩形区域最右边的 $x$ 轴坐标;$y_2$ 表示该矩形区域最右边的 $y$ 轴坐标。注意:该矩形区域包含像素($x_1$,$y_1$),但不包含像素($x_2$,$y_2$)。

图 4-3　图像的详细信息

图 4-4　图像的 $x$ 坐标和 $y$ 坐标

图 4-5　图像的 $x$ 坐标和 $y$ 坐标

## 4.2　基本图像处理

第三方模块 Pillow 模块是采用面向对象的思想编写的。可以使用该模块下的 Image.open()函数打开图像文件并创建 Image 对象,使用 Image 对象中的方法实现对图像的基本操作。创建 Image 对象的语法格式如下:

22min

```
from PIL import Image
image1 = Image.open(path)
```

其中,参数 path 表示图像的存储路径;image1 表示存储 Image 对象的变量。

在 Pillow 模块中,Image 对象常用的方法和属性见表 4-2。

**表 4-2　Image 对象常用的方法和属性**

| 方法或属性 | 说　　明 |
|---|---|
| Image. format | 返回图像的格式或来源,如果图像不是从文件读取,则返回 None |
| Image. mode | 返回图像的色彩模式,L 为灰度模式,RGB 为真彩色图像,CMYK 为出版图像 |
| Image. size | 返回图像的宽度和高度,单位是像素(px),返回值是元组类型 |
| Image. palette | 返回调色板属性,返回一个 ImagePalette 对象 |
| Image. open(filename) | 打开图像文件并返回一个 Image 对象 |
| Image. new(mode,size,color) | 根据给定参数创建新图像 |
| Image. open(StringIO. StringIO(buffer)) | 从字符串中获取图像 |
| Image. fromBytes(mode,size,color) | 根据像素创建新图像 |
| Image. verify() | 对图像的完整性进行检查,返回异常 |
| Image. seek(frame) | 跳转并返回图像中的指定帧 |
| Image. tell() | 返回当前帧的序号 |
| Image. resize(size) | 返回按 size 大小调整图像的副本 |
| Image. rotate(angle) | 返回按 angle 角度旋转图像的副本,旋转方向为逆时针 |
| Image. transpose(para) | 镜像旋转,参数为 Image. Transpose. FLIP_LEFT_RIGHT 或 Image. Transpose. FLIP_TOP_BOTTOM |
| Image. save(filename,format) | 保存图像,图像名为 filename,格式为 format |
| Image. convert(mode) | 将图像转换为 mode 模式,L 为灰度模式,RGB 为真彩色图像,CMYK 为出版图像 |
| Image. thumbnail(size) | 创建图像的缩略图,size 是缩略图尺寸的元组 |
| Image. point(func) | 根据函数 func 的功能对每个元素进行运算,返回图像副本 |
| Image. split() | 根据 RGB 图像的每种颜色通道,返回图像副本 |
| Image. merge(mode,bands) | 合成通道,mode 表示色彩,bands 为新的色彩通道 |
| Image. blend(im1,im2,alpha) | 将两张图像 im1 和 im2 按照公式插值后生成新的图像,公式为 im1 * (1.0-alpha)＋im2 * alpha |
| Image. crop((x1,y1,x2,y2)) | 裁剪图像中的矩形区域,x1、y1 表示矩形区域左上角像素的坐标,x2、y2 表示矩形区域右下角像素的坐标 |
| Image. copy() | 创建图像的副本,并创建一个新的 Image 对象 |
| Image. paste(im1,(x,y)) | 在图像坐标(x,y)处粘贴图像 im1 |
| Image. getpixel(x,y) | 获取图像坐标为(x,y)像素的 RGBA 值 |
| Image. putpixel((x,y),(r,g,b,a)) | 更改图像坐标为(x,y)像素的 RGBA 值 |

## 4.2.1　获取图像的基本信息

【实例 4-2】　在 D 盘的 test 文件夹下有一张风景图像(scenery.jpg)，如图 4-5 所示。使用 Pillow 模块获取该图像的基本信息，代码如下：

```
# === 第 4 章 代码 4-2.py === #
from PIL import Image

img1 = Image.open('D:\\test\\scenery.jpg')
print('图像的宽和高为', img1.size)
print('图像的格式为', img1.format)
print('图像的色彩模式为', img1.mode)
print('图像的调色板为', img1.palette)
```

运行结果如图 4-6 所示。

```
C:\WINDOWS\system32\cmd.exe                            —   □   ×

D:\practice>python 4-2.py
图像的宽和高为 (1702, 1276)
图像的格式为 JPEG
图像的色彩模式为 RGB
图像的调色板为 None

D:\practice>
```

图 4-6　代码 4-2.py 的运行结果

## 4.2.2　裁剪图像

在 Pillow 模块中，可以使用 Image 对象下的方法 crop ((left,top,right,bottom))裁剪指定区域的图像。

【实例 4-3】　在 D 盘的 test 文件夹下的 demo1 文件夹下有一张沉思猫的图像(cat1.jpg)，如图 4-7 所示。

使用 Pillow 模块裁剪该图像中猫的右脸，并保存该图像，代码如下：

图 4-7　沉思猫的图像

```
# === 第 4 章 代码 4-3.py === #
from PIL import Image

img1 = Image.open('D:\\test\\demo1\\cat1.jpg')
width, height = img1.size
x1 = 0.46 * width
y1 = 0.09 * height
x2 = x1 + 200
y2 = y1 + 360
crop_img = img1.crop((x1,y1,x2,y2))
crop_img.save('D:\\test\\demo1\\cat-crop.jpg')
```

运行结果如图 4-8 所示。

图 4-8　代码 4-3.py 裁剪的图像

### 4.2.3　将图像复制和粘贴到其他图像

在 Pillow 模块中，可以使用 Image 对象下的方法 copy()复制图像，使用方法 paste()将图像粘贴到其他图像。

【实例 4-4】　在 D 盘的 test 文件夹下的 demo2 文件夹下有两张图像(cat1.jpg、scenery.jpg)，如图 4-9 所示。

使用 Pillow 模块裁剪该图片 1 中猫的脸，并粘贴到图像 2 副本的左上角，最后保存该图片，代码如下：

```python
# === 第 4 章 代码 4 - 4.py === #
from PIL import Image

img1 = Image.open('D:\\test\\demo2\\cat1.jpg')
img2 = Image.open('D:\\test\\demo2\\scenery.jpg')
# 裁剪图片
width, height = img1.size
x1 = 0.46 * width
y1 = 0.08 * height
x2 = x1 + 440
y2 = y1 + 360
crop_img = img1.crop((x1, y1, x2, y2))
# 复制、粘贴、保存图片
view = img2.copy()
view.paste(crop_img, (0, 0))
view.save('D:\\test\\demo2\\paste.jpg')
```

运行结果如图 4-10 所示。

图 4-9　文件夹 demo2 下的两张图像

图 4-10　代码 4-4.py 合成的图像

## 4.2.4　调整图像大小

在 Pillow 模块中,可以使用 Image 对象下的方法 resize()调整图像的大小。

【实例 4-5】　在 D 盘的 test 文件夹下的 demo2 文件夹下有 3 张图像,如图 4-11 所示。

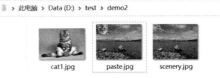

图 4-11　文件夹 demo2 下的 3 张图像

使用 Pillow 模块把这 3 张图像的宽和高调整为原宽和原高的一半,并保存调整后的图像,代码如下:

```
# === 第 4 章 代码 4 - 5.py === #
from PIL import Image

img1 = Image.open('D:\\test\\demo2\\cat1.jpg')
img2 = Image.open('D:\\test\\demo2\\paste.jpg')
img3 = Image.open('D:\\test\\demo2\\scenery.jpg')
wid1,hei1 = img1.size
wid2,hei2 = img2.size
wid3,hei3 = img3.size
img1_resize = img1.resize((int(wid1/2),int(hei1/2)))
img2_resize = img2.resize((int(wid2/2),int(hei2/2)))
img3_resize = img3.resize((int(wid3/2),int(hei3/2)))
img1_resize.save('D:\\test\\demo2\\cat1_resize.jpg')
img2_resize.save('D:\\test\\demo2\\paste_resize.jpg')
img3_resize.save('D:\\test\\demo2\\scenery_resize.jpg')
```

运行结果如图 4-12 所示。

图 4-12　代码 4-5.py 调整大小后的图像

## 4.2.5　旋转和翻转图像

在 Pillow 模块中,可以使用 Image 对象下的方法 rotate()逆时针旋转图像,使用 transpose()方法翻转图像。

【实例 4-6】　在 D 盘的 test 文件夹下的 demo3 文件夹下有一张图像,如图 4-13 所示。

使用 Pillow 模块把这张图像逆时针旋转 90°、20°,然后左右翻转图像、上下翻转图像,代码如下:

图 4-13　文件夹 demo3 下的图像

```
# === 第 4 章 代码 4 - 6.py === #
from PIL import Image
import os

os.chdir('D:\\test\\demo3\\')
img1 = Image.open('cat2.jpg')
img1.rotate(90).save('rotate90.jpg')
img1.rotate(20).save('rotate20.jpg')
# 镜面翻转图像的第 1 种方法
# img1.transpose(Image.FLIP_LEFT_RIGHT).save('left - right.jpg')
# img1.transpose(Image.FLIP_TOP_BOTTOM).save('top - bottom.jpg')
# 镜面翻转图像的第 2 种方法
img1.transpose(Image.Transpose.FLIP_LEFT_RIGHT).save('left - right.jpg')
img1.transpose(Image.Transpose.FLIP_TOP_BOTTOM).save('top - bottom.jpg')
```

运行结果如图 4-14 所示。

图 4-14  代码 4-6.py 保存的图像

注意：镜面翻转的第 1 种方法将在 2023 年 7 月 1 日之后在 Pillow 10 模块中移除，因此建议使用第 2 种镜面翻转方法。

## 4.2.6  获取、更改像素的颜色

在 Pillow 模块中，可以使用 Image 对象下的方法 getpixel()获取像素的颜色，使用putpixel()方法更改像素的颜色。

【实例 4-7】  在 D 盘的 test 文件夹下的 demo4 文件夹下有一张图像，如图 4-15 所示。

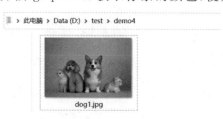

图 4-15  文件夹 demo4 下的图像

使用 Pillow 模块获取图像左上角像素的颜色。创建图像的副本，并将图像左上角的 200 × 200 像素区域改为黑色，将右下角的 200×200 像素区域改为红色，保存该图像，代码如下：

```
# === 第 4 章 代码 4 - 7.py === #
from PIL import Image

img1 = Image.open('D:\\test\\demo4\\dog1.jpg')
img2 = img1.copy()
color = img1.getpixel((0,0))
print('左上角像素的颜色为',color)
width1,height1 = img1.size
# 更改左上角区域的颜色
```

```
for x in range(200):
    for y in range(200):
            img2.putpixel((x,y),(0,0,0))
#更改右下角区域的颜色
for x in range(width1 - 200,width1):
    for y in range(height1 - 200,height1):
            img2.putpixel((x,y),(255,0,0))

img2.save('D:\\test\\demo4\\pixel.jpg')
```

运行结果如图 4-16 和图 4-17 所示。

图 4-16　代码 4-7.py 的运行结果

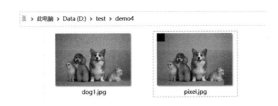

图 4-17　修改像素颜色后的图像

## 4.3　图像过滤与图像增强

在 Python 中,可以使用 Pillow 模块对图像进行过滤和增强。这需要使用 Pillow 模块中的 ImageFilter 类和 ImageEnhance 类。

16min

### 4.3.1　图像过滤

在 Pillow 模块中,使用 ImageFilter 类的预定义方法,可以实现对图像的过滤。首先使用该模块下的 Image.open() 函数打开图像文件并创建 Image 对象,使用 Image 对象中的方法 Image.filter(ImageFilter.预定义) 实现对图像的过滤,并返回图像的副本。对图像进行过滤的语法格式如下:

```
from PIL import Image,ImageFilter
image1 = Image.open(path1)
filter1 = image1.filter(ImageFilter.BLUR)                    #模糊效果
filter1.save(path2)
```

其中,参数 path1 表示原图像的存储路径;path2 表示过滤后图像的存储路径;ImageFilter.BLUR 是 ImageFilter 类的预定义,表示模糊效果。ImageFilter 类中的其他预定义方法见

表 4-3。

表 4-3  ImageFilter 类的预定义的方法

| 预 定 义 | 说 明 |
|---|---|
| ImageFilter. BLUR | 图像的模糊效果 |
| ImageFilter. CONTOUR | 图像的轮廓效果 |
| ImageFilter. DETAIL | 图像的细节效果 |
| ImageFilter. EDGE_ENHANCE | 图像的边界加强效果 |
| ImageFilter. EDGE_ENHANCE_MODE | 图像的阈值边界加强效果 |
| ImageFilter. EMBOSS | 图像的浮雕效果 |
| ImageFilter. FIND_EDGES | 图像的边界效果 |
| ImageFilter. SMOOTH | 图像的平滑效果 |
| ImageFilter. SMOOTH_MORE | 图像的阈值平滑效果 |
| ImageFilter. SHARPEN | 图像的锐化效果 |

【实例 4-8】  在 D 盘的 test 文件夹下的 demo5 文件夹下有一张图像,如图 4-18 所示。

使用 Pillow 模块对图像进行模糊效果过滤、轮廓效果过滤,并保存过滤后的图像,代码如下:

```
# === 第 4 章 代码 4 - 8. py === #
from PIL import Image,ImageFilter
import os

os.chdir('D:\\test\\demo5\\')
img1 = Image. open('cat2.jpg')
# 图像模糊效果
filter1 = img1.filter(ImageFilter.BLUR)
# 图像轮廓效果
filter2 = img1.filter(ImageFilter.CONTOUR)
filter1.save('f1.jpg')
filter2.save('f2.jpg')
```

运行结果如图 4-19 所示。

此电脑 › Data (D:) › test › demo5

cat2.jpg

f1.jpg

f2.jpg

图 4-18  文件夹 demo5 下的图像　　　　图 4-19  代码 4-8. py 过滤后的图像

## 4.3.2  图像增强

在 Pillow 模块中,使用 ImageEnhance 类的方法,可以实现对图像的增强。首先使用该模块下的 Image.open() 函数打开图像文件并创建 Image 对象，使用 ImageEnhance 类中的方法 ImageEnhance.Contrast() 实现对图像的对比度增强，并返回图像的副本。对图像进行对比度增强的语法格式如下：

```
from PIL import Image,ImageEnhance
image1 = Image.open(path1)
enhance1 = ImageEnhance.Contrast(image1).enhance(num)        #对比度为初始值的 num 倍
filter1.save(path2)
```

其中，参数 path1 表示原图像的存储路径；path2 表示对比度增强后图像的存储路径；num 为正整数，表示增强为初始值的 num 倍。ImageEnhance 类不仅可以实现图像对比度的增强，也可以实现调整色彩、亮度、锐化的功能。ImageEnhance 类中的方法见表 4-4。

表 4-4　ImageEnhance 类中的方法

| 方　　法 | 说　　明 |
| --- | --- |
| ImageEnhance.enhance(factor) | 对所选属性的数值增强 factor 倍 |
| ImageEnhance.Color(img) | 调整图像的颜色平衡 |
| ImageEnhance.Contrast(img) | 调整图像的对比度 |
| ImageEnhance.Brightness(img) | 调整图像的亮度 |
| ImageEnhance.Sharpness(img) | 调整图像的锐度 |

【实例 4-9】　在 D 盘的 test 文件夹下的 demo6 文件夹下有一张图像，如图 4-20 所示。

使用 Pillow 模块对图像进行对比度增强 20 倍、颜色平衡增强 20 倍，并保存增强后的图像，代码如下：

```
# === 第 4 章 代码 4 - 9.py === #
from PIL import Image,ImageEnhance
import os

os.chdir('D:\\test\\demo6\\')
img1 = Image.open('cat1.jpg')
#对比度增强 20 倍
en1 = ImageEnhance.Contrast(img1).enhance(20)
#颜色平衡增强 20 倍
en2 = ImageEnhance.Color(img1).enhance(20)
en1.save('en1.jpg')
en2.save('en2.jpg')
```

运行结果如图 4-21 所示。

此电脑 > Data (D:) > test > demo6

cat1.jpg

en1.jpg　　　　en2.jpg

图 4-20　文件夹 demo6 下的图像　　　　图 4-21　代码 4-9.py 增强后的图像

## 4.4 在图像上绘画

18min

在 Python 中,可以使用 Pillow 模块在图像上绘制简单形状、绘制文本。这需要使用 Pillow 模块中的 ImageDraw()类。

### 4.4.1 绘制形状

在 Pillow 模块中,使用 ImageDraw 类中的方法可以在图像上绘制简单形状。首先要创建一个 Image 对象,其次使用函数 ImageDraw.Draw()创建 ImageDraw 对象,然后使用 ImageDraw 对象中的方法绘制形状。在图像中绘制矩形的语法格式如下:

```
from PIL import Image, ImageDraw
image1 = Image.open(path1)
draw1 = ImageDraw.Draw(image1)              # 创建 ImageDraw 对象
draw1.rectangle((left,top,right,bottom),fill,outline)    # 绘制矩形
image1.save(path2)
```

其中,参数 path1 表示原图像的存储路径;path2 表示绘制矩形后图像的存储路径;left、top 表示矩形左上角像素的坐标;right、bottom 表示矩形右下角像素的坐标;fill 是可选参数,用于设置填充矩形的颜色;outline 是可选参数,用于设置矩形轮廓的颜色。ImageDraw 对象中的方法还可以绘制其他形状,具体方法见表 4-5。

表 4-5　ImageDraw 对象的方法

| 方　　法 | 说　　明 |
|---|---|
| ImageDraw.point(xy, fill) | 绘制点或像素,xy 表示坐标元组的列表如[(x,y),(x,y),…]或坐标的列表[x1,y1,x2,y2,…];可选参数 fill 用于设置颜色的字符串或 RGB 值 |
| ImageDraw.line(xy,fill, width=1) | 绘制线条,xy 表示坐标元组的列表如[(x,y),(x,y),…]或坐标的列表[x1,y1,x2,y2,…];可选参数 fill 用于设置颜色的字符串或 RGB 值;可选参数 width 用于设置线宽 |
| ImageDraw.rectangle(xy, fill,outline) | 绘制矩形,xy 是表示矩形位置的坐标元组(left,top,right,bottom);可选参数 fill 用于设置矩形内部的颜色;可选参数 outline 用于设置矩形轮廓的颜色 |
| ImageDraw.ellipse(xy, fill,outline) | 绘制椭圆,xy 是表示椭圆位置的坐标元组(left,top,right,bottom);可选参数 fill 用于设置矩形内部的颜色;可选参数 outline 用于设置椭圆轮廓的颜色 |
| ImageDraw.polygon(xy, fill,outline) | 绘制任意多边形,xy 表示坐标元组的列表如[(x,y),(x,y),…]或坐标的列表[x1,y1,x2,y2,…];可选参数 fill 用于设置颜色;可选参数 outline 用于设置多边形轮廓的颜色 |
| ImageDraw.text(xy,text, fill,font) | 绘制文本,xy 表示两个整数的元组,指定文本区域的左上角;text 表示写入的文本字符串;可选参数 fill 用于设置文本的颜色;可选参数 font 是一个 ImageFont 对象,用于设置文本的字体和大小 |

【实例 4-10】 使用 Pillow 模块创建一个 500×500 像素的图像,并在该图像上绘制线条、矩形、圆形、多边形,保存该图像,代码如下:

```
# === 第 4 章 代码 4 - 10.py === #
from PIL import Image, ImageDraw

img1 = Image.new('RGB', (500,500), 'grey')
draw1 = ImageDraw.Draw(img1)
draw1.line([(0,0),(300,0),(300,300),(0,300)], fill = 'black')
draw1.rectangle((100,100,300,300), fill = 'blue')
draw1.ellipse((300,300,500,500), fill = 'red')
draw1.polygon([(57,87),(79,62),(94,85),(130,100),(104,114)], fill = 'brown')
img1.save('D:\\test\\demo7\\new.png')
```

运行结果如图 4-22 所示。

### 4.4.2　绘制文本

在 Pillow 模块中，使用 ImageDraw 类中的 text()
方法可以在图像上绘制文本。

【实例 4-11】　使用 Pillow 模块创建一个 300×
200 像素的图像，并在该图像上绘制中文文本、英文文
本，保存该图像，代码如下：

图 4-22　代码 4-10.py 绘制的图像

```
# === 第 4 章 代码 4 - 11.py === #
from PIL import Image, ImageDraw, ImageFont

img1 = Image.new('RGB', (300,200), 'grey')
draw1 = ImageDraw.Draw(img1)
draw1.text((120,60), 'Hello Python', fill = 'orange')
# 引入 TTF 文件，绘制中文
ali_path = 'D:\\test\\demo8\\Alibaba - PuHuiTi - Regular.ttf'
ali_font = ImageFont.truetype(ali_path,36)
draw1.text((120,80), '你好，杜甫', fill = 'red', font = ali_font)
img1.save('D:\\test\\demo8\\001.png')
```

运行结果如图 4-23 所示。

图 4-23　代码 4-11.py 绘制的文本

## 4.5 典型应用

本节讲述使用 Python 批量处理图像的典型应用,包括批量转换图像格式、批量调整图像大小、批量在图像上绘制文本、批量粘贴图像、批量给图像添加图标。

### 4.5.1 批量转换图像格式

【实例 4-12】 在 D 盘的 test 文件夹下的 demo9 文件夹下有 5 张 JPG 格式的图像,如图 4-24 所示。

图 4-24 文件夹 demo9 下的 JPG 格式图像

使用 Pillow 模块将图像格式转换为 PNG 格式,代码如下:

```python
# === 第 4 章 代码 4 - 12.py === #
from PIL import Image
from pathlib import Path

src_folder = Path('D:\\test\\demo9\\')
des_folder = Path('D:\\test\\demo9\\PNG 格式\\')

if des_folder.exists() == False:
    des_folder.mkdir(parents = True)
jpg_list = list(src_folder.glob('*.jpg'))
for jpg in jpg_list:
    des_file = des_folder/jpg.name
    des_file = des_file.with_suffix('.png')
    Image.open(jpg).save(des_file)
    print(f'图像{jpg.name}转换成 PNG 格式')
```

运行结果如图 4-25 和图 4-26 所示。

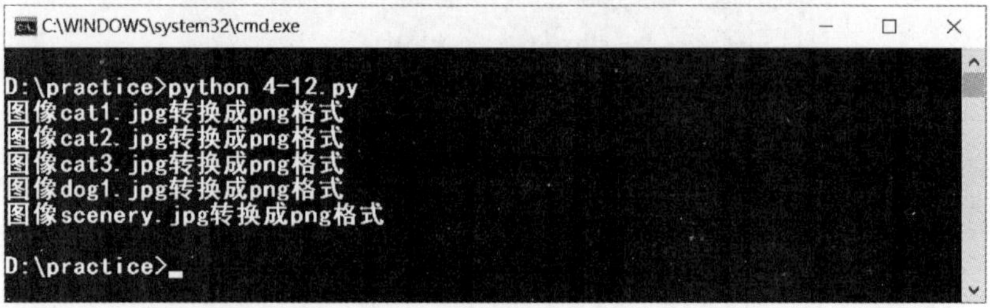

```
C:\WINDOWS\system32\cmd.exe                          —  □  ×

D:\practice>python 4-12.py
图像cat1.jpg转换成png格式
图像cat2.jpg转换成png格式
图像cat3.jpg转换成png格式
图像dog1.jpg转换成png格式
图像scenery.jpg转换成png格式

D:\practice>_
```

图 4-25 代码 4-12.py 的运行结果

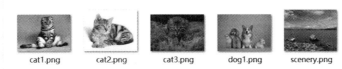

此电脑 › Data (D:) › test › demo9 › PNG格式
cat1.png
cat2.png
cat3.png
dog1.png
scenery.png

图 4-26　转换为 PNG 格式的图像

### 4.5.2　批量调整图像的大小

**【实例 4-13】**　在 D 盘的 test 文件夹下的 demo9 文件夹下有 5 张 JPG 格式的图像，如图 4-24 所示。使用 Pillow 模块将图像大小调整为 800×600 像素，并保存调整大小后的图像，代码如下：

```
# === 第 4 章 代码 4-13.py === #
from PIL import Image
from pathlib import Path

src_folder = Path('D:\\test\\demo9\\')
des_folder = Path('D:\\test\\demo9\\更改大小\\')

if des_folder.exists() == False:
    des_folder.mkdir(parents = True)
jpg_list = list(src_folder.glob('*.jpg'))
for jpg in jpg_list:
    des_file = des_folder/jpg.name
    img1 = Image.open(jpg)
    width,height = img1.size
    img1_resize = img1.resize((800,600))
    img1_resize.save(des_file)
    print(f'图像{jpg.name}更改大小')
```

运行结果如图 4-27 和图 4-28 所示。

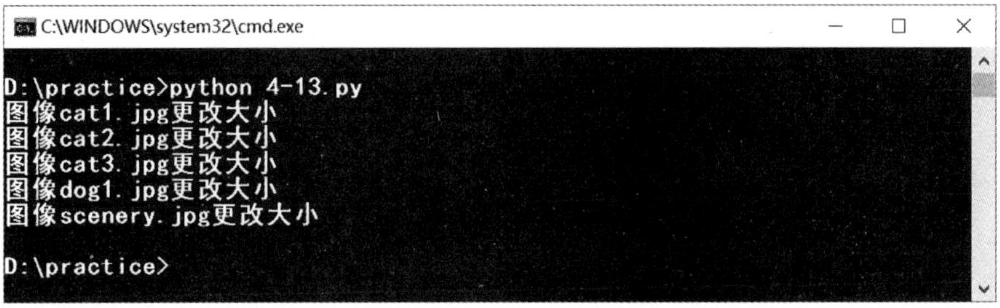

C:\WINDOWS\system32\cmd.exe
D:\practice>python 4-13.py
图像cat1.jpg更改大小
图像cat2.jpg更改大小
图像cat3.jpg更改大小
图像dog1.jpg更改大小
图像scenery.jpg更改大小
D:\practice>

图 4-27　代码 4-13.py 的运行结果

|  | cat1.jpg | 类型: JPG 文件<br>分辨率: 800 x 600 |
|--|----------|-----|
|  | cat2.jpg | 类型: JPG 文件<br>分辨率: 800 x 600 |
|  | cat3.jpg | 类型: JPG 文件<br>分辨率: 800 x 600 |
|  | dog1.jpg | 类型: JPG 文件<br>分辨率: 800 x 600 |
|  | scenery.jpg | 类型: JPG 文件<br>分辨率: 800 x 600 |

图 4-28　更改大小后的图像

### 4.5.3　批量在图像上绘制文本

【实例 4-14】　在 D 盘的 test 文件夹下的 demo9 文件夹下有 5 张 JPG 格式的图像,如图 4-24 所示。使用 Pillow 模块在图像的左上角绘制文本"齐天大猫",并保存绘制文本后的图像,代码如下:

```python
# === 第 4 章 代码 4-14.py === #
from PIL import Image, ImageDraw, ImageFont
from pathlib import Path

src_folder = Path('D:\\test\\demo9\\')
des_folder = Path('D:\\test\\demo9\\绘制文本\\')
ali_path = 'D:\\test\\demo8\\Alibaba-PuHuiTi-Regular.ttf'
ali_font = ImageFont.truetype(ali_path, 280)

if des_folder.exists() == False:
    des_folder.mkdir(parents = True)
jpg_list = list(src_folder.glob('*.jpg'))
for jpg in jpg_list:
    des_file = des_folder/jpg.name
    img1 = Image.open(jpg)
    draw1 = ImageDraw.Draw(img1)
    draw1.text((0,0),'齐天大猫',fill = 'red',font = ali_font)
    img1.save(des_file)
```

运行结果如图 4-29 所示。

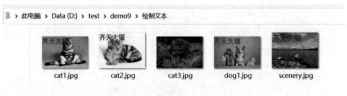

图 4-29　绘制文本后的图像

### 4.5.4　批量复制、粘贴图像

【实例 4-15】　在 D 盘的 test 文件夹下的 demo10 文件夹下有一张 JPG 格式的图像,如

图 4-30 所示。

使用 Pillow 模块将图像 cat1.jpg 复制 4 份,粘贴在 1920×1280 像素的图像上,并保存该图像,代码如下:

```
# === 第 4 章 代码 4-15.py === #
from PIL import Image

img1 = Image.open('D:\\test\\demo10\\cat1.jpg')
img2 = Image.new('RGB',(1920,1280),'white')
# 调整原图像的大小
img1_resize = img1.resize((800,600))
# 复制粘贴图像
for left in range(0,1920,800):
    for top in range(0,1280,600):
            print(left,top)
            img2.paste(img1_resize,(left,top))

img2.save('D:\\test\\demo10\\repeat.jpg')
```

运行结果如图 4-31 和图 4-32 所示。

图 4-30　绘制文本后的图像

图 4-31　代码 4-15.py 的运行结果

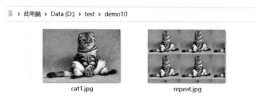

图 4-32　复制粘贴后的图像

## 4.5.5　批量给图像添加徽标

【实例 4-16】　在 D 盘的 test 文件夹下的 demo11 文件夹下有 5 张 JPG 格式的图像和一张 PNG 格式的图像,如图 4-33 所示。

使用 PNG 格式的图像作为徽标,该图像是一只橘猫,图像的其余部分是透明的。将徽标添加到每张 JPG 格式图像的左上角,并保存添加徽标后的图像,代码如下:

图 4-33    demo11 文件夹下的图像

```
# === 第 4 章 代码 4 - 16.py === #
from PIL import Image, ImageDraw, ImageFont
from pathlib import Path

src_folder = Path('D:\\test\\demo11\\')
des_folder = Path('D:\\test\\demo11\\徽标图像\\')
img = Image.open('D:\\test\\demo11\\cat4.png')
logo = img.resize((400,400))

if des_folder.exists() == False:
    des_folder.mkdir(parents = True)
jpg_list = list(src_folder.glob('*.jpg'))
for jpg in jpg_list:
    des_file = des_folder/jpg.name
    img1 = Image.open(jpg)
    img2 = img1.copy()
    img2.paste(logo,(0,0),logo)
    img2.save(des_file)
```

运行结果如图 4-34。

图 4-34    添加徽标后的图像

注意：代码4-16.py在图像的左上角添加了徽标,如果运用 Image 对象的 size 属性,则可以在图像的其他 3 个角添加徽标,有兴趣的读者可以实践一下。

## 4.6    小结

本章介绍了使用 Pillow 模块处理图像的方法,包括图像的基本处理方法、图像过滤、图像增强、在图像上绘画的方法。由于 Pillow 模块是完全按照面向对象的思想写出的,读者需注意使用 Pillow 模块与之前模块的细微差别。

本章介绍了图像办公自动化的典型应用：批量转换图像格式、批量调整图像的大小、批量在图像上绘制文本、批量给图像添加徽标。当然根据 Pillow 模块 Image 类中封装的方法,还有很多批量处理图像的方法,有兴趣的读者可以实践一下。

# 第5章
# 时间日期、多线程与启动程序

进入个人计算机时代后,使用计算机可以编写程序,重复执行任务,但这些都需要人现场监督运行。计算机的时钟可以调度程序、暂停程序。多线程可以让计算机程序同时执行多项任务。能否编写在特定的时间或日期运行的程序? 能否编写同时执行多项任务的程序?

在 Python 中,有 3 个模块可处理时间日期,使用线程 threading 模块可以让程序进行多任务操作,使用 subprocess 模块可以启动程序。有了这 3 个模块的帮助,程序员可以编写按时启动的程序,以及多任务程序。

## 5.1 处理时间日期

在 Python 中,主要有 3 个模块处理时间日期,分别是 time 模块、calendar 模块、datetime 模块,这 3 个模块都是内置模块,无须安装,其中 time 模块、calendar 模块由面向过程的程序设计思想编写而成;datetime 模块由面向对象的程序设计思想编写而成。

▶ 25min

应用 time 模块中的函数可以获取当前时间、操作时间和日期、从字符串中读取日期、将日期格式化为字符串;应用 calendar 模块中的函数可以处理年历和日历;datetime 模块中的类封装了处理日期、时间、时间差的方法。

### 5.1.1 time 模块

**1. 获取当前时间**

在 time 模块中,可以使用函数 time. time()获取时间戳。计算机系统的时间戳是从 1970 年 1 月 1 日 0 点开始计数的秒数,数据格式为浮点数。使用函数 time. localtime()可以将获取的时间戳转换为当前时间,其语法格式如下:

```
import time
time_stamp = time.time()
local_time = time.localtime(time_stamp)
```

其中,time_stamp 是用于存储时间戳的变量; local_time 是用于存储当前时间的变量。

【实例 5-1】　应用 time 模块中的函数,获取时间戳,将时间戳转换为当前时间,并打印时间戳、当前时间,代码如下:

```
# === 第 5 章 代码 5-1.py === #
import time

time_stamp = time.time()
print('时间戳为',time_stamp)
local_time = time.localtime(time_stamp)
print('当前时间为',local_time)
```

运行结果如图 5-1 所示。

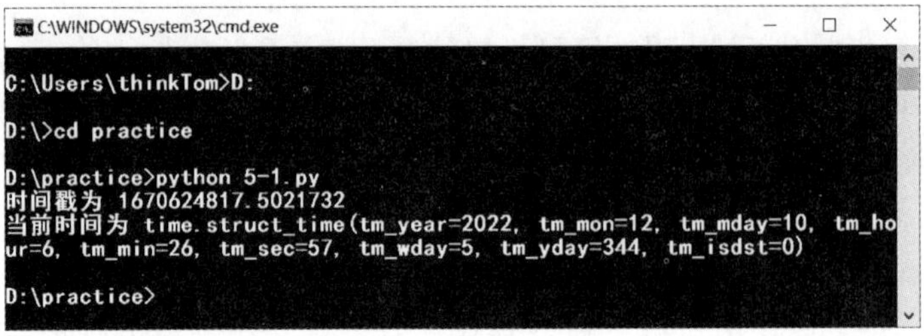

图 5-1　代码 5-1.py 的运行结果

从图 5-1 可知,返回的当前时间为 struct_time 元组,该元组有 9 个属性,具体含义见表 5-1。

表 5-1　struct_time 元组的含义

| 序　号 | 属　　性 | 字　　段 | 值 |
|---|---|---|---|
| 0 | tm_year | 4 位年数 | 2022 |
| 1 | tm_mon | 月 | 1～12 |
| 2 | tm_mday | 日 | 1～31 |
| 3 | tm_hour | 小时 | 0～23 |
| 4 | tm_min | 分钟 | 0～59 |
| 5 | tm_sec | 秒 | 0～61(60 或 61 是闰秒) |
| 6 | tm_wday | 一周的第几日 | 0～6(0 是周一) |
| 7 | tm_yday | 一年的第几日 | 1～366(儒略历) |
| 8 | tm_isdst | 夏令时 | −1、0、1 是决定是否为夏令时的旗帜 |

### 2. 格式化时间与日期

在 time 模块中,可以使用函数 time.asctime()将 struct_time 元组时间转换为可读时间模式。可以使用函数 time.strftime()将 struct_time 元组时间转换为具体格式的时间模式,其语法格式如下:

```
import time
local_time = time.localtime(time.time())
time1 = time.asctime(local_time)
time2 = time.strftime(format,local_time)
```

其中,format 参数表示格式化的字符串。在 Python 中,格式化字符串的符号见表 5-2。

表 5-2　格式化字符串的符号

| 符　　号 | 含　　义 | 符　　号 | 含　　义 |
| --- | --- | --- | --- |
| %y | 两位数的年份表示(00～99) | %H | 24h 制小时数(0～23) |
| %Y | 四位数的年份表示(0000～9999) | %l | 12h 制小时数(01～12) |
| %m | 月份(01～12) | %M | 分钟数(00～59) |
| %d | 月内的一天(0～31) | %S | 秒(00～59) |
| %a | 本地简化星期名称 | %A | 本地完整星期名称 |
| %b | 本地简化的月份名称 | %p | 本地 A. M. 或 P. M. 的等价符 |
| %B | 本地完整的月份名称 | %U | 一年中的星期数(00～53),星期天为开始 |
| %c | 本地相应的日期表示、时间表示 | %w | 星期(0～6),星期天为开始 |
| %j | 年内的一天(001～366) | %W | 一年中的星期数(00～53),星期一为开始 |
| %x | 本地相应的日期表示 | %Z | 当前时区的名称 |
| %X | 本地相应的时间表示 | %% | % 本身 |

【实例 5-2】　应用 time 模块中的函数获取当前时间,并将当前时间转换为两种格式的可读时间模式,代码如下:

```python
# === 第 5 章 代码 5-2.py === #
import time

local_time = time.localtime(time.time())
time1 = time.asctime(local_time)
print(time1)
# 格式化成 2022-08-20 9:45:39 形式
time2 = time.strftime("%Z %Y-%m-%d %H:%M:%S", local_time)
print(time2)
# 格式化成 Wed Mar 28 21:24:24 2022 形式
time3 = time.strftime("%a %b %d %H:%M:%S %Y", local_time)
print(time3)
```

运行结果如图 5-2 所示。

图 5-2　代码 5-2.py 的运行结果

### 3. time 模块中的内置函数和属性

在 time 模块中,内置的多个函数和属性可以实现不同的功能,具体的函数和属性见表 5-3。

表 5-3　time 模块的函数和属性

| 函数或属性 | 说　　明 |
|---|---|
| time. asctime(tupletime) | 接收时间元组并返回一个可读形式为 Tue Dec 11 16:07:16 2022 的 24 个字符的字符串 |
| time. clock() | 用以浮点数计算的秒数返回当前的 CPU 时间,用来衡量不同程序的耗时 |
| time. ctime([secs]) | 接收时间戳并返回一个可读形式为 Tue Dec 11 16:07:16 2022 的 24 个字符的字符串 |
| time. gmtime([secs]) | 接收时间戳并返回格林尼治天文时间下的时间元组 t,注:t. tm_isdst 始终为 0 |
| time. localtime([secs]) | 接收时间戳并返回当地时间下的时间元组 t(t. tm_isdst 可取 0 或 1,取决于当地当时是否是夏令时) |
| time. mktime(tupletime) | 接收时间元组并返回时间戳 |
| time. sleep(secs) | 暂停程序或线程的运行,secs 指秒数 |
| time. strftime(fmt,tupletime) | 接收时间元组,并返回可读字符串表示的当地时间,格式由 fmt 决定 |
| time. strptime(str,fmt) | 根据 fmt 的格式把一个时间字符串解析为时间元组 |
| time. time() | 返回当前时间的时间戳(1970 纪元后经过的浮点秒数) |
| time. tzset() | 根据环境变量 TZ 重新初始化时间相关设置 |
| time. altzone | 返回格林尼治西部的夏令时地区的偏移秒数。如果该地区在格林尼治东部,则会返回负值,对夏令时启用地区才能使用 |
| time. timezone | 返回当地时区(未启动夏令时)距离格林尼治的偏移秒数(>0,美洲;<=0 大部分欧洲、亚洲、非洲) |
| time. tzname | 包含一对根据情况的不同而不同的字符串,分别是带夏令时的本地时区名称,和不带的 |

在 time 模块中,函数 time. sleep(secs)可以让程序或线程暂停几秒,这是一个经常被用到的函数。

**【实例 5-3】**　创建一个函数用来计算从 1 乘到 100 万,计算该函数的运行时间,代码如下:

```
# === 第 5 章 代码 5 - 3.py === #
import time

def cal_multi():
    result = 1
    for i in range(1000000):
        result = result * i
    return result

if __name__ == '__main__':
    start = time.time()
    result = cal_multi()
    end = time.time()
    print('运行该函数使用的时间为',(end - start))
```

运行结果如图 5-3 所示。

图 5-3 代码 5-3.py 的运行结果

## 5.1.2 calendar 模块

在 calendar 模块中,可以使用函数 calendar.month()获取某月的月历;可以使用函数 calendar.calendar()获取某年的年历,其语法格式如下:

```
import calendar
month_cal = calendar.month(year,month)
year_cal = calendar.calendar(year)
```

其中,month_cal 是用于存储月历的变量;year_cal 是用于存储年历的变量;year 表示年份;month 表示月份。

【实例 5-4】 使用 calendar 模块获取 2022 年 9 月的月历,并获取 2022 年的年历,然后打印获取的月历和年历,代码如下:

```
# === 第 5 章 代码 5 - 4.py === #
import calendar

month_cal = calendar.month(2022,9)
print(month_cal)
year_cal = calendar.calendar(2022)
print(year_cal)
```

运行结果如图 5-4 所示。

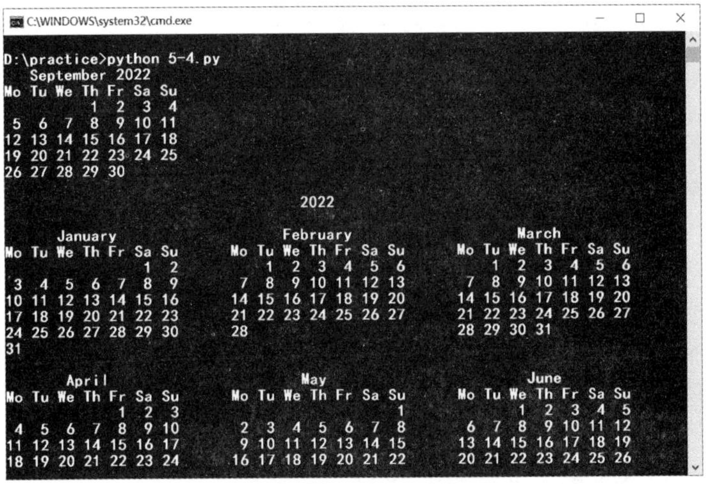

图 5-4 代码 5-4.py 的运行结果

> **注意**：在图 5-4 中，只展示了代码运行结果的一部分，没有完全展示 2022 年的年历。

在 calendar 模块中，内置的多个函数可以实现不同的功能，具体的函数见表 5-4。

表 5-4  calendar 模块的函数

| 函　　数 | 说　　明 |
|---|---|
| calendar.calendar(year,w=2,l=1,c=6) | 返回一个多行字符串格式的 year 年历，3 个月一行，间隔距离为 c。每日宽度间隔为 w 字符。每行长度为 $21*w+18+2*c$。l 是每星期行数 |
| calendar.firstweekday() | 返回当前每周起始日期的设置。默认情况下，首次载入 calendar 模块时返回 0，即星期一 |
| calendar.isleap(year) | 是否为闰年，如果是闰年，则返回值为 True，否则返回值为 False |
| calendar.leapdays(y1,y2) | 返回在 y1、y2 两年之间的闰年总数 |
| calendar.month(year,month,w=2,l=1) | 返回一个多行字符串格式的 year 年 month 月日历，两行标题，一周一行。每日宽度间隔为 w 字符。每行的长度为 $7*w+6$。l 是每星期的行数 |
| calendar.monthcalendar(year,month) | 返回一个整数的单层嵌套列表。每个子列表装载代表一个星期的整数。year 年 month 月外的日期都设为 0；范围内的日子都由该月第几日表示，从 1 开始 |
| calendar.monthrange(year,month) | 返回两个整数。第 1 个是该月的星期几的日期码，第 2 个是该月的日期码。日从 0(星期一)到 6(星期日)；月从 1 到 12。 |
| calendar.prcall(year,w=2,l=1,c=6) | 打印某年的年历 |
| calendar.prmonth(year,month,w=2,l=1) | 打印某年某月的月历 |
| calendar.timegm(tupletime) | 接收时间元组，返回该时刻的时间戳 |
| calendar.setfirstweekday(weekday) | 设置每周的起始日期码，0(星期一)到 6(星期日) |
| calendar.weekday(year,month,day) | 返回给定日期的日期码；0(星期一)到 6(星期日)，月份为 1(1 月)到 12(12 月) |

## 5.1.3  datetime 模块

datetime 模块提供了 5 个类，分别是表示日期的 date 类、表示时间的 time 类、表示日期时间的 datetime 类、表示时间间隔的 timedelta 类、表示时区的 tzinfo 类，其中前 4 个类是比较常用的类。

### 1. date 类

在 datetime 模块中，可以使用函数 datetime.date()创建一个日期 date 对象，也可以使用函数 datetime.date().today()获取当前的日期并创建一个 date 对象，其语法格式如下：

```
import datetime
date1 = datetime.date(year,month,day)
date_now = datetime.date().today()
```

其中,date1 是用于存储 date 对象的变量;date_now 是用于存储当前时间对象的变量;year
表示年份;month 表示月份;day 表示日份。

【实例 5-5】　使用 datetime 模块创建 2023 年 9 月 1 日的 date 对象,并打印该对象下的
年、月、日;使用 datetime 模块获取当前时间的日期 date 对象,并打印该对象下的年、月、
日,代码如下:

```
# === 第 5 章 代码 5-5.py === #
import datetime

date1 = datetime.date(2023,9,1)
print('年份为',date1.year)
print('月份为',date1.month)
print('日份为',date1.day)
date2 = datetime.date.today()
print('当前日期的年份为',date2.year)
print('当前日期的月份为',date2.month)
print('当前日期的日份为',date2.day)
```

运行结果如图 5-5 所示。

图 5-5　代码 5-5.py 的运行结果

在 date 类中封装了其他的方法和属性,具体见表 5-5。

表 5-5　date 类中的方法和属性

| 方法或属性 | 说　　明 |
| --- | --- |
| date.max | 返回 date 对象所能表示的最大日期:9999-12-31 |
| date.min | 返回 date 对象所能表示的最小日期:0001-01-01 |
| date.resolution | 返回 date 对象表示日期的最小单位:天 |
| date.year | 返回 date 对象的年 |
| date.month | 返回 date 对象的月 |
| date.day | 返回 date 对象的日 |
| date.today() | 返回一个表示当前本地日期的 date 对象 |
| date.fromtimestamp(timestamp) | 根据给定的时间戳,返回一个 date 对象 |
| date.replace(year[,month[,day]]) | 生成并返回一个新的 date 对象,原 date 对象不变 |
| date.timetuple() | 返回日期对应的 time.struct_time 对象 |
| date.toordinal() | 返回日期是自 0001-01-01 开始的第多少天 |
| date.weekday() | 返回日期是星期几,整数集合[0,6],0 表示星期一 |
| date.isoweekday() | 返回日期是星期几,整数集合[1,7],1 表示星期一 |

续表

| 方法或属性 | 说　明 |
| --- | --- |
| date. isocalendar() | 返回一个元组,格式为(year,weekday,isoweekday) |
| date. isoformat() | 返回 YYYY-MM-DD 格式的日期字符串 |
| date. strftime(format) | 返回指定格式的日期字符串,与 time 模块的 strftime(format, struct_time)功能相同 |

### 2. time 类

在 datetime 模块中,可以使用函数 datetime. time()创建一个时间 time 对象,其语法格式如下:

```
import datetime
time1 = datetime.time(hour,minute,second[,microsecond[,tzinfo]])
```

其中,time1 是用于存储 time 对象的变量;hour 表示小时数;minute 表示分钟数;second 表示秒数;microsecond 表示微秒数;tzinfo 表示时区。

【实例 5-6】　使用 datetime 模块创建 11 点 59 分 59 秒的 time 对象,并打印该对象下的时、分、秒,代码如下:

```
# === 第 5 章 代码 5 - 6.py === #
import datetime

time1 = datetime.time(11,59,59)
print('time 对象的小时数为',time1.hour)
print('time 对象的分钟数为',time1.minute)
print('time 对象的秒数为',time1.second)
```

运行结果如图 5-6 所示。

图 5-6　代码 5-6.py 的运行结果

time 类中封装了其他方法和属性,具体见表 5-6。

表 5-6　time 类中的方法和属性

| 方法或属性 | 说　明 |
| --- | --- |
| time. max | 返回 time 对象所能表示的最大时间: time(23,59,59,999999) |
| time. min | 返回 time 对象所能表示的最小时间: time(0,0,0,0) |
| time. resolution | 返回 time 对象的最小时间单位,即两个不同时间的最新差值:1 微秒 |
| time. hour | 返回 time 对象的时 |
| time. minute | 返回 time 对象的分 |

续表

| 方法或属性 | 说　明 |
|---|---|
| time. second | 返回 time 对象的秒 |
| time. microsecond | 返回 time 对象的微秒 |
| time. tzinfo | 返回传递给 time 构造方法的 tzinfo 对象,如果该参数未给出,则返回 None |
| time. replace(hour[,second [,microsecond[,tzinfo]]]) | 生成并返回一个新的 time 对象,原 time 对象保持不变 |
| time. isoformat() | 返回一个 HH:MM:SS 格式的时间字符串 |
| time. strftime(format) | 返回指定格式的时间字符串,与 time 模块的 strftime(format, struct_time)功能相同 |

### 3. datetime 类

在 datetime 模块中,可以使用函数 datetime. datetime()创建一个包含日期时间的 datetime 对象,也可以使用函数 datetime. datetime. today()或函数 datetime. datetime. now()获取一个表示当前日期时间的 datetime 对象,其语法格式如下:

```
import datetime
datetime1 = datetime. datetime(year, month, day, hour = 0, minute = 0, second = 0, microsecond = 0,
tzinfo = None)
datetime2 = datetime. datetime. today()      ♯获取当前日期时间
datetime3 = datetime. datetime. now()         ♯获取当前日期时间
```

其中,datetime1、datetime2、datetime3 表示用于存储 datetime 对象的变量;hour 表示小时数;minute 表示分钟数;second 表示秒数;microsecond 表示微秒数;tzinfo 表示时区。

【实例 5-7】 使用 datetime 模块创建年、月、日、时、分、秒的 datetime 对象,并打印该对象下的年、月、日、时、分、秒;使用两种方法获取当前时间的 datetime 对象,代码如下:

```
♯ === 第 5 章 代码 5 - 7.py === ♯
import datetime

datetime1 = datetime. datetime(2023,9,1,11,50,59)
print('datetime1 对象的年为',datetime1. year)
print('datetime1 对象的月为',datetime1. month)
print('datetime1 对象的日为',datetime1. day)
print('datetime1 对象的时为',datetime1. hour)
print('datetime1 对象的分为',datetime1. minute)
print('datetime1 对象的秒为',datetime1. second)
datetime2 = datetime. datetime. today()
datetime3 = datetime. datetime. now()
print('现在的时间为',datetime2)
print('现在的时间为',datetime3)
```

运行结果如图 5-7 所示。

datetime 类中封装了其他方法和属性,具体见表 5-7。

图 5-7　代码 5-7.py 的运行结果

**表 5-7　datetime 类中的方法和属性**

| 方法或属性 | 说　　明 |
|---|---|
| datetime. year | 返回 datetime 对象中的年 |
| datetime. month | 返回 datetime 对象中的月 |
| datetime. day | 返回 datetime 对象中的日 |
| datetime. hour | 返回 datetime 对象中的时 |
| datetime. minute | 返回 datetime 对象中的分 |
| datetime. second | 返回 datetime 对象中的秒 |
| datetime. microsecond | 返回 datetime 对象中的微秒 |
| datetime. tzinfo | 返回 datetime 对象中的时区信息 |
| datetime. today() | 返回一个表示当前本地日期时间的 datetime 对象 |
| datetime. now([tz]) | 如果指定 tz,则返回指定时区日期时间的 datetime 对象,否则返回一个表示当前本地日期时间的 datetime 对象 |
| datetime. utcow() | 返回当前 utc 日期时间的 datetime 对象 |
| datetime. fromtimestamp(time[,tz]) | 根据指定的时间戳创建一个 datetime 对象 |
| datetime. utcfromtimestamp(timestamp) | 根据指定的时间戳创建一个 datetime 对象 |
| datetime. combine(date,time) | 把指定的 date 和 time 对象整合成一个 datetime 对象 |
| datetime. strptime(date_str,format) | 把时间字符串转换为 datetime 对象 |
| datetime. date() | 获取 datetime 对象对应的 date 对象 |
| datetime. time() | 获取 datetime 对象对应的 time 对象,tzinfo 为 None |
| datetime. timetz() | 获取 datetime 对象对应的 time 对象,tzinfo 为 None |
| datetime. replace() | 生成并返回一个新的 datetime 对象,如果所有参数都没有指定,则返回一个与原 datetime 对象相同的对象 |
| datetime. timetuple() | 返回 datetime 对象对应的 tuple(不包括 tzinfo) |
| datetime. utctimetuple() | 返回 datetime 对象对应的 UTC 时间的 tuple(不包括 tzinfo) |
| datetime. timestamp() | 返回 datetime 对象对应的时间戳 |
| datetime. toordinal() | 返回日期是自 0001-01-01 开始的第几天 |
| datetime. weekday() | 返回日期是星期几,[0,6],0 表示星期一 |
| datetime. isocalendar() | 返回日期是星期几,[1,7],1 表示星期一 |
| datetime. isoformat([sep]) | 返回一个 YY-MM-DD 的字符串 |
| datetime. ctime() | 等价于 time 模块的 time. ctime(time. mktime(d. timetuple())) |
| datetime. strftime(format) | 返回指定格式的时间字符串 |

#### 4. timedelta 类

在 datetime 模块中,可以使用函数 datetime. timedelta()创建一个表示时间间隔的 timedelta 对象,其语法格式如下:

```
import datetime
delta1 = datetime. timedelta(weeks = 0, days = 0, hours = 0, minutes = 0, seconds = 0,
miliseconds = 0, microseconds = 0)
```

其中,delta1 是用于存储 timedelta 对象的变量;weeks 表示周数;days 表示天数;hours 表示小时数;minutes 表示分钟数;seconds 表示秒数;miliseconds 表示毫秒数;microseconds 表示微秒数。

【实例 5-8】 使用 datetime 模块创建一个 30 天的 datedelta 对象,并打印该对象下的日、秒、毫秒、总秒数;获取当前时间的 datetime 对象,并计算 30 天之前的 datetime 对象,代码如下:

```
# === 第 5 章 代码 5-8. py === #
import datetime

delta1 = datetime. timedelta(days = 30, hours = 0, minutes = 0, seconds = 0)
print('timedelta 对象的 days 为', delta1.days)
print('timedelta 对象的 seconds 为', delta1.seconds)
print('timedelta 对象的 microseconds 为', delta1.microseconds)
print('timedelta 对象的总秒数为', delta1.total_seconds())
before_30 = datetime. datetime. now() - delta1
print('30 天之前是', before_30)
```

运行结果如图 5-8 所示。

图 5-8 代码 5-8. py 的运行结果

timedelta 类中封装了其他方法和属性,具体的见表 5-8。

表 5-8 **timedelta 类中的方法和属性**

| 方法或属性 | 说 明 |
| --- | --- |
| timedelta. min | 返回 timedelta 对象的最小值:timedelta(-999999999) |
| timedelta. max | 返回 timedelta 对象的最大值:timedelta(days＝999999999,hours＝23,minutes＝59,seconds＝59,microseconds＝999999) |
| timedelta. resolution | 返回 timedelta 对象的最小单位:timedelta(microseconds＝1) |
| timedelta. days | 返回 timedelta 对象的天数 |

续表

| 方法或属性 | 说　　明 |
|---|---|
| timedelta. seconds | 返回 timedelta 对象的秒数 |
| timedelta. microseconds | 返回 timedelta 对象的微秒数 |
| timedelta. total_seconds() | 返回 timedelta 对象包含的总秒数 |

## 5.2　多线程

21min

在计算机中,进程(process)是指在系统中能独立运行并作为资源分配的基本单位,它是由一组机器指令、数据、堆栈等组成的,是一个能独立运行的活动实体。比进程更小的单位是线程,一个进程至少包含一个线程。

线程(thread)是操作系统能够进行运算调度的最小单位。它被包含在进程之中,是进程中的实际运作单位。一个线程指的是进程中一个单一顺序的控制流,一个进程中可以并发多个线程,每个线程并行执行不同的任务。

对于操作系统而言,一个任务就是一个进程,例如打开浏览器就是一个浏览器进程,打开一个 Word 文档就是一个 Word 进程,打开一个 TXT 文件就是一个 TXT 进程。有些进程能同时执行多个任务,例如 Word 程序,它可以同时执行打字、拼写检查、修改格式、打印等任务。在一个进程的内部如果要同时执行多个任务,就需要同时运行多个子任务,而这些子任务被称为线程。

对于程序员而言,如果要让程序同时执行多任务,则有两种方法实现。第 1 种方法是多进程执行任务;第 2 种方法是在一个进程下多线程执行任务。

之前本书中的 Python 程序都执行单任务的进程,也就是只有一个控制流、一个线程。如果要使用 Python 编写多个任务的程序,应该怎么办? 可以使用 Python 的内置模块 threading 模块创建多线程,从而实现多任务同时执行的程序。

### 5.2.1　创建线程

在 Python 中,内置模块 threading 是采用面向对象的设计思想编写而成的,因此创建一个线程 Thread,就是创建一个线程 Thread 对象,然后使用该对象下的方法启动线程。

在 threading 模块中,可以使用 threading. Thread()创建一个线程对象,然后使用该对象的 start()方法就可以启动该线程了,其语法格式如下:

```
import threading
thread_obj = threading. Thread(target = , args = [ ], kwargs = {})
thread_obj. start()
```

其中,thread_obj 是用于存储 Thread 对象的变量;参数 target 用来指向目标函数;可选参数 args 用来向目标函数传递参数,如果目标函数无参数,则省略该参数,该参数的数据类型是列表;可选参数 kwargs 用来向目标函数传递关键字参数,如果目标函数无关键字参数,则省略该参数,该参数的数据类型是字典。

【实例 5-9】 使用 threading 模块创建一个线程,该线程用来计算 1~100 的累加值,并暂停该线程 1s,代码如下:

```
# === 第 5 章 代码 5-9.py === #
import threading,time

def sum_integer():
    sum = 0
    for i in range(101):
            sum = i + sum
    time.sleep(1)
    print('这是第 2 个线程')
    print('1~100 的累加值是',sum)

if __name__ == '__main__':
    thread_obj = threading.Thread(target = sum_integer)
    thread_obj.start()
    print('第 1 个线程已经结束了')
```

运行结果如图 5-9 所示。

图 5-9 代码 5-9.py 的运行结果

## 5.2.2 向线程的目标函数传递参数

### 1. 传递常规参数

【实例 5-10】 使用 threading 模块创建一个线程,该线程用来计算 0~1000 的累加值,并暂停该线程 1s,代码如下:

```
# === 第 5 章 代码 5-10.py === #
import threading,time

def sum_integer(in_num):
    sum = 0
    for i in range(in_num + 1):
        sum = i + sum
    time.sleep(1)
    print('这是第 2 个线程')
    print('累加值是',sum)

if __name__ == '__main__':
```

```
thread_obj = threading. Thread(target = sum_integer, args = [1000])
thread_obj. start()
print('第 1 个线程已经结束了')
```

运行结果如图 5-10 所示。

图 5-10　代码 5-10. py 的运行结果

### 2. 传递常规参数和关键字参数

【实例 5-11】　使用 threading 模块创建一个线程,该线程用来打印'唐僧 & 悟空 & 八戒',另外一个线程用来打印'沙僧 & 读者龙',代码如下:

```
# === 第 5 章 代码 5-11.py === #
import threading

obj1 = threading. Thread(target = print, args = ['唐僧', '悟空', '八戒'], kwargs = {'sep':'&'})
obj1. start()
print('第 1 个线程为')
print('沙僧', '读者龙', sep = '&')
```

运行结果如图 5-11 所示。

图 5-11　代码 5-11. py 的运行结果

在 threading 模块中,Thread 类封装了其他方法,具体见表 5-9。

表 5-9　Thread 类中的方法

| 方　　法 | 说　　明 |
| --- | --- |
| Thread. start() | 启动线程 |
| Thread. isAlive() | 线程是否有活动 |
| Thread. getName() | 返回线程名 |
| Thread. setName() | 设置线程名 |

threading 模块中的函数可以获得线程、线程数量、线程信息,具体见表 5-10。

表 5-10 threading 模块中的函数

| 函　　数 | 说　　明 |
|---|---|
| threading. currentThread( ) | 返回当前的线程数量 |
| threading. current_thread( ) | 返回当前线程的信息 |
| threading. enumerate( ) | 返回一个包含正在运行的线程的 list。正在运行指线程启动后、结束前，不包括启动前和终止后的线程 |
| threading. activeCount( ) | 返回正在运行的线程数量 |

## 5.3 启动程序

在 Python 中，可以使用 subpress 模块中的函数 Popen( )启动程序并创建一个进程 Popen 对象，其语法格式如下：

14min

```
import subprocess
process1 = subprocess. Popen( args,
    bufsize = 0,
    executable = None,
    stdin = None,
    stdout = None,
    stderr = None,
    preexec_fn = None,
    close_fds = False,
    shell = False,
    cwd = None,
    env = None,
    universal_newlines = False,
    startupinfo = None,
    creationflags = 0)
```

其中，参数的具体说明见表 5-11。

表 5-11 函数 Popen( )的参数的具体说明

| 参　　数 | 说　　明 |
|---|---|
| args | 用于指定进程的可执行文件及其参数，数据类型可以是字符串、列表、元组 |
| bufsize | 可选参数，用于设置是否有缓冲，0 表示无缓冲，1 表示行缓冲，正值表示使用该大小的缓冲区，负值表示使用系统默认值 |
| executable | 可选参数，指定要执行的替换程序，很少需要该参数 |
| stdin | 可选参数，指定执行程序的标准输入 |
| stdout | 可选参数，指定执行程序的标准输出 |
| stderr | 可选参数，指定执行程序的标准错误文件句柄 |
| preexec_fn | 可选参数，在 Windows 上，如果 close_fds 为真，则子进程不会继承任何句柄，除非在 STARTUPINFO. lpAttributeList 的 handle_list 元素中显式传递，或者通过标准句柄重定向 |
| close_fds | 可选参数，是一个可选的文件说明符序列，用于在父子节点之间保持打开状态 |

续表

| 参 数 | 说 明 |
|---|---|
| shell | 可选参数,如果将参数 shell 设置为 True,则程序将通过 shell 来执行 |
| cwd | 可选参数,表示在 Windows 系统下接收字节对象 |
| env | 可选参数,用于指定子进程的环境变量。如果 env = None,则子进程的环境变量将从父进程中继承,该参数的数据类型为字典 |
| universal_newlines | 可选参数,等效于 text 并提供向后兼容性,默认情况下,文件对象以二进制模式打开 |
| startupinfo | 可选参数,如果给定,则 startupinfo 将是一个 STARTUPINFO 对象,它被传递给底层的 CreateProcess 函数 |
| creationflags | 可选参数,如果给定,则可以是以下一个或多个标志:CREATE_NEW_CONSOLE、CREATE_NEW_PROCESS_GROUP、ABOVE_NORMAL_PRIORITY_CLASS、BELOW_NORMAL_PRIORITY_CLASS、HIGH_PRIORITY_CLASS |

由于进程是操作系统独立运行并作为资源分配的基本单位,因此创建一个进程对象的参数很复杂,但在实际情况中,只需第 1 个参数就可以启动程序。

如果要启动一个计算器程序,则可以使用以下代码:

```
import subprocess
pro_1 = subprocess.Popen('c:\\Windows\\System32\\calc.exe')
```

运行结果如图 5-12 所示。

图 5-12 使用 subprocess.Popen()函数启动的计算器

如果要启动一个记事本程序,则可以使用以下代码:

```
import subprocess
txt1 = subprocess.Popen(['c:\\Windows\\notepad.exe','d:\\test\\hello.txt'])
```

运行结果如图 5-13 所示。

图 5-13 使用 subprocess.Popen() 函数启动的记事本程序

**【实例 5-12】** 使用 subprocess 模块启动计算器程序并创建进程对象，打印该对象，计算器程序运行 1s 后，关闭该程序，然后启动记事本程序并创建进程对象，打印该对象，记事本程序运行 1s 后，关闭该程序；最后打开 Python 程序，代码如下：

```python
# === 第 5 章 代码 5 - 12.py === #
import subprocess,time

pro_1 = subprocess.Popen('c:\\Windows\\System32\\calc.exe')
print(pro_1)
time.sleep(1)
pro_1.kill()
pro_2 = subprocess.Popen(['c:\\Windows\\notepad.exe'])
print(pro_2)
time.sleep(1)
pro_2.kill()
pro_3 = subprocess.Popen('D:\\program files\\python\\python.exe')
```

运行结果如图 5-14 所示。

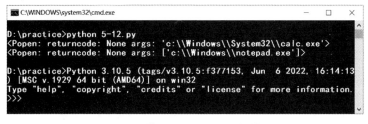

图 5-14 代码 5-12.py 的运行结果

**注意**：由于不同计算机的程序安装的路径不同，所以读者在使用 subprocess 模块启动程序时，一定要找到该程序的正确路径。

在 subprocess 模块中，Popen 类封装了其他方法和属性，具体见表 5-12。

表 5-12　Popen 类中的方法

| 方法或属性 | 说　　明 |
|---|---|
| Popen. poll( ) | 用于检查子进程是否已经结束,设置并返回 returncode 属性 |
| Popen. wait( ) | 等待子进程结束,设置并返回 returncode 属性 |
| Popen. communicate(input＝None) | 与子进程进行交互。向 stdin 发送数据,或从 stdout 和 stderr 中读取数据。可选参数 input 是指定发送到子进程的参数。Communicate( ) 用于返回一个元组:(stdoutdata, stderrdata)。注意:如果希望通过进程的 stdin 向其发送数据,则在创建 Popen 对象时,参数 stdin 必须被设置为 PIPE。同样,如果希望从 stdout 和 stderr 获取数据,则必须将 stdout 和 stderr 设置为 PIPE |
| Popen. send_signal(signal) | 向子进程发送信号 |
| Popen. terminate( ) | 停止子进程,在 Windows 平台下,该方法将调用 Windows API TerminateProcess( )来结束子进程 |
| Popen. kill( ) | 杀死子进程 |
| Popen. pid | 获取子进程的进程 ID |
| Popen. returncode | 获取进程的返回值;如果进程还没有结束,则返回 None |

## 5.4　典型应用

计算机最擅长做重复性的工作,本节讲述使用 Python 时间模块的典型应用:根据图像的拍摄日期自动整理图像,这里的图像包括用手机或数码相机拍摄的图像。

### 5.4.1　读取数码图像的 EXIF 信息

在现实生活中,使用数码相机或手机拍摄图像时,数码相机、手机会以 EXIF 格式记录信息。EXIF(Exchangeable Image File Format)是可交换图像文件格式,是专门为数码相机设计的一种信息存储格式,可以记录数码图像的属性和拍摄参数,例如分辨率、拍摄日期。EXIF 信息也可以附加于 JPG、TIF 等格式的图像文件中,用于记录图像处理软件的版本信息。

在 Python 中,主要使用 ExifRead 模块读取 EXIF 信息。由于 ExifRead 模块是第三方模块,所以需要安装此模块。安装 ExifRead 模块需要在 Windows 命令行窗口中输入的命令如下:

```
pip install exifread - i https://pypi. tuna. tsinghua. edu. cn/simple
```

然后按 Enter 键,即可安装 ExifRead 模块,如图 5-15 所示。

在 ExifRead 模块中,主要通过函数 process_file( )来读取 EXIF 信息并返回一个字典类型的数据,其语法格式如下:

```
from exifread import process_file
tags = process_file(file, details = False)
```

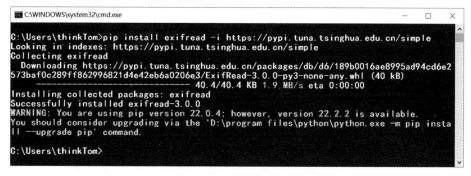

图 5-15 安装 ExifRead 模块

其中,tags 是用于存储 EXIF 信息的变量；file 表示图像文件路径或文件对象；details 表示
是否要跳过一些细节信息。

【实例 5-13】 在 D 盘的 test 文件夹下的数码图像文件夹中有很多图像,这些图像是用
手机拍摄的照片,然后通过微信原格式传输在计算机硬盘上,如图 5-16 所示。

图 5-16 数码图像文件夹下的图像

使用 ExifRead 获取并打印其中一张图像的 EXIF 信息,代码如下：

```
# === 第 5 章 代码 5 - 13. py === #
from exifread import process_file

with open('D:\\test\\数码图像\\001.jpg','rb') as f:
    tags = process_file(f,details = False)
    for key,value in tags.items():
            print(key, ':',value)
```

运行结果如图 5-17 所示。

通过图 5-17 可知,在 EXIF 中会揭露非常多的信息,因此不可在朋友圈随意发照片,这
可能会暴露隐私,其中 EXIF DateTimeOriginal 存储了拍摄日期信息。

## 5.4.2 根据拍摄日期自动整理图像

由于数码相机或手机拍摄的图像中会存储拍摄日期信息,所以可以根据数码图像的拍
摄日期自动整理图像。

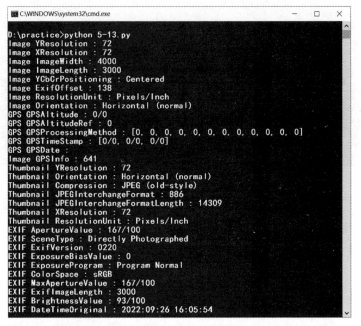

图 5-17　代码 5-13.py 的运行结果

【**实例 5-14**】　在 D 盘的 test 文件夹下的数码图像文件夹中有很多图像,这些图像是用手机拍摄的照片,然后通过微信原格式传输到计算机硬盘上,如图 5-16 所示。根据数码图像的拍摄日期自动整理图像,即将同一日期拍摄的照片整理到一个文件夹下,代码如下:

```python
# === 第 5 章 代码 5-14.py === #
from pathlib import Path
from datetime import datetime
from exifread import process_file

src_folder = Path('D:\\test\\数码图像\\')
des_folder = Path('D:\\test\\日期图像\\')
if des_folder.exists() == False:
    des_folder.mkdir(parents = True)

jpg_list = list(src_folder.glob('*.jpg'))
for item in jpg_list:
    print(item)
    with open(item, 'rb') as f:
        tags = process_file(f, details = False)
    if 'EXIF DateTimeOriginal' in tags.keys():
        dinfor = str(tags['EXIF DateTimeOriginal'])
        folder_name = datetime.strptime(dinfor, '%Y:%m:%d %H:%M:%S')
.strftime('%Y-%m-%d')
        des_path = des_folder/folder_name
        if des_path.exists() == False:
            des_path.mkdir(parents = True)
        item.replace(des_path/item.name)
```

运行结果如图 5-18 和图 5-19 所示。

图 5-18 代码 5-14.py 创建的日期文件夹

图 5-19 根据日期自动整理的图像

## 5.5 小结

本章介绍了 Python 处理日期、时间的 3 个模块：time 模块、calendar 模块、datetime 模块，其中 time 模块主要用于处理时间、calendar 模块用于处理日期，datetime 模块采用面向对象的思想编写而成，功能强大，可以处理时间、日期、日期时间、时间间隔。

本章介绍了进程和线程的概念，讲述了 Python 如何通过多线程的方法实现多任务功能，以及如何通过 Python 启动程序的方法。

本章介绍了一个办公自动化的典型应用，根据图像的拍摄日期自动整理数码图像，这里的图像指通过手机或数码相机拍摄的图像，不包括手机、计算机截屏图像。

# 网络应用篇

# 第6章

# 操作数据库

进入互联网时代,网络改变了人类的交流、通信、娱乐、获取信息的方式。普通人经常需要使用网络服务器提供的软件,其中最重要的软件是数据库(Database)软件。在实际生活中,会经常使用数据库,例如,使用搜索引擎搜索信息、使用邮件列表寻找邮件地址、使用手机 App 搜索信息。

在 Python 中,可以使用连接对象连接数据库,使用游标对象操作数据库中的数据表。本章讲述如何使用 Python 操作 SQLite 和 MySQL 数据库。

## 6.1 数据库编程接口

数据库是一个以某种有组织的方式存储数据的容器。理解数据库最简单的方式是把数据库想象成一个文件柜,这个文件柜用来存放数据。数据库软件应该称为数据库管理系统(DBMS),数据库是通过 DBMS 创建和操作的容器,通常是 1 个文件或 1 组文件。

6min

数据库由表组成。表(table)是用来存储某种特定类型数据的结构化清单,表可用来存储成交记录、网页索引、产品目录、客户信息等信息清单。

数据库中的表由列与行构成。1 列(column)是表中的 1 个字段,表是由一个或多个列组成的。表中的数据是按行(row)存储的,所保存的每条记录存储在自己的行内。

如果要操作数据库中的数据,则需要使用 SQL。SQL 是结构化查询语言(Structured Query Language)的缩写,这是一种专门与数据库通信的语言,具有以下特点:

(1) SQL 不是某个特定数据库供应商专用的语言,绝大多数数据库管理系统支持 SQL。

(2) SQL 简单易学,它的语句由描述性很强的英文单词组成,而且英文单词的数目不多。

(3) SQL 功能强大,灵活使用其语言元素,可以进行非常复杂和高级的数据库操作。

(4) 虽然很多数据库管理系统支持 SQL,但任意两个数据库管理系统的 SQL 不完全相同。

本章会使用针对 SQLite 和 MySQL 数据库的 SQL 语言。

为了对数据库进行统一操作,大多数编程语言提供了简单的、标准化的数据库接口(API)。在 Python Database API 2.0 规范中,定义了数据库 API 的各部分,如模块接口、连接对象、游标对象、类型对象和构造器。本节重点介绍 Python 数据库 API 中的连接对象和游标对象。

## 6.1.1 连接对象

使用 Python 操作数据库,首先要连接数据库。如果要连接数据库,则需要创建数据库连接对象(Connection Object)。使用数据库连接对象可以连接数据库、获取数据库游标对象及提交或回滚事务的方法、关闭数据库连接。

### 1. 创建连接对象

在 Python 中如何创建连接对象? 这取决于要连接的数据库类型,如果是 MySQL、Oracle 数据库,则需要分别下载 MySQL、Oracle 数据库模块,然后使用数据库模块的 connect()函数创建连接对象。如果使用 SQLite 模块,则可直接导入内置模块 SQLite3,使用该模块下的函数 sqlite3. connect()创建连接对象。总结起来,创建连接对象,都需要使用各自模块下的 connect()函数。如果使用 MySQL 数据库,则创建连接对象的语法格式如下:

```
import pymysql
conn = pymysql.connect(host = 'localhost',
                       user = 'user',
                       password = 'password'
                       db = 'learn',
                       charset = 'utf8',
                       cursorclass = pymysql.cursors.DictCursor)
```

其中,常见参数的说明见表 6-1。

表 6-1　connect()函数常见参数的说明

| 参　　数 | 说　　明 | 参　　数 | 说　　明 |
| --- | --- | --- | --- |
| host | 主机名 | database 或 db | 数据库名称 |
| user | 用户名 | dsn | 数据源名称,此参数表示数据库依赖 |
| password | 密码 | charset | 使用的编码方式 |

由于不同数据库模块中的 connect()函数的参数不同,因此读者在创建连接对象时,要以具体的数据库模块为准。

### 2. 连接对象的方法

使用数据库模块中的 connect()函数创建连接对象后,就可以使用连接对象 Connection 中的方法对数据库进行操作了。连接对象常用的方法见表 6-2。

表 6-2　连接对象 Connection 的常用方法

| 方　　法 | 说　　明 |
| --- | --- |
| Connection. close() | 关闭数据库连接 |
| Connection. commit() | 提交当前的事务 |
| Connection. rollback() | 回滚事务,即回滚上一次调用 commit()以来对数据库所做的更改 |
| Connection. cursor() | 获取游标对象,用来操作数据库,将在 Python 数据库编程时用到 |

### 6.1.2　游标对象

在 Python 中,游标对象(Cursor Object)代表数据库中的游标,用于指示抓取数据操作的上下文,主要提供了执行 SQL 语句、调用存储过程、获取查询结果等方法。从表 6-2 中可知,使用连接对象 Connection 的 cursor()方法,可以获取游标对象 Cursor。游标对象 Cursor 的属性和方法见表 6-3。

表 6-3　游标对象 Cursor 的属性和方法

| 方法或属性 | 说　　明 |
| --- | --- |
| Cursor. description | 返回数据库列类型和值的描述信息 |
| Cursor. rowcount | 返回结果的行数统计信息,例如 SELECT、UPDATE、CALLPROC |
| Cursor. callproc(procname[,parameters]) | 调用存储过程,需要数据库支持 |
| Cursor. close() | 关闭当前游标对象 |
| Cursor. excute(operation[,parameters]) | 执行数据库操作,包括 SQL 语句和数据库命令 |
| Cursor. excutemany(operation,seq_of_params) | 用于批量操作,例如批量更新 |
| Cursor. fetchone() | 获取查询结果集中的下一条记录 |
| Cursor. fetchmany(size) | 获取指定数量的记录 |
| Cursor. fetchall() | 获取结果集的所有记录 |
| Cursor. nextset() | 跳至下一个可用的结果集 |
| Cursor. arraysize() | 指定使用 fetchmany()获取的行数,默认为 1 |
| Cursor. setinputsizes(sizes) | 设置在调用 execute()时分配的内存区域的大小 |
| Cursor. setoutputsize(sizes) | 设置缓冲区大小,对大数据列(如 LONGS、BLOBS)尤其有用 |

## 6.2　使用 SQLite

与 MySQL、Oracle 等数据库管理系统不同,SQLite 不是一个客户端/服务器结构的数据库引擎,而是一种嵌入式数据库,它的数据库就是一个文件。SQLite 将整个数据库,包括定义、表、索引及数据,作为一个单独的、可跨平台使用的文件存储在主机中。

22min

由于 SQLite 本身是由 C 语言开发的,而且体积很小,所以经常被集成在各种应用程序中。Python 内置了 SQLite3,因此在 Python 中使用 SQLite,不需要安装模块,可以直接使用。

### 6.2.1　创建数据库文件

在 Python 中,可以使用 import 语句引入 SQLite3 模块,然后使用该模块操作数据库。操作数据库的流程如图 6-1 所示。

【实例 6-1】　使用 SQLite 模块创建一个 company.db 的数据库文件,然后执行 SQL 语

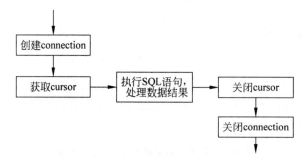

图 6-1　操作数据库的流程

句创建一个 staff(用户表)，staff 包含 id、name 字段，代码如下：

```
# === 第 6 章 代码 6-1.py === #
import sqlite3

# 连接 SQLite 数据库,首先创建连接对象
# 数据库文件是 company.db,如果文件不存在,则会在当前目录下创建
conn = sqlite3.connect('company.db')
# 创建一个游标对象 cursor
cursor = conn.cursor()
# 执行 SQL 语句,创建 staff 表
cursor.execute('create table staff (id int(10) primary key,name varchar(30));')
# 关闭游标
cursor.close()
# 关闭连接
conn.close()
```

运行结果如图 6-2 所示。

图 6-2　代码 6-1.py 同一目录下的 company.db 文件

## 6.2.2　操作 SQLite(增、删、改、查)

创建完数据库文件后就可以对数据库中的数据表进行操作了，主要是对数据表中的数据进行增、删、改、查操作。

### 1. 新增数据信息

向数据表中新增数据，可以使用以下 SQL 语句：

```
insert into 表名(字段名 1,字段名 2,…,字段 n) values(字段值 1,字段值 2,…,字段值 n)
```

【实例 6-2】　使用 SQLite 模块向已创建数据库文件 company.db 的数据表中插入 5 条信息，代码如下：

```
# ===第6章 代码6-2.py ===#
import sqlite3

# 连接 SQLite 数据库,首先创建连接对象
# 数据库文件是 company.db,如果文件不存在,则会在当前目录下创建
conn = sqlite3.connect('company.db')
# 创建一个游标对象 cursor
cursor = conn.cursor()
# 执行 SQL 语句,插入5条记录
cursor.execute('insert into staff (id ,name) values ("1","sqlite3")')
cursor.execute('insert into staff (id ,name) values ("2","唐僧")')
cursor.execute('insert into staff (id ,name) values ("3","孙悟空")')
cursor.execute('insert into staff (id ,name) values ("4","猪八戒")')
cursor.execute('insert into staff (id ,name) values ("5","读者龙")')
# 关闭游标
cursor.close()
# 提交事务
conn.commit()
# 关闭连接
conn.close()
```

运行代码6-2.py,会向 staff 表中插入5条记录。如何验证是否插入了这5条记录?可以再次运行该代码,可能显示的信息如下:

```
sqlite3.IntegrityError: UNIQUE constraint failed: staff.id
```

如果显示的信息如上,则说明新增数据成功,如图6-3所示。

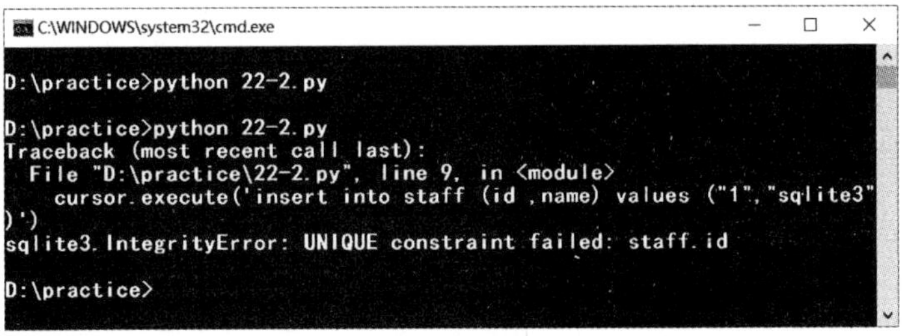

图6-3 再次运行代码6-2.py的结果

### 2. 查看数据信息

查找数据表中的数据可以使用以下 SQL 语句:

```
select 字段名1,字段名2,…,字段 n from 表名 where 查询条件
```

查找数据表的信息后,可以通过游标对象的方法获取查询结果。

(1)使用 fetchone()方法可以获取查询结果集中的下一条记录。

(2)使用 fetchmany(size)可以获取指定数量的记录。

(3)使用 fetchall()方法获取结果集中的所有记录。

【实例6-3】 在 SQLite 数据库中,使用游标对象的3种方法 fetchone()、fetchmany()、

fetchall()获取查询结果,并打印查询结果,代码如下:

```
# === 第 6 章 代码 6 - 3.py === #
import sqlite3

# 连接 SQLite 数据库,首先创建连接对象
# 数据库文件是 company.db,如果文件不存在,则会在当前目录下创建
conn = sqlite3.connect('company.db')
# 创建一个游标对象 cursor
cursor = conn.cursor()
# 执行查询语句
cursor.execute('select * from staff')
# 获取查询结果,可使用 fetchall 方法
result = cursor.fetchall()
print(result)

# fetchone 方法
# result1 = cursor.fetchone()
# print(result1)

# fetchmany 方法
# result3 = cursor.fetchmany(3)
# print(result3)

# 关闭游标
cursor.close()
# 关闭连接
conn.close()
```

运行结果如图 6-4 所示。

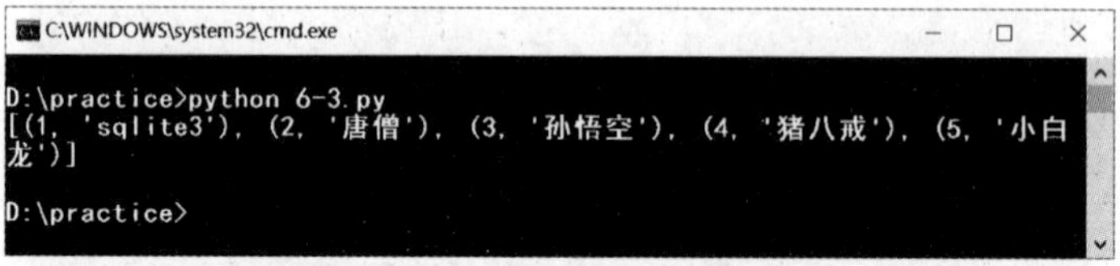

图 6-4  代码 6-3.py 的运行结果

**注意**:在代码 6-3.py 中列举了如何使用 fetchone()、fetchmany()获取查询结果的方法,有兴趣的读者可以实践一下。

【实例 6-4】  在 SQLite 数据库中,使用不同的 SQL 语言查询第 3、第 4、第 5 条记录的信息,并打印记录信息,代码如下:

```
# === 第 6 章 代码 6 - 4.py === #
import sqlite3

# 连接 SQLite 数据库,首先创建连接对象
# 数据库文件是 company.db,如果文件不存在,则会在当前目录下创建
conn = sqlite3.connect('company.db')
# 创建一个游标对象 cursor
```

```
cursor = conn.cursor()
#执行 SQL 语句,获取查询结果
cursor.execute('select * from staff where id = 3')
result3 = cursor.fetchall()
print(result3)
cursor.execute('select * from staff where id = ?',(4,))
result4 = cursor.fetchall()
print(result4)
cursor.execute('select * from staff where id >?',(4,))
result5 = cursor.fetchall()
print(result5)

#关闭游标
cursor.close()
#关闭连接
conn.close()
```

运行结果如图 6-5 所示。

图 6-5 代码 6-4.py 的运行结果

---

**注意**:在 select 查询语句中,使用了问号作为占位符代替具体的数值,然后使用一个元组替换问号(不要忽略元组中的逗号),这种方式可以避免 SQL 注入的风险。

---

### 3. 修改数据信息

修改数据表中的数据可以使用以下 SQL 语句:

```
update 表名 set 字段名 = 字段值 where 查询条件
```

【实例 6-5】 在 SQLite 数据库中,使用不同的 SQL 语言将第 3 条记录的 name 值改为沙僧,将第 4 条记录的 name 值改为人参果。修改完成后,获取并打印整个数据表,代码如下:

```
# === 第 6 章 代码 6-5.py === #
import sqlite3

# 连接 SQLite 数据库,首先创建连接对象
# 数据库文件是 company.db,如果文件不存在,则会在当前目录下创建
conn = sqlite3.connect('company.db')
# 创建一个游标对象 cursor
cursor = conn.cursor()
# 修改数据信息
cursor.execute('update staff set name = "沙僧" where id = 3')
cursor.execute('update staff set name = ? where id = ?',('人参果',4))
# 执行 SQL 语句,获取查询结果
```

```
cursor.execute('select * from staff')
result = cursor.fetchall()
print(result)

# 关闭游标
cursor.close()
# 提交事务
conn.commit()
# 关闭连接
conn.close()
```

运行结果如图 6-6 所示。

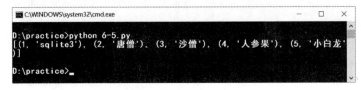

图 6-6　代码 6-5.py 的运行结果

### 4．删除数据信息

删除数据表中的数据可以使用以下 SQL 语句：

```
delete from 表名 where 查询条件
```

【实例 6-6】　在 SQLite 数据库中,使用 SQL 语句删除数据表 staff 中 id 为 1、5 的数据。删除 1 条数据后,分别获取并打印整个数据表,代码如下：

```
# === 第 6 章 代码 6 - 6.py === #
import sqlite3

# 连接 SQLite 数据库,首先创建连接对象
# 数据库文件是 company.db,如果文件不存在,则会在当前目录下创建
conn = sqlite3.connect('company.db')
# 创建一个游标对象 cursor
cursor = conn.cursor()
# 删除 id = 1 的数据信息
cursor.execute('delete from staff where id = 1')
# 执行 SQL 语句,获取查询结果
cursor.execute('select * from staff')
result1 = cursor.fetchall()
print(result1)

# 删除 id = 5 的数据信息
cursor.execute('delete from staff where id = ?',(5,))
# 执行 SQL 语句,获取查询结果
cursor.execute('select * from staff')
result2 = cursor.fetchall()
print(result2)
```

```
#关闭游标
cursor.close()
#提交事务
conn.commit()
#关闭连接
conn.close()
```

运行结果如图 6-7 所示。

```
C:\WINDOWS\system32\cmd.exe                          —   □   ×

D:\practice>python 6-6.py
[(2, '唐僧'), (3, '沙僧'), (4, '人参果'), (5, '小白龙')]
[(2, '唐僧'), (3, '沙僧'), (4, '人参果')]

D:\practice>_
```

图 6-7　代码 6-6.py 的运行结果

注意：当修改和删除数据表中的记录时，一定不要忘记提交事务。

# 6.3　使用 MySQL

数据库软件系统（DBMS）可分为两类，第一类是基于共享文件系统的 DBMS，例如 Microsoft Access、FileMaker，主要应用于桌面用途；第二类是基于客户机-服务器的 DBMS，例如 MySQL、Oracle、Microsoft SQL Server，主要应用在服务器上。

MySQL 是一款开源的数据库软件系统，由于其免费、性能高、方便等特性，MySQL 在世界范围内得到了广泛应用（包括互联网大厂），是目前使用人数最多的数据库软件系统之一。

在 Python 中，如果要使用 MySQL，则要下载、安装 MySQL，然后安装第三方模块 PyMySQL，这样才能连接并使用该数据库。

## 6.3.1　下载、安装 MySQL

大部分个人计算机使用的是 Windows 系统。下面主要演示如何在 Windows 系统上安装 MySQL。

13min

### 1. 下载 MySQL 安装包

（1）打开浏览器，登录 MySQL 的官方网站，输入网址为 www.mysql.com，如图 6-8 所示。

（2）单击 DOWNLOADS，进入 MySQL 安装包下载页面，如图 6-9 所示。

（3）单击 MySQL Community（GPL）Downloads，进入社区版 MySQL 安装包下载页面，如图 6-10 所示。

（4）单击 MySQL Installer for Windows，进入适合 Windows 系统的 MySQL 安装包下载页面，其中一个安装包只有 5.5MB，表示联网在线安装；另一个安装包为 437.1MB，表示离线安装，即将安装包下载到本地进行安装，如图 6-11 所示。

图 6-8　MySQL 的官方网站

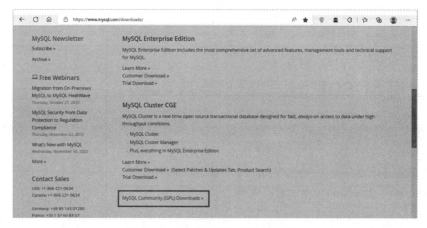

图 6-9　MySQL 安装包下载页面

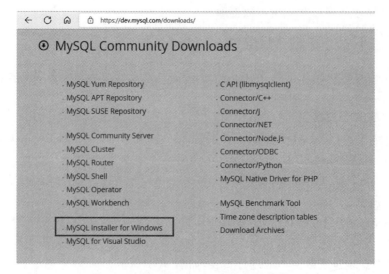

图 6-10　社区版 MySQL 安装包下载页面

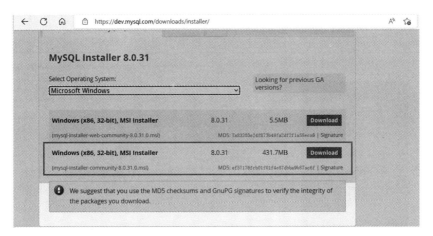

图 6-11 适合 Windows 系统的 MySQL 安装包下载页面

（5）选择离线下载，单击 Download，进入下载页面。单击 No thanks，just start my download 后就开始下载 MySQL 安装包了，如图 6-12 所示。

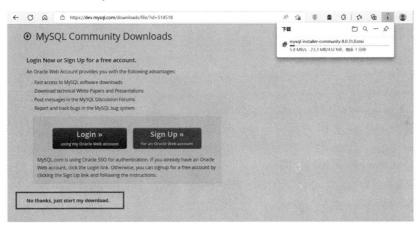

图 6-12 MySQL 安装包的最终下载页面

（6）下载完成后，会得到一个名称为 mysql-installer-community-8.0.31.0.msi 的安装文件。

### 2. 安装 MySQL

在 Windows 64 位系统上，安装 MySQL 的步骤如下：

（1）双击下载的 MySQL 安装文件 mysql-installer-community-8.0.31.0.msi 后计算机会显示安装向导对话框，选中 Server only 单选框，表示仅安装 MySQL 服务器，适用于部署 MySQL 服务器，如图 6-13 所示。

---

**注意**：在图 6-13 中，Developer Default 表示安装 MySQL 服务器，以及开发 MySQL 应用所需的工具。工具包括开发和管理服务器的 GUI 工作台、访问和操作数据库的 Excel 插件、与 Visual Studio 集成开发的插件、通过 NET/Java/C/C++ 等访问数据的连接器、例子、

教程、开发文档。Client only 表示仅安装客户端,适用于基于已存在的 MySQL 服务器进行 MySQL 应用开发的情况。Full 表示安装 MySQL 所有可用组件。

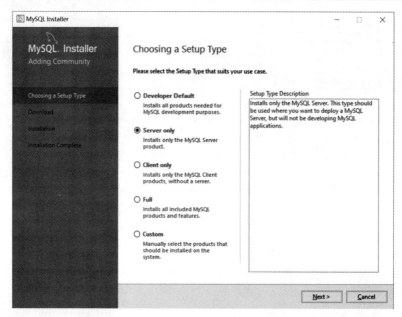

图 6-13　Python 安装向导

（2）依次单击 Next 按钮、Execute 按钮后会进入 Type and NetWorking 对话框,在该对话框中显示的 MySQL 服务器的端口号是 3306,如图 6-14 所示。

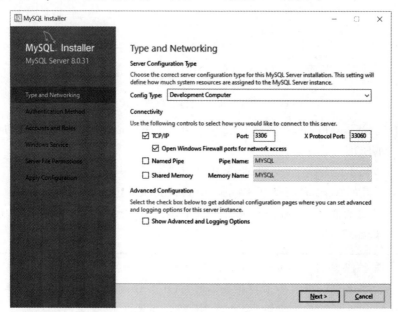

图 6-14　Type and Networking 对话框

**注意**：如果读者的计算机上已经安装了集成 MySQL 的开发环境，则可以将端口号设置为其他数值，否则会同时开启两个 MySQL 服务器，从而引发冲突。

（3）单击 Next 按钮，将进入 Accounts and Roles 对话框，在此对话框中需要设置 MySQL 服务器的密码。为了方便后续操作，笔者将密码设置为 root，如图 6-15 所示。

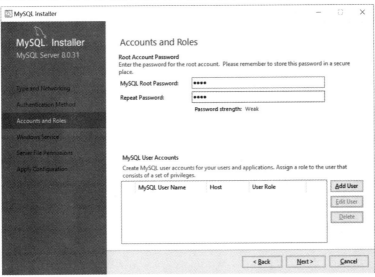

图 6-15　Accounts and Roles 对话框

（4）单击 Next 按钮，进入 Windows Service 对话框，该对话框显示的 Windows 服务的名称为 MySQL80，勾选 Start the MySQL Server at System Startup 表示开机启动 MySQL 服务器。保持默认状态即可，如图 6-16 所示。

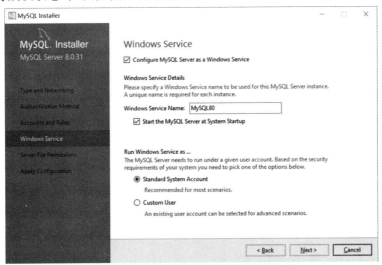

图 6-16　Windows Service 对话框

（5）依次单击 Next 按钮、Execute 按钮、Finish 按钮，即可完成安装，如图 6-17 所示。

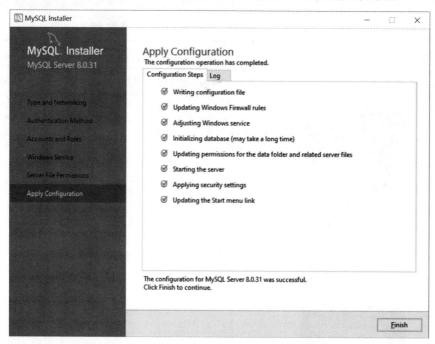

图 6-17 Windows Service 对话框

（6）按快捷键 Ctrl＋Shift＋Esc 打开任务管理器，单击"服务"，可以看到已经在运行的 MySQL 服务器，如图 6-18 所示。

图 6-18 正在运行的 MySQL 服务器

### 3．添加环境变量

安装完成后，默认的安装路径是 C:\Program Files\MySQL\MySQL Server 8.0\bin，如图 6-19 所示。

图 6-19 MySQL 服务器的安装路径

下面要设置环境变量，方便在任意目录下使用 MySQL 命令，步骤如下：

（1）右击"我的计算机"，选择"属性"，选择"高级系统设置"，打开系统属性对话框，如图 6-20 所示。

图 6-20 系统属性对话框

（2）单击"环境变量"按钮，会进入环境变量对话框，选择"系统变量"中的 Path，如图 6-21 所示。

（3）单击"编辑"按钮，会进入编辑环境变量对话框，单击"新建"按钮，将路径 C:\Program Files\MySQL\MySQL Server 8.0\bin 写入弹出的文本框，单击"确定"按钮，即可完成设置，如图 6-22 所示。

图 6-21　环境变量对话框

图 6-22　编辑环境变量对话框

**4. 进入 MySQL**

设置完环境变量后,就可以在 Windows 命令行窗口中进入 MySQL。如果计算机没有启动 MySQL 服务器,则可以在 Windows 命令行窗口下输入命令 net start mysql80,输入命令后即可启动 MySQL。

启动 MySQL 后,在 Windows 命令行中输入命令 mysql -u root -p,随后会提示 Enter password,输入密码 root(笔者的用户名和密码均为 root)即可进入 MySQL,如图 6-23 所示。

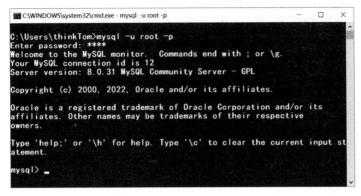

图 6-23　进入 MySQL

进入 MySQL 后,使用 SQL 语言即可操作 MySQL 数据库,输入命令 show databases;后按 Enter 键,就可以查看 MySQL 内部使用的数据库了。

从图 6-24 可知,MySQL 中有 4 个数据库,输入命令 use sys;后按 Enter 键,然后输入命令 show tables;按 Enter 键,这样就可以查看该数据库 sys 下的数据表了,如图 6-25 所示。

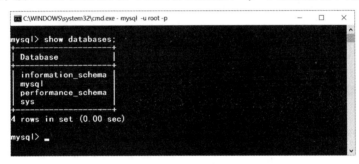

图 6-24　查看 MySQL 内部使用的数据库

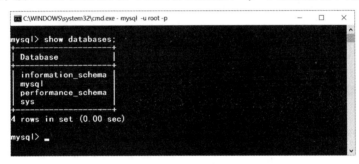

图 6-25　查看数据库 sys 下的数据表

如果要退出 MySQL,则可输入命令 quit 或 exit,按 Enter 键即可退出 MySQL,如图 6-26 所示。

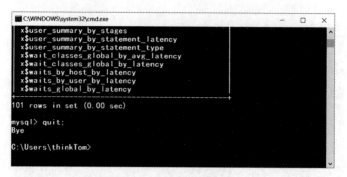

图 6-26 退出 MySQL

> **注意**：其实,操作数据库的通用语言 SQL 是一门优雅、简洁的语言,如果之前没有接触过 SQL 语言,大可不必紧张。只要有一些英文基础,就可以很快入门。可通过命令"create database company;"创建名称为 company 的数据库,通过命令"drop database company;"删除名称为 company 的数据库;通过命令"use company;"使用名称为 company 的数据库。

### 5. 使用 Navicat for MySQL 管理软件

在命令行下操作 MySQL 数据库的方式对初学者不友好,这需要有专业的 SQL 知识,因此各种 MySQL 图形化管理工具便被开发出来,其中 Navicat for MySQL 是一款广受好评的桌面版 MySQL 数据库管理和开发环境,它有图形化的用户界面,可以让初学者尽快地学习、理解 MySQL,但这是一款商业软件,有试用期限。

可以登录 Navicat 的官网进行下载、安装 Navicat for MySQL 软件,其官网网址为 http://www.navicat.com.cn/products。

下载、安装 Navicat for MySQL 软件后,打开该软件,单击"试用"按钮,即可进入软件图形界面,如图 6-27 所示。

图 6-27 Navicat for MySQL 软件界面

单击"文件",选择"新建连接",在弹出的菜单中单击 MySQL,即可弹出新建连接对话框,如图 6-28 所示。

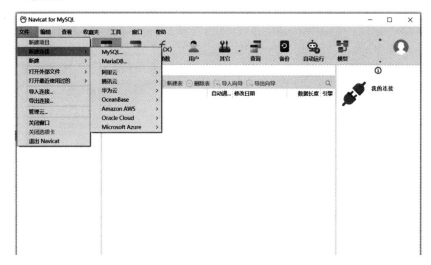

图 6-28　创建连接

在新建连接对话框中,输入连接名 learnSQL、密码 root,单击"确定"按钮即可建立该软件与 MySQL 的连接,这样就可使用该软件操作 MySQL 了,如图 6-29 所示。

图 6-29　新建连接对话框

右击新建的 learnSQL,在弹出的对话框中选中"新建数据库"后就会弹出新建数据库对话框,如图 6-30 所示。

图 6-30    在连接 learnSQL 下创建数据库

在新建数据对话框中,填写数据库信息,然后单击"确定"按钮就可创建数据库了,笔者将数据库名称设置为 company,字符集为 utf8mb3,排序规则为 utf8mb3_general_ci,如图 6-31 所示。

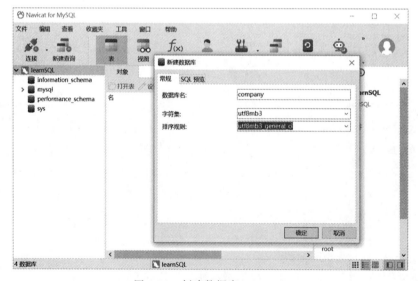

图 6-31    创建数据库 company

**注意**:utf-8(8-bit Unicode Transformation Format) 是一种针对 unicode 的可变长度字符编码。MySQL 在版本 5.5.3 之前,MySQL 中的 utf8 就是最大三字节的 unicode 字

符,也就是现在 MySQL 版本中的 utf8mb3。MySQL 在版本 5.5.3 之后增加了 utf8mb4,mb4 是 most Bytes 4 的意思,用来兼容 4 字节的 unicode 字符。

## 6.3.2 安装 PyMySQL 模块

由于 MySQL 服务器以独立的进程运行,并通过网络对外服务,所以需要 Python 的 MySQL 驱动连接 MySQL 服务器。在 Python 中可以使用 PyMySQL 模块连接 MySQL 数据库。由于该模块是第三方模块,所以需要安装此模块。安装 PyMySQL 模块需要在 Windows 命令行窗口中输入的命令如下:

```
pip install PyMySQL - i https://pypi.tuna.tsinghua.edu.cn/simple
```

然后按 Enter 键,即可安装 PyMySQL 模块,如图 6-32 所示。

图 6-32 安装 PyMySQL 模块

## 6.3.3 连接数据库

使用数据库的第 1 步是要连接数据库,可以使用 PyMySQL 模块连接 MySQL 数据库。由于 MySQL 遵循 Python Database API 2.0 规范,所以操作 MySQL 数据库的方式与 SQLite 类似。

【实例 6-7】 在前面的操作中,已经安装了 MySQL 服务器,并设置了用户名、密码,创建了一个名称为 company 的数据库。启动 MySQL 服务器后,使用 PyMySQL 模块连接数据库,代码如下:

```python
# === 第 6 章 代码 6 - 7.py === #
import pymysql

# 创建数据库连接对象,参数分别为主机名或 IP、用户名、密码、数据库名、字符编码
db = pymysql.connect(host = 'localhost',user = 'root',password = 'root',db = 'company',charset = 'utf8')
# 创建游标对象 cursor
cursor = db.cursor()
# 使用 excute()方法执行 SQL 语句进行查询
cursor.execute('select version()')
```

```
#使用 fetchone()方法获取单条数据
data = cursor.fetchone()
print('Database version',data)
#关闭游标对象
cursor.close()
#关闭数据库连接对象
db.close()
```

运行结果如图 6-33 所示。

```
C:\WINDOWS\system32\cmd.exe
D:\practice>python 6-7.py
Database version ('8.0.31',)

D:\practice>
```

图 6-33　代码 6-7.py 的运行结果

## 6.3.4　创建数据表

数据库连接成功后，就可以为数据库创建数据表了。下面将介绍使用 PyMySQL 模块为数据库创建数据表的方法。

**【实例 6-8】**　使用 PyMySQL 模块，在 company 的数据库下创建一个数据表 clients。数据表 clients 包含 id(主键)、name(姓名)、address(地址)、email(邮件地址)共 4 个字段，代码如下：

```
# === 第 6 章 代码 6-8.py === #
import pymysql

#创建数据库连接对象,参数分别为主机名或 IP、用户名、密码、数据库名、字符编码
db = pymysql.connect(host = 'localhost',user = 'root',password = 'root',db = 'company',charset =
'utf8')
#创建游标对象 cursor
cursor = db.cursor()
#使用 excute()方法执行 SQL 语句
sql = """CREATE TABLE clients(
id int NOT NULL AUTO_INCREMENT,
name char(50) NOT NULL,
address char(50) NULL,
email char(50) NULL,
PRIMARY KEY (id)
)ENGINE = InnoDB AUTO_INCREMENT = 1 DEFAULT CHARSET = UTF8;
"""
cursor.execute(sql)

#关闭游标对象
cursor.close()
#关闭数据库连接对象
db.close()
```

运行代码 6-8.py 后，company 数据库下便创建了一个 clients 表。可以通过 Navicat 查

看数据表 clients，如图 6-34 所示。

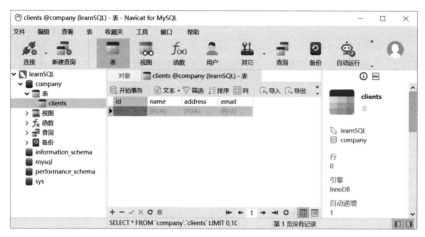

图 6-34　代码 6-8.py 的运行结果

**注意**：如果要删除数据表，则可使用 SQL 语句"DROP TABLE clients;"。如果要重命名数据表，则可使用 SQL 语句"RENAME TABLE clients TO customers;"。

## 6.3.5　操作数据表（增、删、改、查）

成功创建数据表后，就可以使用 PyMySQL 模块对数据表中的数据进行增、删、改、查操作。

### 1. 新增数据信息

在向数据表中插入数据时，可以使用游标对象的 execute()方法添加 1 条记录，也可以使用 executemany()方法批量添加多条记录。executemany()方法的语法格式如下：

```
executemany(operation, seq_of_params)
```

其中，operation 表示操作数据库的 SQL 语句；seq_of_params 表示参数序列。

【**实例 6-9**】　使用 PyMySQL 模块，向数据库 company 下的数据表 clients 插入 5 条数据，代码如下：

```
# === 第 6 章 代码 6-9.py === #
import pymysql

# 创建数据库连接对象，参数分别为主机名或 IP、用户名、密码、数据库名、字符编码
db = pymysql.connect(host = 'localhost', user = 'root', password = 'root', db = 'company', charset = 'utf8')
# 创建游标对象 cursor
cursor = db.cursor()
# 数据列表
data = [('唐僧', '东土大唐', 'tangs@ts.com'),
('孙悟空', '花果山', 'wukong@wk.com'),
```

```
('猪八戒','高老庄','bajie@bj.com'),
('沙僧','流沙河','shaseng@ss.com'),
('小白龙','东海','bailong@bl.com')]
#执行 SQL 语句,插入多条数据
try:
    #执行 SQL 语句,插入多条数据
    cursor.executemany("INSERT INTO clients(name,address,email) VALUES(%s,%s,%s)",data)
    #提交事务
    db.commit()
except:
    #发生错误时回滚
    db.rollback()

#关闭游标对象
cursor.close()
#关闭数据库连接对象
db.close()
```

运行代码 6-9.py 后,数据表 clients 中便新增了数据。可以通过 Navicat 查看数据表 clients,如图 6-35 所示。

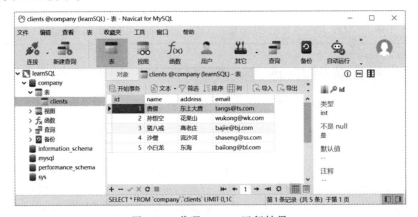

图 6-35　代码 6-9.py 运行结果

---

**注意**:在使用 insert 语句插入数据时,使用占位符%s 可以防止 SQL 注入。

---

### 2. 查看数据信息

【实例 6-10】　使用 PyMySQL 模块,查询并打印数据库 company 中数据表 clients 的数据,代码如下:

```
# === 第 6 章 代码 6-10.py === #
import pymysql

#创建数据库连接对象,参数分别为主机名或 IP、用户名、密码、数据库名、字符编码
db = pymysql.connect(host = 'localhost',user = 'root',password = 'root',db = 'company',charset = 'utf8')
#创建游标对象 cursor
```

```
cursor = db.cursor()
#使用 excute()方法执行 SQL 语言查询
cursor.execute('select * from clients')

#获取查询结果,可使用 fetchall()方法
result = cursor.fetchall()
print(result)

# fetchone()方法
# result1 = cursor.fetchone()
# print(result1)

# fetchmany()方法
# result3 = cursor.fetchmany(3)
# print(result3)

#关闭游标对象
cursor.close()
#关闭数据库连接对象
db.close()
```

运行结果如图 6-36 所示。

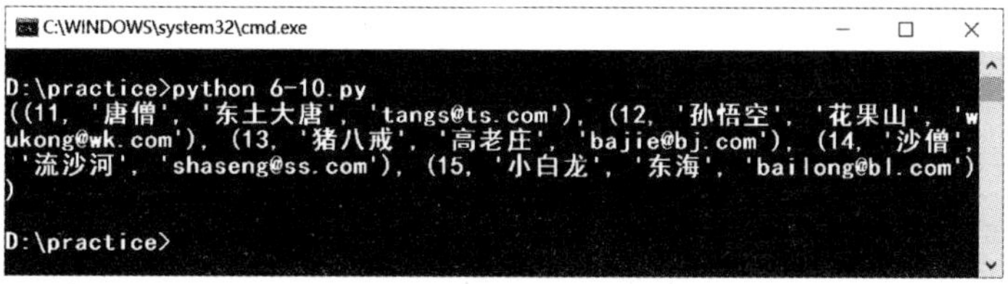

图 6-36　代码 6-10.py 的运行结果

【实例 6-11】　使用 PyMySQL 模块,分别查询、打印数据表 clients 中的第 1、第 3、第 5 条数据,代码如下:

```
# === 第 6 章 代码 6-11.py === #
import pymysql

#创建数据库连接对象,参数分别为主机名或 IP、用户名、密码、数据库名、字符编码
db = pymysql.connect(host = 'localhost',user = 'root',password = 'root',db = 'company',charset = 'utf8')
#创建游标对象 cursor
cursor = db.cursor()
#执行 SQL 语句,获取查询结果
cursor.execute('select * from clients where id = 1')
result1 = cursor.fetchone()
print(result1)
cursor.execute('select * from clients where id = 3')
result3 = cursor.fetchone()
print(result3)
cursor.execute('select * from clients where id = 5')
result5 = cursor.fetchone()
print(result5)
```

```
#关闭游标对象
cursor.close()
#关闭数据库连接对象
db.close()
```

运行结果如图 6-37 所示。

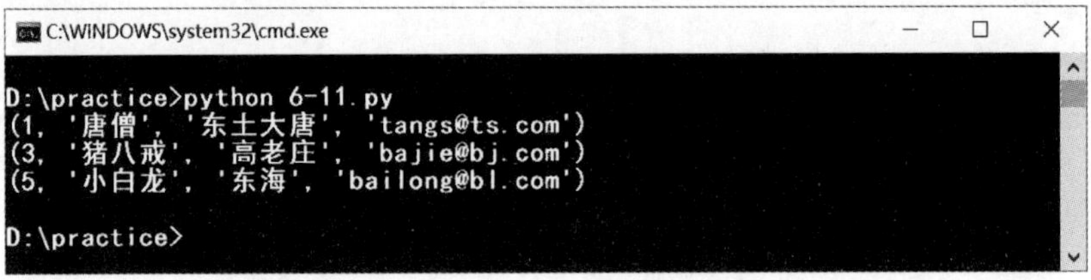

图 6-37    代码 6-11.py 的运行结果

**注意**：SQL 语句既可以使用大写英文字母,也可使用小写英文字母,但为了规范代码,会将 SQL 语句的关键词使用大写英文字母进行书写。

### 3. 修改数据信息

【**实例 6-12**】    使用 PyMySQL 模块,修改数据表 clients 中的第 1 条记录的 name 字段,修改数据表 clients 中的第 2 条记录的 address 字段,代码如下:

```
# === 第 6 章 代码 6 - 12.py === #
import pymysql

#创建数据库连接对象,参数分别为主机名或 IP、用户名、密码、数据库名、字符编码
db = pymysql.connect(host = 'localhost', user = 'root', password = 'root', db = 'company', charset =
'utf8')
#创建游标对象 cursor
cursor = db.cursor()

try:
    #执行 SQL 语句,修改 2 条数据
    cursor.execute("UPDATE clients SET name = '唐三藏' WHERE id = 1;")
    cursor.execute("UPDATE clients SET address = '花果山水帘洞' WHERE id = 2;")
    #提交事务
    db.commit()
except:
    #发生错误时回滚
    db.rollback()

#关闭游标对象
cursor.close()
#关闭数据库连接对象
db.close()
```

运行代码 6-12.py 后,数据表 clients 中的数据会被修改。可以通过 Navicat 查看数据表 clients,如图 6-38 所示。

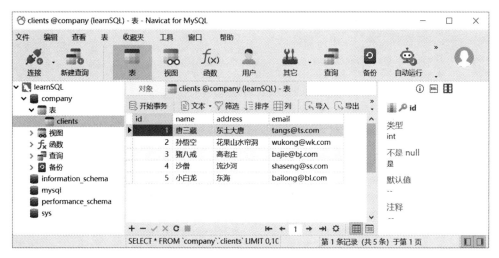

图 6-38　代码 6-12.py 运行后的数据表

**4. 删除数据信息**

【**实例 6-13**】　使用 PyMySQL 模块,删除数据表 clients 中的第 1 条记录和第 5 条记录,代码如下:

```
# ===第6章 代码6-13.py === #
import pymysql

# 创建数据库连接对象,参数分别为主机名或 IP、用户名、密码、数据库名、字符编码
db = pymysql.connect(host = 'localhost',user = 'root',password = 'root',db = 'company',charset =
'utf8')
# 创建游标对象 cursor
cursor = db.cursor()

try:
    # 执行 SQL 语句,删除两条数据
    cursor.execute("DELETE FROM clients WHERE id = 1;")
    cursor.execute("DELETE FROM clients WHERE id = 5;")
    # 提交事务
    db.commit()
except:
    # 发生错误时回滚
    db.rollback()

# 关闭游标对象
cursor.close()
# 关闭数据库连接对象
db.close()
```

运行代码 6-13.py 后,数据表 clients 中的数据会被删除。可以通过 Navicat 查看数据表 clients,如图 6-39 所示。

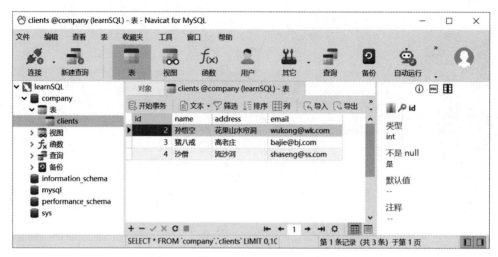

图 6-39　代码 6-13.py 运行后的数据表

## 6.4　小结

本章首先介绍了数据库的基本知识,然后讲述了 Python 数据库编程接口,即通过创建连接对象、游标对象的方法连接数据库。

本章介绍了嵌入式数据库 SQLite,以及如何使用 Python 连接 SQLite 数据库、创建数据表,以及对数据表中的数据进行增、删、改、查操作。

本章介绍了应用广泛的数据库 MySQL,以及如何使用 Python 连接 MySQL 数据库、创建数据表和对数据表中的数据进行增、删、改、查操作。

# 网 络 爬 虫

进入信息时代,网络改变了人类的传递信息、获取信息的方式。信息和网络成为人们生活的必需品。有效地分析信息和数据可以帮助我们做出更好的选择。要对数据进行分析和处理,首先要拥有数据。身处互联网时代,大量的信息以网页作为载体,本章将介绍从网页中获取数据的利器——爬虫。

爬虫是指按照一定的规则自动地从网页上抓取数据和信息的代码,它能模拟浏览器对存储指定网页的服务器发起请求,从而获取网页的源代码,再从源代码中提取需要的数据。本章将介绍使用 Python 实现网络爬虫的常用方法。

## 7.1 认识网页

现实生活中,通过计算机上的浏览器查看网页。如果要编写网络爬虫爬取网页的信息和数据,则需要对使用浏览器查看网页的原理有基本的了解。

### 7.1.1 浏览器和 HTTP

现实生活中,一般通过浏览器查看网页。第 1 步是要在网址栏中输入网址,然后按Enter 键,等待网页的显示;第 2 步是浏览器向网站的服务器发送请求;第 3 步是网站服务器从数据库服务器中提取信息;第 4 步是将信息发送到浏览器上,这样就可以看到网页上显示的内容了。查看网页的整个流程如图 7-1 所示。

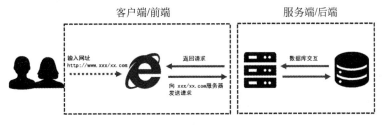

图 7-1　查看网页的流程

通过图 7-1 可知,网页服务是请求-响应式的服务,类似于在餐厅吃饭,只有客户点完菜后,餐厅才能根据菜单上餐。网页服务分为前端和后端。前端和后端主要通过 HTTP 或

HTTPS 进行通信,通过网址确定网页的位置。

### 1. URL 与网址

网址为 URL 的俗称,URL 是 Uniform Resource Locator 的简写,即统一资源定位符。URL 支持多种协议,包括 HTTP、HTTPS、FTP 等协议。URL 由传输协议、网址域名、资源路径、发送给服务器的数据组成,其详细格式如图 7-2 所示。

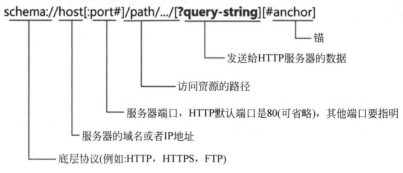

图 7-2　URL 的详细格式

### 2. HTTP 与 HTTPS

网页服务的客户端和服务器端是通过 HTTP 作为规范,完成了从客户端到服务器端的一系列操作。HTTP 的全名是 Hyper Text Transfer Protocol,即超文本传输协议。

HTTP 自 1990 年诞生,经历了 HTTP/0.9、HTTP/1.0、HTTP/1.1、HTTP/2.0 版本。实际上,1.0 和 1.1 在之后的很长一段时间内一直并存,这是由网络基础设施更新缓慢所决定的。Python 中的爬虫模块也随着 HTTP 的更新而在不断发展。

使用浏览器的过程中,可以使用 HTTP 发送 GET 请求(获取资源)、发送 POST 请求(向服务器端发送信息)、发送 PUT 请求(向服务器端传输文件)、发送 DELETE 请求(删除指定的资源)、发送 OPTIONS 请求(查询针对 URL 指定资源的支持方法)、发送 TRACE 请求(让服务器端将之前的请求通信返回客户端)。最常用的是发送 GET 请求,例如登录某网页,可在浏览器开发工具中查看 GET 请求,如图 7-3 所示。

HTTP 有其优秀和方便的一面,也有其不足的一面,例如通信使用明文(不加密),内容可能会被窃听;不验证通信方的身份,因此有可能遭遇伪装;无法证明报文的完整性,所以有可能已遭篡改。针对这些弊端,有必要使用 HTTPS。

HTTPS 并不是一种新协议,只是在 HTTP 通信接口部分用 SSL(Secure Socket Layer)和 TLS(Transport Layer Security)协议代替而已。SSL 提供了认证、加密处理及摘要功能。总结起来,HTTPS=HTTP+加密+认证+完整性保护。

当然,HTTPS 也不是完美无缺的,而是存在一些问题。当使用 SSL 时,处理速度会变慢,因为使用加密通信会消耗更多的 CPU 和内存资源。这也是很多网站不使用 HTTPS 的原因。

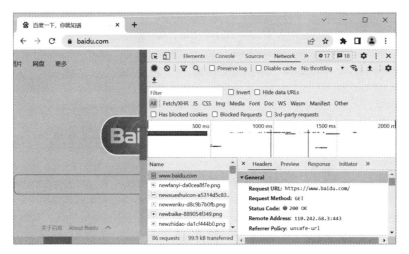

图 7-3　发送 GET 请求

## 7.1.2　网页结构

使用浏览器向 Web 服务器发送请求,返回网页源代码。网页是浏览器根据网页源代码进行渲染后呈现出来的。网页源代码规定了网页中要显示的文字、链接、图片等信息的内容和格式。如果要从网页源代码中提取信息或数据,则需要分析网页结果,找到信息或数据的存储位置,从而制定出提取信息或数据的规则,编写出爬虫代码,从而可以通过浏览器查看网页源代码。

### 1. 查看网页源代码

打开网页后,如果要查看网页源代码,则可以在网页的空白处单击鼠标右键,在弹出的菜单栏中即可查看网页源代码,如图 7-4 和图 7-5 所示。

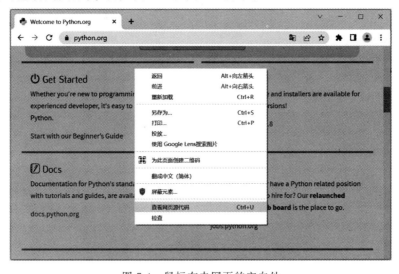

图 7-4　鼠标右击网页的空白处

图 7-5　网页的源代码

另外一种方法是使用浏览器的开发者工具查看网页源代码,开发者工具是浏览器自带的一个数据挖掘利器,它可以直观地显示网页元素和源代码的关系。

打开网页后,按快捷键【F12】,即可打开开发者工具(笔者使用的是谷歌浏览器,不同的浏览器可能会有所差别),也可以通过浏览器的菜单选项打开开发者工具,如图 7-6 所示。

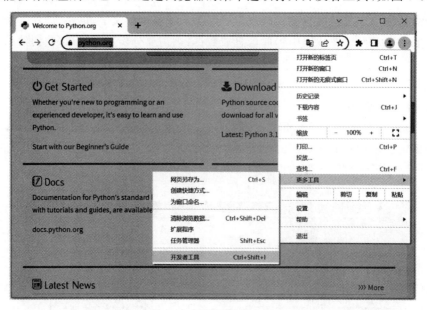

图 7-6　打开开发者工具

在图 7-7 中,开发者工具默认的是 Elements 选项卡,该选项卡中的内容就是网页源代码。源代码中被"<>"括起来的文本称为网页元素或 Elements 对象,我们要提取的信息或数据就在网页元素中。

单击开发者工具窗口最左侧的箭头按钮(该按钮是元素选择器),按钮会变蓝色,将鼠标移到任意一个网页元素上,该元素会突出显示,同时开发者工具中会显示该元素对应的源代

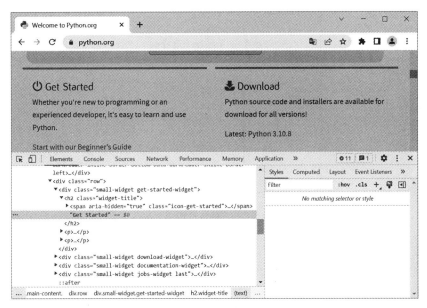

图 7-7　通过开发者工具查看网页源代码

码。单击开发者工具窗口右侧的 3 个竖点按钮⋮，会弹出一个小窗口，选择 Dock side 这一栏的任意一个图标，可以设置开发者工具窗口在浏览器中的位置，以及其他功能，如图 7-8所示。

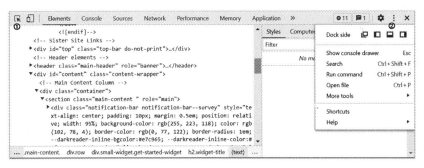

图 7-8　设置开发者工具在浏览器中的位置

### 2. 网页结构

在浏览器中查看的网页源代码，一般是 HTML 文档。如果开头显示<! DOCTYPE html>，则声明为 HTML5 文档。HTML 是用来描述网页的一种标记语言。HTML 指的是超文本标记语言（HyperText Markup Language），主要由 HTML 标签和文本组成。网页元素的本质就是 HTML 标签。HTML 标签最基本的语法是<标记符>内容</标记符>。

HTML 文档由多种类型的网页元素构成，但主要分为由< head ></head >括起来的头部元素、由< body ></body >括起来的网页可见内容。头部元素和网页可见内容被< html ></html >括起来，组成一个完整的 HTML 页面，这就是网页的基本结构，如图 7-9 所示。

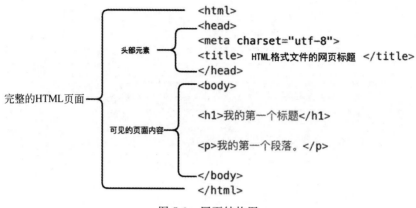

图 7-9　网页结构图

在浏览器中,可以查看某个网页的基本结构,如图 7-10 所示。

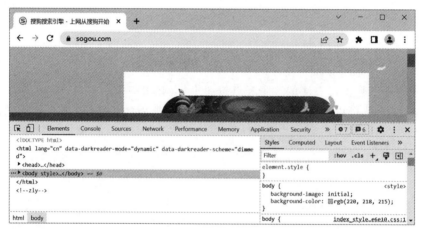

图 7-10　在浏览器中查看网页的基本结构

单击图 7-10 中的< head >左侧的黑色箭头,即可展开头部元素。单击图 7-10 中的< body >左侧的箭头,即可展开网页的可见内容。由于主要提取网页可见部分的信息或数据,所以要重点分析网页可见部分的 HTML 标签。经常使用的 HTML 标签见表 7-1。

表 7-1　经常使用的 HTML 标签

| HTML 标签 | 说　　明 |
|---|---|
| < head ></ head > | 是所有头部网页元素的容器,包含脚本程序、CSS 样式表、元信息 |
| < title ></ title > | 定义网页的标题 |
| < link ></ link > | 定义网页与外部资源之间的联系,常用于连接 CSS 样式表 |
| < meta ></ meta > | 提供网页的元信息,用于规定网页的描述、关键词、编码等信息 |
| < script ></ script > | 定义客户端脚本程序,例如 JavaScript |
| < body ></ body > | 是所有可见网页元素的容器,包含标题、段落、链接、图片、表格等信息 |

续表

| HTML 标签 | 说 明 |
|---|---|
| ＜div＞＜/div＞ | 定义网页中的区块,在网页中划定一个区域显示指定的内容 |
| ＜ul＞＜/ul＞ | 定义网页中的无序列表 |
| ＜ol＞＜/ol＞ | 定义网页中的有序列表 |
| ＜li＞＜/li＞ | 定义网页列表中的项目 |
| ＜h1＞＜/h1＞,…,＜h6＞＜/h6＞ | 定义网页文本中的标题 |
| ＜a＞＜/a＞ | 定义网页中的链接 |
| ＜p＞＜/p＞ | 定义网页中的段落 |
| ＜img＞＜/img＞ | 定义网页中的图片 |
| ＜table＞＜/table＞ | 定义网页中的表格 |
| ＜tr＞＜/tr＞ | 定义网页表格中的 1 行 |
| ＜td＞＜/td＞ | 定义网页表格中的 1 列 |

**注意**:HTML 标签看起来杂乱无章、没有规律,如果读者将 Word 文档的构成元素和网页中的构成元素进行对比,则会发现它们的构成元素很相似,都包含标题、段落、图片、表格、链接等元素,而 HTML 标签是将显示在 Word 文档中的内容以另一种形式显示在网页上。

## 7.2 爬取网页的技术

使用 Python 爬取网页,首先要获取网页的源代码,然后从网页源代码中提取有效信息或数据。Python 提供了 3 种模块,可以根据网页的 URL 获取网页源代码。

### 7.2.1 爬取网页的 3 个模块

在 Python 中,主要有 3 个模块(urllib、urllib3、requests)爬取网页,即根据 URL 获取网页源代码。这 3 个模块的功能各不相同,其各自功能见表 7-2。

24min

表 7-2 爬取网页的模块

| 模 块 | 功 能 |
|---|---|
| urllib | 侧重于 HTTP 基本的请求功能,打开 URL,发送 HTTP 请求,解析 URL |
| urllib3 | 除了基本的功能,还具有线程安全、连接池、客户端 SSL/TLS 验证、使用大部分编码上传文件、重试请求并处理 HTTP 重定向、支持 gzip 和 deflate 编码、支持 HTTP 和 SOCKS 代理、100％的测试覆盖率 |
| requests | 除了基本的功能,还具有 Keep-Alive& 连接池、基本/摘要式的身份认证、Unicode 响应体、国际化域名和 URL、优雅的 key-value Cookie、HTTP/HTTPS 代理支持、自动解压、文件分块上传、浏览器式的 SSL 认证、流下载、分块请求、自动内容解码、连接超时、支持. netrc、使用 Apache2 licensed 许可证、对 Python 内置模块进行高度封装 |

从表 7-2 可知,相比于 urllib 模块、urllib3 模块,requests 模块的功能更全面、更强大一些,并且 request 模块在发送 HTTP 请求时操作更简洁、更人性化,因此本书重点讲述使用

requests 模块爬取网页的方法。

## 7.2.2 安装 requests 模块

8min

在 Python 中可以使用 requests 模块爬取网页。如果读者使用比较新版本的 Python 3,则不需要安装 requests 模块,因为 Python 已经内置了 requests 模块。如果使用比较旧版本的 Python 3,则需要安装此模块。安装 requests 模块需要在 Windows 命令行窗口中输入的命令如下:

```
pip install requests -i https://pypi.tuna.tsinghua.edu.cn/simple
```

然后按 Enter 键,即可安装 requests 模块,如图 7-11 所示。

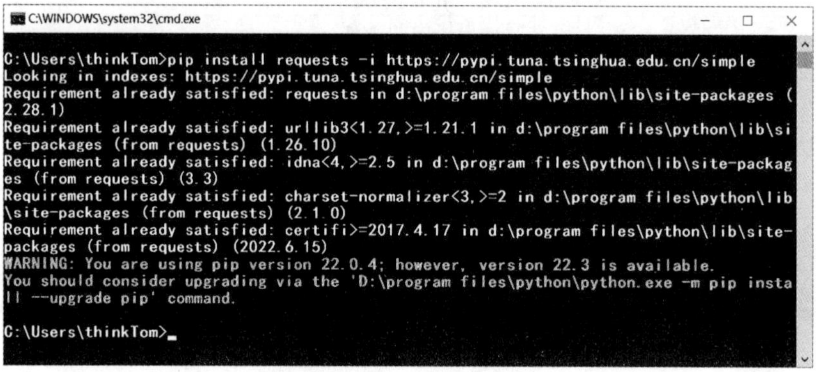

图 7-11　安装 requests 模块

## 7.2.3 使用 requests 模块爬取网页

### 1. 发送 HTTP 的 GET 请求

在 Python 中,可以使用 requests 模块发送 HTTP 协议中的 GET 请求,并返回一个 response 对象,response 对象中包含了具体的响应信息,其语法格式如下:

```
import requests

response = requests.get(url, params, args) # 发送 HTTP 的 GET 请求,返回 response 对象
print(response.status_code) # 打印状态码
print(response.url) # 打印请求 url
print(response.headers) # 打印头部信息
print(response.cookies) # 打印 Cookie 信息
print(response.encoding) # 打印网页源代码的编码方式
print(response.text) # 以文本的形式打印网页源代码
print(response.content) # 以字节流的形式打印网页源代码
```

其中,url 表示网页的网址或 URL;params 表示要发送到指定网址的字典、元组、列表等数据;args 表示其他参数,例如 Cookie、headers、verify 等信息。

【实例 7-1】　使用 requests 模块爬取百度搜索引擎,然后打印返回 response 对象中的

状态码、请求 URL、头部信息、Cookie 信息、网页源代码的编码方式及采用 utf-8 编码方式的网页,代码如下:

```
# === 第 7 章 代码 7-1.py === #
import requests

response = requests.get('https://www.baidu.com')
print(response.status_code)
print(response.url)
print(response.headers)
print(response.cookies)
#获取网页源代码的编码方式
coding = response.encoding
print(coding)
result = response.text
#将网页源代码按照原编码方式转换成二进制字符,然后使用编码方式 utf-8 转换为文本
result = result.encode(coding).decode('utf-8')
print(result)
```

运行结果如图 7-12 所示。

图 7-12 代码 7-1.py 的运行结果

从图 7-12 可知,获取的网页源代码的编码方式是 ISO-8859-1,可以将获取的网页源代码按照 ISO-8859-1 的方式转换成二进制字符,然后使用函数 decode()进行解码,按照网页实际的编码方式 utf-8(或 gbk)转换成文本,这样网页源代码中就没有中文乱码了。

### 2. 设置请求头(headers)信息

如果将代码 7-1.py 获取的网页文本与通过浏览器查看的网页源代码对比,会发现通过代码 7-1.py 获取的文本明显少于通过浏览器查看的网页源代码。这说明 Web 服务器有专门针对爬虫的反爬虫设计,因此 Python 爬虫代码需要更真实地模拟浏览器,需要在代码中加入浏览器的头部(headers)信息(也称为请求头),其中最主要是用户代理(User-Agent)信息。在浏览器中有两种查看 User-Agent 信息的方法。第 1 种方法是通过浏览器的网址栏

查看 User-Agent 信息,如图 7-13 所示。

图 7-13　通过网址栏查看 User-Agent 信息

第 2 种方法是通过浏览器的开发者工具查看 User-Agent 信息。按快捷键【F12】打开开发者工具,选择 Network 标签,然后刷新网页,选中 Name 窗口中的任意返回资源,即可在 Headers 窗口中查看 User-Agent 信息,如图 7-14 所示。

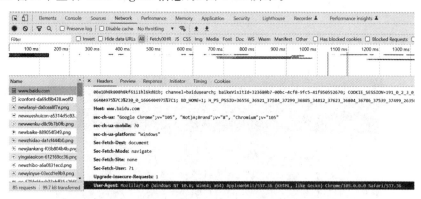

图 7-14　通过开发者工具查看 User-Agent 信息

通过图 7-13 和图 7-14 可知 User-Agent 表示用户代理的意思,值为 'Mozilla/5.0 (Windows NT 10.0;Win64;x64)AppleWebKit/537.36(KHTML,like Gecko)Chrome/105.0.0.0 Safari/537.3',这代表着访问网站的是哪种浏览器。加入 User-Agent 信息后,就可以模拟浏览器爬取网页了,其语法格式如下:

```python
import requests

# 不同的浏览器具有不同的 User - Agent 信息
headers = {'User - Agent':'Mozilla/5.0 (Windows NT 10.0; Win64; x64) AppleWebKit/537.36 (KHTML,
like Gecko) Chrome/105.0.0.0 Safari/537.3'}
response = requests.get(url = url, headers = headers)
print(response.status_code)          # 打印状态码
print(response.url)                  # 打印请求 url
print(response.headers)              # 打印头部信息
print(response.cookies)              # 打印 Cookie 信息
print(response.encoding)             # 打印网页源代码的编码方式
print(response.text)                 # 以文本的形式打印网页源代码
```

其中,url 表示网址,headers 表示浏览器的头部信息,主要是浏览器的 User-Agent 信息。

【实例7-2】 根据浏览器的 User-Agent 信息,使用 requests 模块爬取百度搜索引擎,然后打印返回 response 对象中网页源代码的编码方式,以及获取的网页源代码,代码如下:

```
# === 第 7 章 代码 7-2.py === #
import requests

headers = {'User - Agent':'Mozilla/5.0 (Windows NT 10.0; Win64; x64) AppleWebKit/537.36 (KHTML,
like Gecko) Chrome/105.0.0.0 Safari/537.3'}
url = 'https://www.baidu.com'
response = requests.get(url = url, headers = headers)
print(response.encoding)
result = response.text
print(result)
```

运行结果如图 7-15 所示。

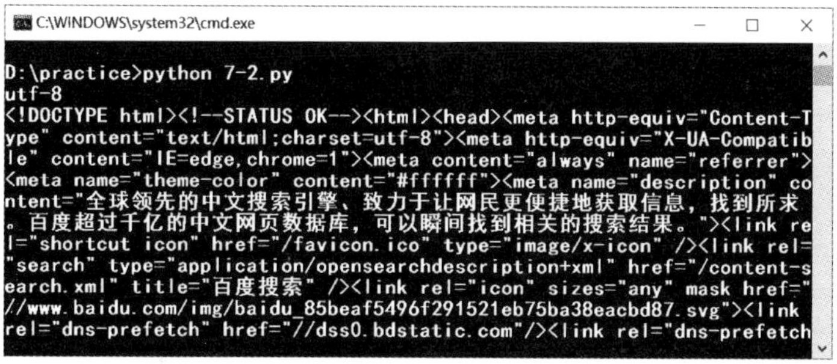

图 7-15 代码 7-2.py 的运行结果

对比图 7-12 和图 7-15 会发现,如果代码中没有添加 headers 信息中的 User-Agent,则网页源代码的编码方式是 ISO-8859-1;如果代码中加了 headers 信息后,则网页源代码的编码方式是 utf-8,而且抓取的网页源代码比较完整,因此,在编写爬虫代码时,建议加上 headers 信息 User-Agent。

从网站服务器的角度分析,网站服务器一般会检测请求头的 User-Agent,如果 User-Agent 不合法,则可能无法获取响应,所以加请求头的目的就是模拟浏览器,欺骗服务器,获取和浏览器一致的内容。当然,有时不仅需要传 User-Agent 一个参数,请求信息还需要其他的参数,如 Referer、Cookie 等。

**3. 返回 response 对象的属性和方法**

使用 requests 模块发送 HTTP 中的 GET 请求,会返回一个 response 对象。该对象中常用的属性和方法见表 7-3。

表 7-3 response 对象中常用的属性和方法

| 属性或方法 | 说　明 |
| --- | --- |
| response.apparent_encoding | 编码方式 |
| response.content | 返回响应内容,单位是字节 |
| response.cookies | 返回一个 CookieJar 对象,包含从服务器中发回的 Cookie |

续表

| 属性或方法 | 说　明 |
|---|---|
| response.elapsed | 返回一个 timedelta 对象,包含从发送请求到响应到达之间经过的时间量,可以用于测试响应速度。例如 response.elapsed.microseconds 表示响应到达需要多少微秒 |
| response.encoding | 解码 response.text 的编码方式 |
| response.headers | 返回响应头,字典格式 |
| response.history | 返回包含请求历史的响应对象列表,列表元素是 URL |
| response.is_permanent_redirect | 如果响应是永久定向的 URL,则返回值为 True,否则返回值为 False |
| response.is_redirect | 如果响应被重定向,则返回值为 True,否则返回值为 False |
| response.links | 返回响应的解析头链接 |
| response.next | 返回重定向链中下一个请求的 PreparedRequest 对象 |
| response.ok | 检查"status_code"的值,如果小于 400,则返回 True,如果不小于 400,则返回 False |
| response.reason | 响应状态的描述,例如"Not Found"或"OK" |
| response.request | 返回请求此响应的请求对象 |
| response.status_code | 返回 HTTP 的状态码,例如 404 和 200(200 是 OK,404 是 Not Found) |
| response.text | 返回响应内容,unicode 类型数据 |
| response.url | 返回响应的 URL |
| response.close() | 关闭与服务器的连接 |
| response.iter_content() | 迭代响应 |
| response.iter_lines() | 迭代响应的行 |
| response.json() | 返回结果的 JSON 对象(结果需要以 JSON 格式编写,否则会引发错误) |
| response.raise_for_status() | 如果发生错误,则返回一个 HTTPError 对象 |

### 4. 网络超时

使用 requests 模块向网站服务器发送 GET 请求,可以设置超时。如果网站服务器长时间未响应,则系统会判断该网页超时,所以无法打开网页。一般来讲,视频网站要加载的内容比较多,服务器的反应速度比较慢,而搜索网站的服务器反应很快。

【实例 7-3】　使用 requests 模块向搜狗网站发送 10 次 GET 请求,将超时设置为 0.07s,打印返回 response 对象的状态码,代码如下:

```python
# === 第 7 章 代码 7 - 3.py === #
import requests

url = 'https://www.sogou.com'
for i in range(0,10):
    try:
        response = requests.get(url = url,timeout = 0.07)
        print(response.status_code)
    except Exception as e:
        print('异常',e)
```

运行结果如图 7-16 所示。

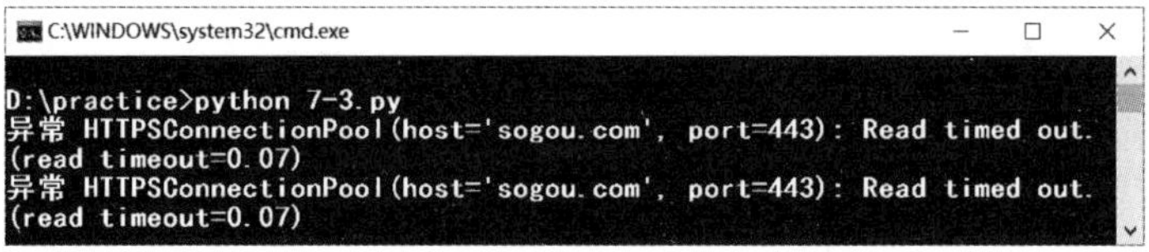

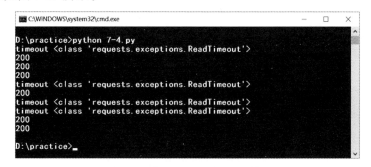

图 7-16　代码 7-3.py 的运行结果

在 requests 模块中,提供了 3 种网络异常类,分别是超时异常(ReadTimeout)、HTTP 异常(HTTPError)、请求异常(RequestException)。这 3 种异常类可以帮助分析爬虫在遇到阻力时的情况。

【**实例 7-4**】　使用 requests 模块向搜狗网站发送 10 次 GET 请求,将超时设置为 0.1s, 打印返回 response 对象的状态码,如果出现异常,则打印该异常类,代码如下:

```
# === 第 7 章 代码 7-4.py === #
import requests
from requests.exceptions import ReadTimeout,HTTPError,RequestException

url = 'https://sogou.com'
for i in range(0,10):
    try:
            response = requests.get(url = url,timeout = 0.1)
            print(response.status_code)
    except ReadTimeout:
            print('timeout',ReadTimeout)
    except HTTPError:
            print('httperror',HTTPError)
    except RequestException:
            print('reqerror',RequestException)
```

运行结果如图 7-17 所示。

图 7-17　代码 7-4.py 的运行结果

### 5. 设置代理

在使用爬虫爬取网页的过程中,如果出现不久前可以爬取的网页而现在却无法爬取的情况,则表明你的 IP 被爬取网站的服务器屏蔽了。针对这一情况,可以设置代理服务解决。首先需要找到代理地址,例如 123.115.30.179,对应的端口号为 860,完整的格式为 123.115.30.179:860。使用代理服务的示例代码如下:

```
import requests

proxy = {'http':'123.113.31.150:800', 'https':'121.114.32.177:8082'}
response = requests.get(url, proxiers = proxy)
print(response.content) #以字节流的形式打印网页源码
```

其中,示例代码中的 IP 代理地址已经过期,如果使用,则会显示错误信息;参数 proxies 用于设置代理 IP 地址和端口号。

### 6. 发送 HTTP 的其他请求

在 requests 模块中,不仅可以发送 HTTP 中的 GET 请求,也可以发送 HTTP 中的其他请求,这需要使用 requests 模块中的其他函数,具体见表 7-4。

表 7-4　requests 模块中的函数

| 函　　数 | 说　　明 |
| --- | --- |
| requests. delete(url,args) | 将 DELETE 请求发送到指定 URL |
| requests. get(url,params,args) | 将 GET 请求发送到指定 URL |
| requests. head(url,args) | 将 HEAD 请求发送到指定 URL |
| requests. patch(url,data) | 将 PATCH 请求发送到指定 URL(PATCH 请求是新引入的,是对 PUT 请求的补充,用来对局部资源进行更新) |
| requests. post(url,data,json,args) | 将 POST 请求发送到指定 URL |
| requests. put(url,data,args) | 将 PUT 请求发送到指定 URL |
| requests. request(method,url,args) | 向指定的 URL 发送指定的请求方法 |

## 7.2.4　使用 requests 模块下载图片

在 Python 中,可以使用 requests 模块下载网页。由于网站上的图片资源被放置在网站服务器的某个位置,因此要下载某张图片,首先要确定这张图片的最终 URL,然后通过读取网页字节流的方式下载图片。可以使用浏览器的开发者工具找到要下载图片的 URL,如图 7-18 所示。

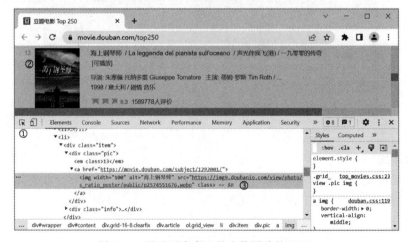

图 7-18　通过开发者工具查找图片的 URL

将鼠标放置在图片<img></img>标签上,按右键,在弹出的菜单中选择 Copy link address,即可获取该图片的 URL。

【实例 7-5】　使用 requests 模块下载图 7-18 中的图片,读者在搜索引擎中搜索豆瓣电影 250,即可找到该图片,代码如下:

```python
# === 第 7 章 代码 7-5.py === #
import requests

response = requests. get ( ' https://img9. doubanio. com/view/photo/s _ ratio _ poster/public/
p2574551676.webp')
img1 = response.content
with open('D:\\test\\img1.jpg','wb') as f:
    f.write(img1)
```

运行代码 7-5.py,即可在 D 盘 test 文件夹下查看已下载的图片,如图 7-19 所示。

　　注意:如果网站改版或更换服务器,则网页源代码会发生变化,网站上的图片链接地址可能会失效。如果图片链接失效,则需更换代码 7-5. py 文件中的图片链接。

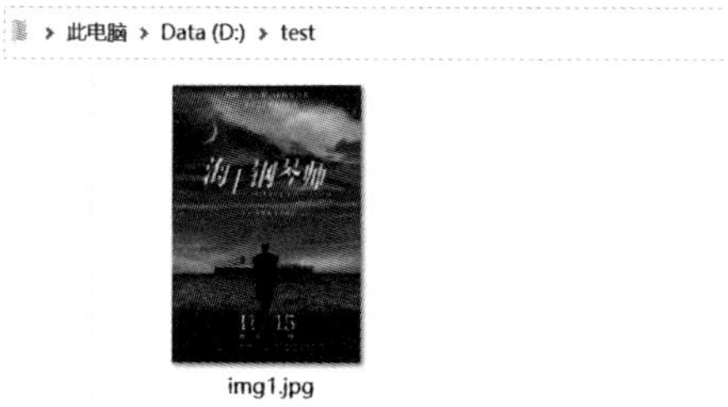

img1.jpg

图 7-19　使用 requests 模块下载的图片

# 7.3　解析网页的技术

使用 requests 模块可以获取网页的源代码,但网页源代码中有很多没有价值的数据或信息,例如 HTML 标签、CSS 样式、JavaScript 脚本程序。如果要从网页源代码中提取有价值的数据或信息,则需要使用正则表达式或解析网页的技术。

## 7.3.1　正则表达式的基本知识

正则表达式(Regular Expression)是一种可以用于模式匹配和替换的强有力的工具,是由一系列普通字符和特殊字符组成的能明确描述文本字符的文字匹配模式。使用正则表达式可以提取和替换字符串中符合某种模式的子字符串。

在 Python 中,编写正则表达式是利用这些组合用于匹配特定字符串的规则。本章主要是将编写好的正则表达式与爬取的网页源代码进行比对,这样就能筛选出符合要求的字符串。

一个正则表达式是由普通字符及特殊字符组成的文字模式。普通字符包含所有的大写字母、小写字母、数字、标点符号和一些其他符号。正则表达式中常用的普通字符见表 7-5。

表 7-5　正则表达式中常用的普通字符

| 普 通 字 符 | 说　　明 |
|---|---|
| \w | 匹配数字、字母、下画线、汉字 |
| \W | 匹配除去数字、字母、下画线、汉字之外的字符 |

续表

| 普 通 字 符 | 说　明 |
|---|---|
| \s | 匹配任意空白字符,包括空格、Tab、换行符等字符 |
| \S | 匹配任意非空白字符 |
| \d | 匹配数字 |
| \D | 匹配非数字 |

正则表达式中的特殊字符也称为元字符,是指在正则表达式中具有特殊含义的专用字符,可以用来规定其前导字符(位于元字符前面的字符)在目标对象中的出现模式,使正则表达式具有处理能力。正则表达式中常用的元字符见表 7-6。

表 7-6　正则表达式中常用的元字符

| 元　字　符 | 说　明 |
|---|---|
| . | 匹配任意字符(除换行符\r、\n) |
| ^ | 匹配字符串的开始位置 |
| $ | 匹配字符串的结束位置 |
| * | 匹配该元字符的前一个字符任意次数(包括 0 次) |
| ? | 匹配该元字符的前一个字符 0 次或 1 次 |
| \ | 转义字符,其后的一个字符失去特殊意义,匹配字符本身 |
| () | ()中的表达式称为一个组,组匹配的字符都能被提取 |
| [] | 规定一个字符集,字符集范围内的所有字符都能被匹配到 |
| | | 将匹配条件进行逻辑或运算 |
| {n} | 匹配前面的字符 n 次,n 是正整数 |
| {n,} | 匹配前面的字符最少 n 次;n 是正整数 |
| {n,m} | 匹配前面的字符最少 n 次,最多 m 次;n、m 是正整数 |

## 7.3.2　使用 re 模块应用正则表达式

在 Python 中,可以使用 re 模块应用正则表达式,从原字符串中提取模式匹配的字符串。由于 re 模块是内置模块,所以不需要安装。

### 1. re 模块中的 findall()函数

使用 re 模块中的 findall()函数可以在整个字符串中搜索符合正则表达式的字符串,并以列表的形式返回。如果匹配成功,则返回符合匹配模式的列表,否则返回空列表,该函数的语法格式如下:

```
re.findall(pattern,string,[flags])
```

其中,pattern 表示匹配模式,主要由正则表达式构成;string 表示要匹配的字符串;flags 是可选参数,表示标志位,用于控制匹配方式,例如是否区分大小写。常用的标志见表 7-7。

表 7-7　常用的标志

| 标　志 | 说　　明 |
|---|---|
| A 或 ASCII | 对于\w、\W、\b、\B、\d、\D、\s、\S 只进行 ASCII 匹配(仅适用于 Python 3.x) |
| I 或 IGNORECASE | 执行不区分字母大小写的匹配模式 |
| M 或 MULTILINE | 将^和$用于包括整个字符串的开始和结尾的每行(默认情况下,仅适用于整个字符串的开始和结尾处) |
| S 或 DOTALL | 使用(.)字符匹配所有字符,包括换行符 |
| X 或 VEREOSE | 忽略模式字符串中未转义的空格和注释 |

#### 2. "\w"和"\W"的应用

【实例 7-6】　使用正则表达式提取字符串"12345We_!@♯你好"中的字母、数字、下画线、汉字,并打印提取的字符,然后使用正则表达式提取该字符串中的除字母、数字、下画线、汉字之外的字符,并打印提取的字符,代码如下:

```
# === 第 7 章 代码 7-6.py === #
import re

str1 = "12345We_!@♯你好"
match1 = re.findall('\w',str1)  # 匹配字母、数字、下画线、汉字
match2 = re.findall('\W',str1)  # 匹配除字母、数字、下画线、汉字之外的字符
print(match1)
print(match2)
```

运行结果如图 7-20 所示。

图 7-20　代码 7-6.py 的运行结果

#### 3. "\s"和"\S"的应用

【实例 7-7】　使用正则表达式提取字符串"\n12345We_!@♯你好\t\r\n"中的空白字符,并打印提取的字符,然后使用正则表达式提取该字符串中的非空白字符,并打印提取的字符,代码如下:

```
# === 第 7 章 代码 7-7.py === #
import re

str1 = "\n12345We_!@♯你好\t\r\n"
match1 = re.findall('\s',str1)         # 匹配空白字符
match2 = re.findall('\S',str1)         # 匹配非空白字符
print(match1)
print(match2)
```

运行结果如图 7-21 所示。

图 7-21　代码 7-7.py 的运行结果

### 4. "\d"和"\D"的应用

【实例 7-8】 使用正则表达式提取字符串"\n12345We_!@＃你好\t\r\n"中的数字,并打印提取的字符,然后使用正则表达式提取该字符串中的非数字,并打印提取的字符,代码如下:

```
# === 第 7 章 代码 7 - 8.py === #
import re

str1 = "\n12345We_!@＃你好\t\r\n"
match1 = re.findall('\d',str1)              # 匹配数字
match2 = re.findall('\D',str1)              # 匹配非数字
print(match1)
print(match2)
```

运行结果如图 7-22 所示。

图 7-22　代码 7-8.py 的运行结果

### 5. "^"和"$"的应用

【实例 7-9】 使用正则表达式提取字符串"知否,知否？应是绿肥红瘦。"中的前两个中文字符,并打印提取的字符,然后使用正则表达式提取该字符串中的后两个中文字符,并打印提取的字符,代码如下:

```
# === 第 7 章 代码 7 - 9.py === #
import re

str1 = "知否,知否?应是绿肥红瘦."
match1 = re.findall('^知否',str1)            # 匹配字符串的开始位置
match2 = re.findall('红瘦. $',str1)          # 匹配字符串的结束位置
print(match1)
print(match2)
```

运行结果如图 7-23 所示。

### 6. "."与"?"及"＊"的应用

【实例 7-10】 使用元字符"."、"?"、"＊"分别提取字符串"abcaaaabb"中的开头是 a 或

图 7-23　代码 7-9.py 的运行结果

结尾是 b 的字符,并打印提取的字符,然后使用贪婪模式、非贪婪模式提取开头是 a 且结尾
是 b 的字符,代码如下:

```
# === 第 7 章 代码 7 - 10.py === #
import re

str1 = "abcaaaabb"
match1 = re.findall('a.b',str1)        # 匹配除换行符之外的任意字符
match2 = re.findall('a?b',str1)        # 匹配该元字符的前一个字符 0 次或 1 次
match3 = re.findall('a * b',str1)      # 匹配该元字符的前一个字符任意次数(包括 0 次)
match4 = re.findall('a. * b',str1)     # 贪婪模式
match5 = re.findall('a.?b',str1)       # 非贪婪模式
print(match1)
print(match2)
print(match3)
print(match4)
print(match5)
```

运行结果如图 7-24 所示。

图 7-24　代码 7-10.py 的运行结果

**7. 转义字符"\"的应用**

【实例 7-11】　使用正在表达式分别提取字符串"\n12345We\n"、"\\n12345We\\n"、
r"\n12345We\n"中的字符 n,然后打印提取的字符,代码如下:

```
# === 第 7 章 代码 7 - 11.py === #
import re

str1 = "\n12345We\n"            # \n 表示换行符
str2 = "\\n12345We\\n"          # 使用了转义字符\
str3 = r"\n12345We\n"           # 字符串前加 r 表示无特殊含义字符
match1 = re.findall('n',str1)
match2 = re.findall('n',str2)
match3 = re.findall('n',str3)
```

```
print(match1)
print(match2)
print(match3)
```

运行结果如图 7-25 所示。

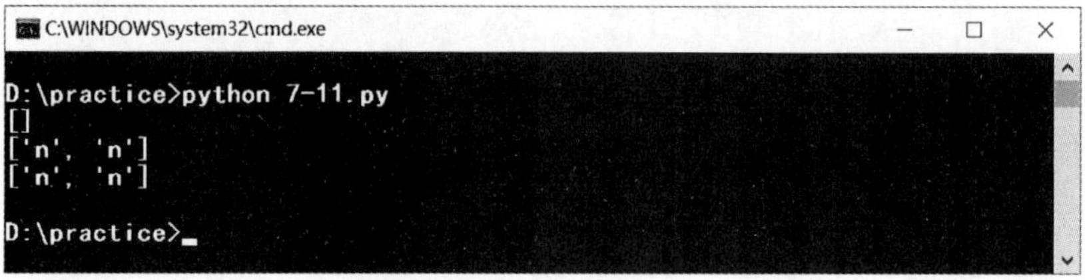

图 7-25　代码 7-11.py 的运行结果

### 8. 字符集"[]"的应用

在正则表达式中可以使用[a-z]表示匹配小写的英文字母、使用[0-9]表示匹配数字、使用[A-Z]表示匹配大写的英文字母。

【实例 7-12】　使用正则表达式提取字符串"abc acb aab abb a3b axb"中的字符,第 1 个匹配模式是开头字符是 a,结尾字符是 b,中间字符是小写字母;第 2 个匹配模式是开头字符是 a,结尾字符是 b,中间字符是大写字母;第 3 个匹配模式是开头字符是 a,结尾字符是 b,中间字符是数字;第 4 个匹配模式是开头字符是 a,结尾字符是 b,中间字符是 ax3。打印提取的字符,代码如下:

```
# === 第 7 章 代码 7-12.py === #
import re

str1 = "abc acb aab abb a3b axb"
match1 = re.findall('a[a-z]b',str1)          # 中间是小写字母
match2 = re.findall('a[A-Z]b',str1)          # 中间是大写字母
match3 = re.findall('a[0-9]b',str1)          # 中间是数字
match4 = re.findall('a[ax3]b',str1)          # 中间是 ax3
print(match1)
print(match2)
print(match3)
print(match4)
```

运行结果如图 7-26 所示。

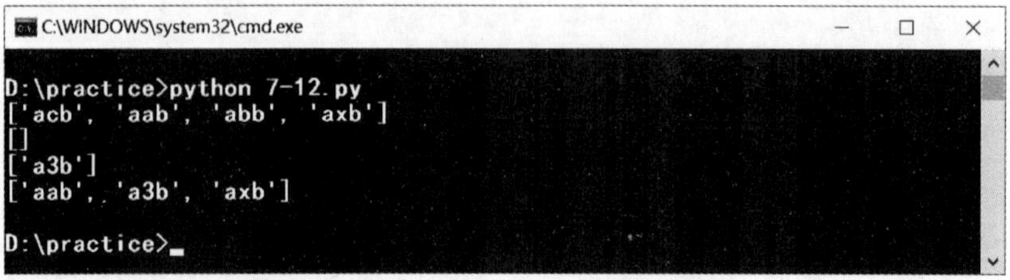

图 7-26　代码 7-12.py 的运行结果

### 9. 分组"()"与元字符的搭配应用

在正则表达式中可以使用"\w+"表示匹配一个或多个数字、字母、下画线、使用"(\w+)q(\w+)"表示取出字符 q 前后的一个或多个数字、字母、下画线、作为结果返回。

【实例 7-13】 使用正则表达式提取字符串"12345nihao 你好_#\n"中的字母、数字、下画线、汉字，然后提取字符 n 前后的字母、数字、下画线、汉字。最后分别打印提取的字符，代码如下：

```
# === 第 7 章 代码 7-13.py === #
import re

str1 = "12345nihao 你好_#\n"
match1 = re.findall('\w+',str1)              # 提取字母、数字、下画线、汉字
match2 = re.findall('(\w+)n(\w+)',str1)      # 提取字符 n 前后的字母、数字、下画线、汉字
print(match1)
print(match2)
```

运行结果如图 7-27 所示。

```
D:\practice>python 7-13.py
['12345nihao你好_']
[('12345', 'ihao你好_')]

D:\practice>
```

图 7-27 代码 7-13.py 的运行结果

### 10. 逻辑或"|"的应用

【实例 7-14】 使用正则表达式提取字符串"女士们先生们，大家好，欢迎各位的到来。"中的女士、先生，然后提取大家、各位。最后分别打印提取的字符，代码如下：

```
# === 第 7 章 代码 7-14.py === #
import re

str1 = "女士们先生们,大家好,欢迎各位的到来."
match1 = re.findall('女士|先生',str1)
match2 = re.findall('大家|各位',str1)
print(match1)
print(match2)
```

运行结果如图 7-28 所示。

```
D:\practice>python 7-14.py
['女士', '先生']
['大家', '各位']

D:\practice>
```

图 7-28 代码 7-14.py 的运行结果

### 11. "{n}"与"{n,}"及"{n,m}"的应用

【**实例 7-15**】 提取字符串"worker workerr workerrr workerrrr workerrrrr."中的字符。分别是提取 2 个 r 字符、提取最少 3 个 r 字符、提取最少 4 个最多 5 个 r 字符。最后分别打印提取的字符,代码如下:

```python
# === 第 7 章 代码 7 - 15.py === #
import re

str1 = "worker workerr workerrr workerrrr workerrrrr"
match1 = re.findall('r{2}',str1)   # 2 个 r 字符
match2 = re.findall('r{3,}',str1)  # 最少 3 个 r 字符
match3 = re.findall('r{4,5}',str1) # 最少 4 个最多 5 个 r 字符
print(match1)
print(match2)
print(match3)
```

运行结果如图 7-29 所示。

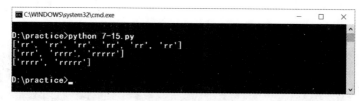

图 7-29 代码 7-15.py 的运行结果

### 12. re 模块中的 match()函数

在 re 模块中,match()函数是从字符串的开始处进行匹配的,如果在开始位置匹配成功,则返回 Match 对象,否则返回 None,其语法格式如下:

```
re.match(pattern,string,[flags])
```

其中,pattern 表示模式字符串,由要进行匹配的正则表达式转换而成; string 表示要匹配的字符串; flags 是可选参数,表示标志位,用于控制匹配方式。

【**实例 7-16**】 使用两种方式提取字符串"One_Dream 一个梦想"中的字符。第 1 种是不区分大小写提取 one_d 后的字符; 第 2 种是区分大小写提取 one_d 后的字符,代码如下:

```python
# === 第 7 章 代码 7 - 16.py === #
import re

str1 = "One_Dream 一个梦想"
pattern = r"one_d\w + "
match1 = re.match(pattern,str1,re.I)  # 不区分大小写
match2 = re.match(pattern,str1)       # 区分大小写
print(match1)
print(match2)
```

运行结果如图 7-30 所示。

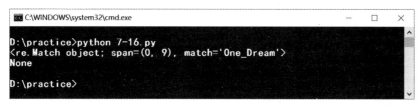

图 7-30　代码 7-16.py 的运行结果

Match 对象中包含了匹配值的位置和匹配数据。例如使用 Match 对象的 start()方法可以获取匹配值的开始位置,使用 Match 对象的 group()方法可以获取匹配值,使用 Match 对象的 string 属性可以获取要匹配的字符串。Match 对象的常用方法和属性见表 7-8。

表 7-8　Match 对象的常用方法和属性

| 方法或属性 | 说　　明 |
| --- | --- |
| Match.start() | 返回匹配值的开始位置 |
| Match.end() | 返回匹配值的结束位置 |
| Match.span() | 返回匹配位置的元组,包括开始位置和结束位置 |
| Match.group() | 返回匹配值 |
| Match.string | 返回要匹配的字符串 |

【实例 7-17】　使用 re 模块中的 match()函数提取字符串"One_Dream 一个梦想"中的字符 One_D 后的一个字符,然后打印返回 Match 对象中匹配值的开始位置、结束位置、匹配位置元组、匹配值、要匹配的字符串,代码如下:

```
# === 第 7 章 代码 7-17.py === #
import re

str1 = "One_Dream 一个梦想"
pattern = r"One_D\w + "
result = re.match(pattern, str1)
print('匹配值的起始位置', result.start())
print('匹配值的结束位置', result.end())
print('匹配位置的元组', result.span())
print('匹配值', result.group())
print('要匹配的字符串', result.string)
```

运行结果如图 7-31 所示。

图 7-31　代码 7-17.py 的运行结果

### 13. re 模块中的 search() 函数

在 re 模块中,search() 函数用于在整个字符串中搜索第 1 个匹配的值,即匹配满足正则表达式的第 1 个字符串,如果匹配成功,则返回 Match 对象,否则返回 None,其语法格式如下:

```
re.search(pattern,string,[flags])
```

其中,pattern 表示模式字符串,由要进行匹配的正则表达式转换而成;string 表示要匹配的字符串;flags 是可选参数,表示标志位,用于控制匹配方式。

【实例 7-18】 提取字符串" * ! * the universe @^@"中的字符。该字符是字母、数字、汉字、下画线,提取满足正则表达式中第 1 个符合条件的字符串,代码如下:

```
# === 第 7 章 代码 7 - 18.py === #
import re

str1 = " * ! * the universe @^@"
pattern = r"\w + "
result = re.search(pattern,str1)
value = result.group()
start = result.start()
end = result.end()
print('匹配值',value)
print('匹配开始位置',start)
print('匹配结束位置',end)
```

运行结果如图 7-32 所示。

图 7-32　代码 7-18.py 的运行结果

### 14. re 模块中的 finditer() 函数

在 re 模块中,finditer() 函数用于在整个字符串中搜索所有符合正则表达式的字符串,并返回 Match 对象列表。如果匹配成功,则返回包含匹配结果的 Match 对象列表,否则返回 None,其语法格式如下:

```
re.finditer(pattern,string,[flags])
```

其中,pattern 表示模式字符串,由要进行匹配的正则表达式转换而成;string 表示要匹配的字符串;flags 是可选参数,表示标志位,用于控制匹配方式。

【实例 7-19】 提取字符串" * ! * the universe @^@"中的字符。该字符是字母、数字、汉字、下画线,提取并打印满足正则表达式的字符串,代码如下:

```
# === 第7章 代码7-19.py === #
import re

str1 = " * ! * the universe @^@"
pattern = r"\w + "
result = re.finditer(pattern,str1)
for item in result:
    print(item.group())
```

运行结果如图7-33所示。

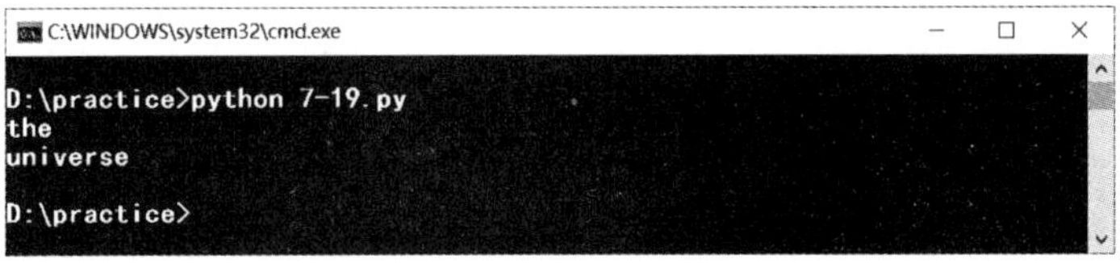

图7-33 代码7-19.py 的运行结果

### 15. re 模块中的 sub()函数

在 re 模块中,sub()函数用于在整个字符串中替换符合正则表达式的字符串,并返回替换后的字符串,其语法格式如下:

```
re.sub(pattern,repl,string,[count],[flags])
```

其中,pattern 表示模式字符串,由要进行匹配的正则表达式转换而成;repl 表示替换的字符串;string 表示要被查找替换的原字符串;count 是可选参数,表示模式匹配后替换的最大次数,默认值为 0,表示替换所有符合匹配模式的字符串;flags 是可选参数,表示标志位,用于控制匹配方式,具体数值见表 7-7。

【实例 7-20】 将字符串"清风不懂编程,何必乱看代码"中的清风、编程、代码替换为@!@,然后打印替换后的字符串,代码如下:

```
# === 第7章 代码7-20.py === #
import re

str1 = "清风不懂编程,何必乱看代码"
pattern = r"(清风)|(编程)|(代码)"
result = re.sub(pattern,'@!@',str1)
print(result)
```

运行结果如图7-34所示。

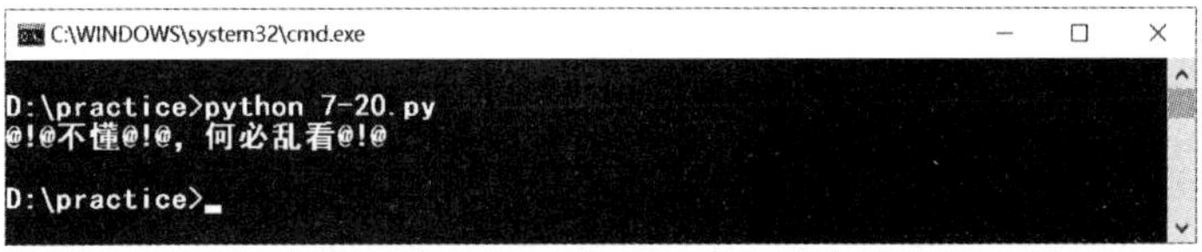

图7-34 代码7-20.py 的运行结果

**16. re 模块中的 split()函数**

在 re 模块中,split()函数用于根据正则表达式分割字符串,并以列表的形式返回,其语法格式如下:

```
re.split(pattern,string,[maxsplit],[flags])
```

其中,pattern 表示模式字符串,由要进行匹配的正则表达转换而成;string 表示要被分割的原字符串;maxsplit 是可选参数,表示最大的拆分次数;flags 是可选参数,表示标志位,用于控制匹配方式,具体数值见表 7-7。

【实例 7-21】 将字符串"http://宇宙浩瀚?无垠,人生 & 沧海^一粟"在符号?、&、^的地方分割,然后打印分割后的字符串,代码如下:

```
# === 第 7 章 代码 7 - 21.py === #
import re

str1 = "http://宇宙浩瀚?无垠,人生 & 沧海^一粟"
pattern = r"[?&^]"
result = re.split(pattern,str1)
print(result)
```

运行结果如图 7-35 所示。

图 7-35　代码 7-21.py 的运行结果

## 7.3.3　使用正则表达式解析网页的方法

学会了正则表达式的写法,就可以利用 re 模块提供的函数,从网页源代码中匹配并提取数据或信息。

网页源代码中包含 HTML 标签、各种属性、网址链接,要从网页源代码中提取数据首先要定位要提取的数据,然后分析要提取数据前后的 HTML 标签,确定 HTML 标签的不可变元素和可变元素。

对于可变元素(例如网址链接)使用非贪婪模式".*?"进行匹配,对于不可变元素则写入正则表达式中。对于要提取的数据则使用加括号的非贪婪模式"(.*?)"进行匹配,示例如下:

```
< a href = "www.xxx/xx.com">文本信息</a>
```

如果需要提取 HTML 标签<a></a>中的文本信息,但不需要网址链接,则可以编写正则表达式,示例如下:

```
pattern = r'< a href = ".＊?">(.＊?)</a>'
```

由于贪婪模式".＊"会匹配过多的内容,而非贪婪模式".＊?"能比较精确地匹配到要提取的内容,因此在网页解析中主要使用加括号的非贪婪模式"(.＊?)"进行匹配。

【实例 7-22】　在百度首页搜索框下方有 6 个新闻标题,使用 requests 模块提取新闻标题,并打印提取的数据。使用开发者工具查看新闻标题所在的 HTML 标签,如图 7-36 所示。

图 7-36　新闻标题所在的 HTML 标签

代码如下:

```
# === 第 7 章 代码 7 - 22.py === #
import requests
import re

headers = {'User - Agent':'Mozilla/5.0 (Windows NT 10.0; Win64; x64) AppleWebKit/537.36 (KHTML,
like Gecko) Chrome/105.0.0.0 Safari/537.3'}
url = 'https://www.baidu.com'
response = requests.get(url = url, headers = headers)
result = response.text
pattern = r'< span class = "title - content - title">(.＊?)</span>'
match1 = re.findall(pattern, result, re.S)
print(match1)
```

运行结果如图 7-37 所示。

---

**注意**:由于搜索输入框下的新闻标题处于随时更新的状态,因此爬取的新闻标题可能会有变动。如果网页改版,则需要重新编写正则表达式的匹配模式。

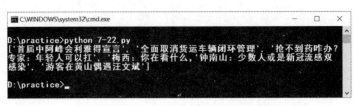

图 7-37　代码 7-22.py 的运行结果

## 7.3.4　应用举例

在 Python 中使用 requests 模块爬取网页源代码,然后使用正则表达式编写匹配模式,最后使用 re 模块从网页源代码中提取符合匹配模式的数据或信息。通过以上步骤,就可以从网页中提取有用的数据或信息了。

【实例 7-23】　在博客园首页有加粗大字体的文章标题,使用 requests 模块提取文章标题,并打印提取的数据。首先使用浏览器的开发者工具查看文章标题所在的 HTML 标签,如图 7-38 所示。

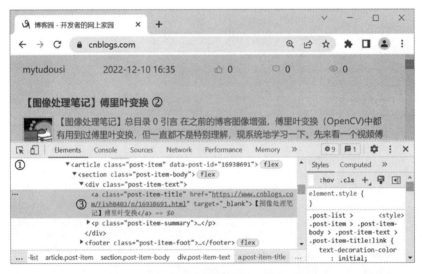

图 7-38　加粗大字体标题的 HTML 标签

代码如下:

```
# === 第 7 章 代码 7-23.py === #
import requests
import re

headers = {'User - Agent':'Mozilla/5.0 (Windows NT 10.0; Win64; x64) AppleWebKit/537.36 (KHTML,
like Gecko) Chrome/105.0.0.0 Safari/537.3'}
url = 'https://cnblogs.com'
response = requests.get(url = url, headers = headers)
result = response.text
```

```
pattern = '< a class = "post - item - title" href = ". * ?" target = "_blank">(. * ?)</a>'
match1 = re. findall(pattern, result, re. S)
print(match1)
```

运行结果如图 7-39 所示。

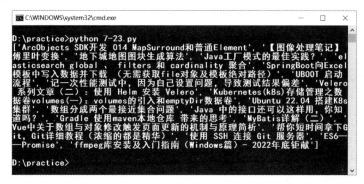

图 7-39　代码 7-23. py 的运行结果

【实例 7-24】　在 CSDN 博客首页有加粗大字体的文章标题，使用 requests 模块提取文章标题，并打印提取的数据。首先使用浏览器的开发者工具查看文章标题所在的 HTML 标签，如图 7-40 所示。

图 7-40　加粗大字体标题的 HTML 标签

代码如下：

```
# === 第 7 章 代码 7 - 24. py === #
import requests
import re

headers = {'User - Agent':'Mozilla/5.0 (Windows NT 10.0; Win64; x64) AppleWebKit/537.36 (KHTML,
like Gecko) Chrome/105.0.0.0 Safari/537.3'}
```

```
url = 'https://blog.csdn.net'
response = requests.get(url = url, headers = headers)
result = response.text
pattern = '< span class = "blog - text">(. * ?)</span>'
match1 = re.findall(pattern, result, re.S)
print(match1)
```

运行结果如图 7-41 所示。

图 7-41 代码 7-24. py 的运行结果

**注意**：代码 7-24. py 爬取的文章标题和我们通过浏览器查看的文章标题有时会不同，这说明 requests 模块的局限性，因此需要第 8 章的内容来解决这个问题。

## 7.4 小结

本章首先介绍了浏览器、HTTP、网页的基本结构，这些知识是爬取网页的必备知识。

本章介绍了爬取网页的 3 个模块 urllib、urllib3、requests，重点介绍了使用 requests 模块爬取网页源代码的方法。本章介绍了正则表达式，重点介绍了使用正则表达式解析网页的方法。

# 爬取动态渲染网页的技术

有时使用 requests 模块获取的网页源代码内容很少，并且很多内容并不是需要的数据。这是因为这些网页上展示的信息是动态渲染出来的，例如上海证券交易所的公开信息、财经网站的股票行情实时数据等。

使用 requests 模块获取的是未经渲染的网页信息。如果要获取动态渲染的网页信息，则需要使用 Selenium 模块。Selenium 模块是一个自动化测试工具，能够驱动浏览器模拟人的操作，例如鼠标单击、键盘输入。使用 Selenium 模块可以获取网页源代码，还能自动下载网络内容。

## 8.1 requests 模块的不足

使用 requests 模块不能获取动态渲染的网页信息，例如新浪财经网站的上证指数信息行情。在浏览器中可以查看上证综合指数，通过浏览器的开发者工具可以查看上证综合指数，如图 8-1 所示。

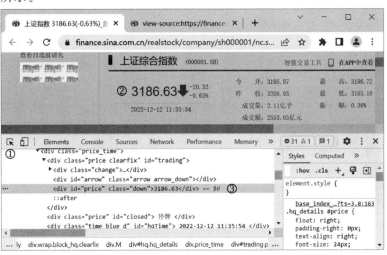

图 8-1　通过开发者工具查看上证综合指数

但是在网页源代码中查不到上证综合指数的信息,如图 8-2 所示。

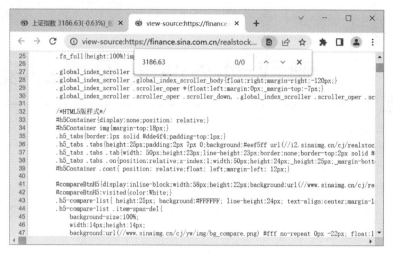

图 8-2　通过网页源代码查看上证综合指数

【实例 8-1】　使用 requests 模块爬取新浪财经的上海证券综合指数网页,如图 8-1 所示,然后打印爬取的网页源代码,代码如下:

```
# === 第 8 章 代码 8-1.py === #
import requests

headers = {'User - Agent':'Mozilla/5.0 (Windows NT 10.0; Win64; x64) AppleWebKit/537.36 (KHTML,
like Gecko) Chrome/105.0.0.0 Safari/537.3'}
url = 'https://finance.sina.com.cn/realstock/company/sh000001/nc.shtml'
response = requests.get(url = url, headers = headers)
print(response.encoding)
result = response.text
result = result.encode('ISO - 8859 - 1').decode('gbk')
print(result)
```

运行结果如图 8-3 所示。

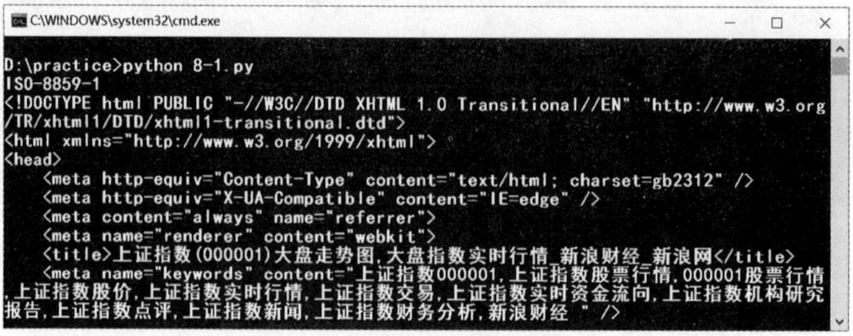

```
C:\WINDOWS\system32\cmd.exe                                    —  □  ×
D:\practice>python 8-1.py
ISO-8859-1
<!DOCTYPE html PUBLIC "-//W3C//DTD XHTML 1.0 Transitional//EN" "http://www.w3.org
/TR/xhtml1/DTD/xhtml1-transitional.dtd">
<html xmlns="http://www.w3.org/1999/xhtml">
<head>
    <meta http-equiv="Content-Type" content="text/html; charset=gb2312" />
    <meta http-equiv="X-UA-Compatible" content="IE=edge" />
    <meta content="always" name="referrer" />
    <meta name="renderer" content="webkit" />
    <title>上证指数 (000001) 大盘走势图,大盘指数实时行情_新浪财经_新浪网</title>
    <meta name="keywords" content="上证指数000001,上证指数股票行情,000001股票行情
上证指数股价,上证指数实时行情,上证指数交易,上证指数实时资金流向,上证指数机构研究
报告,上证指数点评,上证指数新闻,上证指数财务分析,新浪财经 " />
```

图 8-3　代码 8-1.py 的运行结果

在 Windows 命令行窗口下按快捷键 Ctrl＋F,在弹出的查找窗口中输入上证综合指数 3186.63,单击"查找下一个"按钮也没有查到相关信息,如图 8-4 所示。

图 8-4　查找上证综合指数 3186.63 的结果

# 8.2　爬取动态渲染网页的技术

虽然使用 requests 模块不能获取动态渲染的网页信息，但可以使用 Selenium 模块的方法爬取动态渲染网页。

Selenium 是浏览器的自动化测试框架，是一个应用于 Web 应用程序测试的工具，可以直接运行在浏览器中，并能驱动浏览器执行指定的动作，例如鼠标单击、文本框输入，也能获取浏览器当前页面下的源代码，就像用户在浏览器中进行操作一样。

Selenium 支持的浏览器有 IE 浏览器、Edge、Mozilla Firefox、Google Chrome、Opera、Safari 等。本书中主要使用谷歌 Chrome 讲解 Selenium 模块的使用。

## 8.2.1　安装 Selenium 模块和浏览器驱动程序

在 Python 中，使用 Selenium 模块可以获取动态渲染的网页信息。由于 Selenium 模块是第三方模块，所以需要安装此模块。安装 Selenium 模块需要在 Windows 命令行窗口中输入的命令如下：

11min

```
pip install selenium – i https://pypi.tuna.tsinghua.edu.cn/simple
```

然后按 Enter 键，即可安装 Selenium 模块，如图 8-5 所示。

**1. 查看谷歌浏览器的版本号**

不同的浏览器具有不同的驱动程序。谷歌浏览器的驱动程序为 ChromeDriver，火狐浏览器的驱动程序为 GeckoDriver。对于同一种浏览器，需要安装与其版本号匹配的驱动程序才能驱动浏览器，因此在下载浏览器驱动程序前，需要查看浏览器的版本号。

以谷歌浏览器为例，查看浏览器版本号的方法：首先单击浏览器右上角的三个竖点按钮┇，在弹出的菜单中选择"帮助"，最后选中弹出菜单中的"关于 Google Chrome"，即可查看浏览器的版本，如图 8-6 和图 8-7 所示。

图 8-5　安装 Selenium 模块

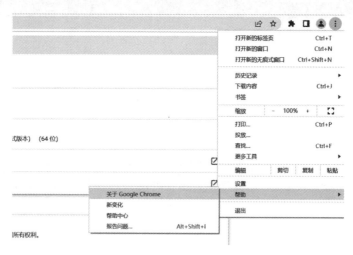

图 8-6　查看浏览器版本的步骤

图 8-7　浏览器的版本

## 2. 下载 ChromeDriver

使用浏览器打开 ChromeDriver 的官方下载网址 https://chromedriver. storage. googleapis. com/index. html,可以看到多个版本号的文件夹,如图 8-8 所示。

单击与浏览器主版本号对应的文件夹,例如"107.0.5304.62"。如果没有完全对应的版本号,则单击一个最相近的版本号。在打开的网页中根据当前操作系统下载对应的安装软件。如果使用的是 Windows 操作系统,则下载 chromedriver_win32. zip,如图 8-9 所示。

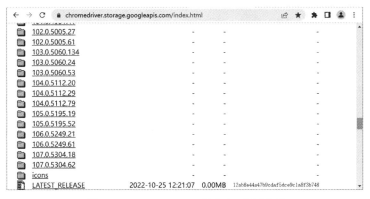

图 8-8　ChromeDriver 的官方下载网页

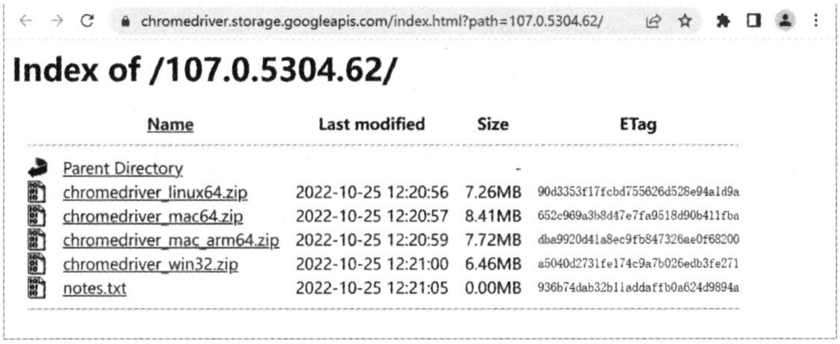

图 8-9　同一版本下适用于不同操作系统的 ChromeDriver

如果访问不了 ChromeDriver 官方下载网址,则可以在搜索引擎中输入"ChromeDriver
下载",会找到相应的镜像网站。

### 3. 安装 ChromeDriver

下载完成后,将文件 chromedriver_win32. zip 解压,会得到一个可执行文件 chromedriver. exe。
这个可执行文件就是浏览器驱动程序,需要将这个驱动程序复制到 Python 的安装路径中。
这样就可以让 Python 很方便地调用浏览器驱动程序。

在 Windows 命令行窗口中输入 where python,按 Enter 键,即可查看 Python 的安装路
径,如图 8-10 所示。

```
C:\WINDOWS\system32\cmd.exe                                    —    □    ×

C:\Users\thinkTom>where python
D:\program files\python\python.exe
C:\Users\thinkTom\AppData\Local\Microsoft\WindowsApps\python.exe

C:\Users\thinkTom>_
```

图 8-10　查看 Python 的安装路径

在资源管理器中打开 Python 的安装路径 D:\program files\python\python. exe,将浏
览器驱动程序 chromedriver. exe 复制到该路径下,这样就完成了浏览器驱动程序的安装,
如图 8-11 所示。

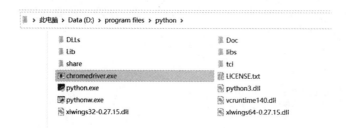

图 8-11　将 chromedriver.exe 复制到 Python 的安装路径

如何验证浏览器驱动程序是否安装成功？只需打开 Windows 命令行窗口,输入 chromedriver,然后按 Enter 键。如果显示 ChromeDriver 的运行信息,则表明浏览器驱动程序 ChromeDriver 安装成功,如图 8-12 所示。

```
C:\WINDOWS\system32\cmd.exe - chromedriver                    —    □    ×

C:\Users\thinkTom>chromedriver
Starting ChromeDriver 107.0.5304.62 (1eec40d3a5764881c92085aaee66d2507
5c159aa-refs/branch-heads/5304@{#942}) on port 9515
Only local connections are allowed.
Please see https://chromedriver.chromium.org/security-considerations f
or suggestions on keeping ChromeDriver safe.
ChromeDriver was started successfully.
```

图 8-12　运行 ChromeDriver

## 8.2.2　使用 Selenium 模块获取源代码

13min

只要安装好 Selenium 模块和浏览器驱动程序,就可使用 Selenium 模块获取网页源代码。首先从 Selenium 模块中引入子模块 webdriver,其次使用 selenium.Chrome()打开浏览器并创建浏览器对象,然后使用浏览器对象的 get()方法向指定的网址发送 HTTP 的 GET 请求,最后通过浏览器对象的 page_source 属性获取网页源代码。使用 Selenium 模块获取网页源代码的语法如下:

```
from selenium import webdriver      #引入子模块 webdriver

browser = webdriver.Chrome()       #打开浏览器并创建浏览器对象
browser.get(url)                   #向指定的 URL 发送 HTTP 中的 GET 请求
result = browser.page_source        #获取网页源代码
print(result)                      #打印网页源代码
browser.quit()                     #关闭浏览器
```

其中,browser 表示存储浏览器对象的变量;result 表示存储网页源代码的变量。

【实例 8-2】　使用 Selenium 模块爬取新浪财经的上海证券综合指数网页,如图 8-13 所示。

然后打印爬取的网页源代码,代码如下:

```
# === 第 8 章 代码 8-2.py === #
from selenium import webdriver
```

```
browser = webdriver.Chrome()
url = 'https://finance.sina.com.cn/realstock/company/sh000001/nc.shtml'
browser.get(url)
result = browser.page_source
print(result)
browser.quit()
```

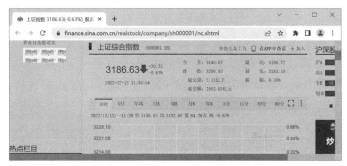

图 8-13　上海证券综合指数网页

运行结果如图 8-14 所示。

图 8-14　代码 8-2.py 的运行结果

在 Windows 命令行窗口下按快捷键 Ctrl+F,在弹出的查找窗口中输入上证综合指数
3186.63,单击按钮"查找下一个"可以查到相关信息,如图 8-15 所示。

图 8-15　查找上证综合指数 3186.63 的结果

在运行代码 8-2 的过程中,会弹出浏览器窗口。如果不希望弹出浏览器窗口,则可使用无界面浏览器模式(Chrome Headless),将浏览器转到后台运行但不显示出来,其语法格式如下:

```
from selenium import webdriver

chrome_options = webdriver.ChromeOptions()  # 获取浏览器设置对象
chrome_options.add_argument(' -- headless')  # 设置为无界面浏览模式
browser = webdriver.Chrome(options = chrome_options)  # 打开浏览器并创建浏览器对象
```

其中,chrome_options 表示用于储存浏览器设置对象的变量。

如果使用无界面浏览器模式解决实例 8-2 的问题,则可以使用的代码如下:

```
# === 第 8 章 代码 8 - 3. py === #
from selenium import webdriver

chrome_options = webdriver.ChromeOptions()
chrome_options.add_argument(' -- headless')
browser = webdriver.Chrome(options = chrome_options)
url = 'https://finance.sina.com.cn/realstock/company/sh000001/nc.shtml'
browser.get(url)
result = browser.page_source
print(result)
browser.quit()
```

运行结果如图 8-14 所示。

在 Selenium 中,可以使用子模块 webdriver 中的函数打开浏览器并创建浏览器对象,浏览器对象不仅可以发送 HTTP 的 GET 请求,还有其他方法和属性,具体见表 8-1。

表 8-1  浏览器对象的方法和属性

| 方法或属性 | 说　　明 |
| --- | --- |
| Browser. get(url) | 对指定网址 URL 发送 HTTP 请求,获取响应信息 |
| Browser. page_source | 获取浏览器接收的网页源代码 |
| Browser. current_url | 获取当前网页的网址 |
| Browser. name | 获取当前浏览器驱动程序的名称 |
| Browser. title | 获取当前网页的标题 |
| Browser. current_window_handle | 获取当前网页的窗口 |
| Browser. maximize_window() | 最大化浏览器的窗口 |
| Browser. get_Cookies() | 获取当前网页用到的 Cookies 信息 |
| Browser. add_Cookies(data) | 增加网页的 Cookies,data 是字典格式数据 |
| Browser. delete_all_Cookies() | 删除网页中所有的 Cookies 信息 |
| Browser. refresh() | 刷新当前网页 |
| Browser. close() | 关闭当前网页 |
| Browser. back() | 返回浏览器当前窗口的上一页 |
| Browser. quit() | 关闭浏览器 |
| Browser. forward() | 在浏览器当前窗口下前进一页 |

续表

| 方法或属性 | 说　明 |
|---|---|
| Browser. implicitly_wait(num) | 使用隐式等待执行测试的结果 |
| Browser. excute_script(code) | 执行 JavaScript 代码,code 表示 JavaScript 代码 |

## 8.2.3　使用 Selenium 模块模拟鼠标和键盘操作

在 Python 中,可以使用 Selenium 模块打开浏览器并创建浏览器对象,通过浏览器的方法执行各种操作。如果要使用 Selenium 模块模拟鼠标和键盘操作,则首先要选中执行鼠标和键盘操作的 HTML 标签,即定位网页源代码中的网页元素。

11min

如果使用的 Selenium 模块版本是 3. x 或 4.2 之前的系列,则浏览器对象定位网页元素的方法见表 8-2。

表 8-2　浏览器对象定位网页元素的方法

| 方　　法 | 说　明 |
|---|---|
| Browser. find_element_by_id(标签的 id 属性值) | 通过标签的 id 属性值定位网页元素,并返回满足条件的第 1 个元素 |
| Browser. find_elements_by_id(标签的 id 属性值) | 通过标签的 id 属性值定位网页元素,并返回满足条件的所有元素 |
| Browser. find_element_by_name(标签的 name 属性值) | 通过标签的 name 属性值定位网页元素,并返回满足条件的第 1 个元素 |
| Browser. find_elements_by_name(标签的 name 属性值) | 通过标签的 name 属性值定位网页元素,并返回满足条件的所有元素 |
| Browser. find_element_by_class_name(标签的 class 属性值) | 通过标签的 class 属性值定位网页元素,并返回满足条件的第 1 个元素 |
| Browser. find_elements_by_class_name(标签的 class 属性值) | 通过标签的 class 属性值定位网页元素,并返回满足条件的所有元素 |
| Browser. find_element_by_tag_name(标签名称) | 通过标签名称定位网页元素,并返回满足条件的第 1 个元素 |
| Browser. find_elements_by_tag_name(标签名称) | 通过标签名称定位网页元素,并返回满足条件的所有元素 |
| Browser. find_element_by_link_name(用于定位的文本) | 通过链接文本精确定位网页元素,并返回满足条件的第 1 个元素 |
| Browser. find_elements_by_link_name(用于定位的文本) | 通过链接文本精确定位网页元素,并返回满足条件的所有元素 |
| Browser. find_element_by_partial_link_name(用于定位的文本) | 通过链接文本模糊定位网页元素,并返回满足条件的第 1 个元素 |
| Browser. find_elements_by_partial_link_name(用于定位的文本) | 通过链接文本模糊定位网页元素,并返回满足条件的所有元素 |
| Browser. find_element_by_css_selector(css_selector 表达式) | 通过 css_selector 表达式定位网页元素,并返回满足条件的第 1 个元素 |
| Browser. find_elements_by_css_selector(css_selector 表达式) | 通过 css_selector 表达式定位网页元素,并返回满足条件的所有元素 |

续表

| 方　法 | 说　明 |
|---|---|
| Browser.find_element_by_xpath（XPath 表达式） | 通过 XPath 表达式定位网页元素，并返回满足条件的第 1 个元素 |
| Browser.find_elements_by_xpath（XPath 表达式） | 通过 XPath 表达式定位网页元素，并返回满足条件的所有元素 |

**注意**：如果有读者学习过 JavaScript 这门编程语言，则会发现表 8-2 中的函数与 JavaScript 中的函数类似。如果读者使用的 Selenium 模块的版本号是 4.2 之后的，则不能使用表 8-2 中的函数。

读者如果不知道自己计算机安装的 Selenium 版本，则可以在 Windows 命令行窗口中输入的命令如下：

```
pip show selenium
```

可以获取 Selenium 的版本号。由于笔者使用的是最新的 Selenium 模块，即 4.5.0 系列，因此不能使用表 8-2 中的方法定位网页元素。

如果使用的 Selenium 模块版本是 4.2 之后的系列，则可以使用浏览器对象的 find_element()方法获取满足条件的第 1 个元素，可以使用 find_elements()方法获取满足条件的所有元素。

调用浏览器对象的 find_element()和 find_elements()函数有两种方法，第 1 种方法的语法格式如下：

```
from selenium.webdriver.common.by import By
browser.find_element(By.ATTRIBUTE,value)
browser.find_elements(By.ATTRIBUTE,value)
```

其中，browser 表示创建的浏览器对象；By.ATTRIBUTE 用于表示定位方式的值；value 表示与定位方式对应的表达式。参数 By.ATTRIBUTE 的具体值见表 8-3。

表 8-3　参数 By.ATTRIBUTE 的具体值

| 定 位 方 式 | 具 体 值 | 定 位 方 式 | 具 体 值 |
|---|---|---|---|
| 标签的 id 属性 | By.ID | 链接文本精确定位 | By.LINK_TEXT |
| 标签的 name 属性 | By.NAME | 链接文本模糊定位 | By.PARTIAL_LINK_TEXT |
| 标签的 class 属性 | By.CLASS | XPath 表达式 | By.XPATH |
| 标签名称 | By.TAG_NAME | css_selector 表达式 | By.CSS_SELECTOR |

第 2 种方法的语法格式如下：

```
browser.find_element(attribute,value)
browser.find_elements(attribute,value)
```

其中, browser 表示创建的浏览器对象; attribute 用于表示定位方式的值; value 表示与定位方式对应的表达式。参数 attribute 的具体值见表 8-4。

表 8-4 参数 attribute 的具体值

| 定 位 方 式 | 具 体 值 | 定 位 方 式 | 具 体 值 |
|---|---|---|---|
| 标签的 id 属性 | id | 链接文本精确定位 | link text |
| 标签的 name 属性 | name | 链接文本模糊定位 | partial link text |
| 标签的 class 属性 | class | XPath 表达式 | xpath |
| 标签名称 | tag name | css_selector 表达式 | css selector |

### 1. 通过 XPath 表达式获取网页元素

【实例 8-3】 使用 Selenium 模块模拟登录百度搜索引擎, 并在输入框中输入 python, 然后按 Enter 键, 需要使用 XPath 表达式的第 1 种方法定位网页元素。

如何使用 XPath 表达式定位一个网页元素? 以百度搜索输入框为例, 在 Chrome 浏览器中打开百度首页, 按【F12】键打开开发者工具: ①单击开发者工具窗口左上角的标签选择器; ②选中搜索框; ③右击开发者工具中与输入框对应的源代码; ④在弹出的快捷菜单中选择 "Copy→Copy XPath"。输入框的 XPath 表达式就会被复制到粘贴板; 最后将 XPath 表达式粘贴到浏览器对象的 find_element() 方法中。这里获取的 XPath 表达式是 '//\*[@id="kw"]'。操作流程如图 8-16 所示。

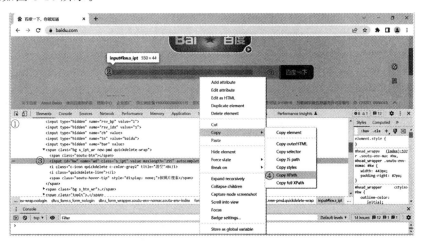

图 8-16 获取搜索框的 XPath 表达式

使用同样的方法可以获取百度一下按钮的 XPath 表达式为 '//\*[@id="su"]', 代码如下:

```python
# === 第 8 章 代码 8 - 4. py === #
from selenium import webdriver
from selenium.webdriver.common.by import By

browser = webdriver.Chrome()
```

```
url = 'https://www.baidu.com'
browser.get(url)
# 定位输入框,并输入 python
browser.find_element(By.XPATH,'//*[@id = "kw"]').send_keys('python')
# 定位按钮,并单击
browser.find_element(By.XPATH,'//*[@id = "su"]').click()
```

运行结果如图 8-17 所示。

图 8-17  代码 8-4. py 的运行结果

---

**注意**:由于代码 8-4. py 文件中没有关闭浏览器的代码,因此谷歌浏览器一直被测试软件控制,命令行窗口也一直处于运行状态。如果要关闭代码的运行状态,则需要在 Windows 命令行窗口下按快捷键 Ctrl+C。

---

【**实例 8-4**】  使用 Selenium 模拟使用浏览器登录搜狗搜索引擎,并在输入框中输入 python,然后按 Enter 键,需要使用 XPath 表达式的第 2 种方法定位网页元素,代码如下:

```
# === 第 8 章 代码 8-5.py === #
from selenium import webdriver

browser = webdriver.Chrome()
url = 'https://www.sogou.com'
browser.get(url)
# 定位输入框,并输入 python
browser.find_element('xpath','//*[@id = "query"]').send_keys('python')
# 定位按钮,并单击
browser.find_element('xpath','//*[@id = "stb"]').click()
```

运行结果如图 8-18 所示。

### 2. 通过 css_selector 表达式获取网页元素

【**实例 8-5**】  使用 Selenium 模块模拟登录搜狗搜索引擎,并在输入框中输入 python,然后按 Enter 键,需要使用 css_selector 表达式的第 1 种方法定位网页元素。

图 8-18　代码 8-5.py 的运行结果

　　如何使用 css_selector 表达式定位一个网页元素？以搜狗搜索输入框为例，在谷歌浏览器中打开搜狗搜索首页，按 F12 键打开开发者工具：①单击开发者工具窗口左上角的工具选择按钮；②选中搜索框；③右击开发者工具中与输入框对应的源代码；④在弹出的快捷菜单中选择"Copy→Copy selector"，输入框的 css_selector 表达式就会被复制到粘贴板；最后将 css_selector 表达式粘贴到浏览器对象的 find_element()方法中。这里获取的 css_selector 表达式是'♯query'。操作流程如图 8-19 所示。

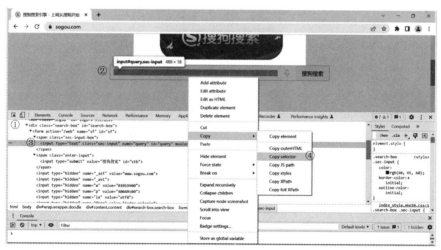

图 8-19　获取搜索框的 css_selector 表达式

　　使用同样的方法可以获取搜狗搜索按钮的 css_selector 表达式为'♯stb'，代码如下：

```
# === 第 8 章 代码 8-6.py === #
from selenium import webdriver
```

```
from selenium.webdriver.common.by import By

browser = webdriver.Chrome()
url = 'https://www.sogou.com'
browser.get(url)
# 定位输入框,并输入 python
browser.find_element(By.CSS_SELECTOR,'#query').send_keys('python')
# 定位按钮,并单击
browser.find_element(By.CSS_SELECTOR,'#stb').click()
```

运行结果如图 8-20 所示。

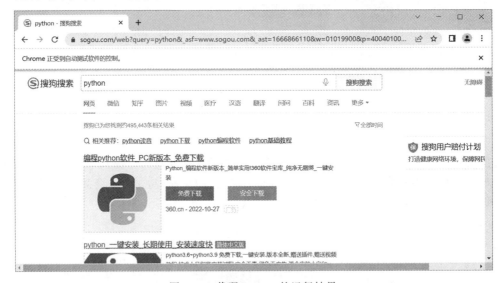

图 8-20　代码 8-6.py 的运行结果

【实例 8-6】　使用 Selenium 模块模拟使用浏览器登录百度搜索引擎,并在输入框中输入 python,然后按 Enter 键,需要使用 css_selector 表达式的第 2 种方法定位网页元素,代码如下:

```
# === 第 8 章 代码 8-7.py === #
from selenium import webdriver

browser = webdriver.Chrome()
url = 'https://www.baidu.com'
browser.get(url)
# 定位输入框,并输入 python
browser.find_element('css selector','#kw').send_keys('python')
# 定位按钮,并单击
browser.find_element('css selector','#su').click()
```

运行结果如图 8-21 所示。

图 8-21 代码 8-7.py 的运行结果

## 8.3 requests 模块和 Selenium 模块的对比

与 requests 模块相比,Selenium 模块的优势很明显,可以爬取动态渲染网页的源代码,可以模拟键盘和鼠标操作,可以定位网页元素,代码比较简洁,不需要设置 headers 等参数,但在实际应用中,并不会对所有的网页使用 Selenium 模块,主要因为使用 Selenium 模块爬取数据相当于模拟人打开浏览器访问网页,其速度要比 requests 模块慢很多,因此,在实际应用中,一般优先考虑使用 requests 模块爬取网页,对于 requests 模块无法爬取的复杂网页,再使用 Selenium 模块爬取。

## 8.4 小结

针对 requests 模块不能爬取动态渲染网页的不足,本章介绍了自动测试模块 Selenium。Selenium 模块是一款功能强大的模块,可以控制浏览器,获取动态渲染网页的源代码,可以获取指定的网页元素、模拟鼠标单击和键盘输入。

最后将 requests 模块和 Selenium 模块进行对比,读者可根据要爬取的网站的具体情况,选择使用这两个模块。

# 第9章

# 网络爬虫的典型应用

学习了 requests 模块、正则表达式、Selenium 模块的知识,就可以在实际应用中实践这些知识。读者可根据自己的需求和网页所使用的技术,选择使用 requests 模块和正则表达式爬取网页数据,或选择 Selenium 模块爬取数据。

需要说明的是,本章中的爬虫代码涉及的网站如果改版,则对应的代码会失效,需要重写正则表达式或使用 Selenium 模块重新定位网页元素。

## 9.1 爬取排行榜——豆瓣电影 Top250

本节主要介绍使用 requests 模块和正则表达式爬取豆瓣电影排行榜的方法。

### 9.1.1 爬取一个页面

【实例 9-1】 使用 Python 爬取豆瓣电影 Top250 的首页,并获取每部电影的排行、名称、主创人员、评分,并将数据存储在 Excel 工作表中。

第 1 步,登录网页,右击空白页面,在弹出的菜单中选择"查看网页源代码",如图 9-1 所示。

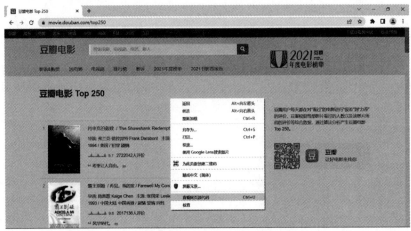

图 9-1　查看网页源代码

在网页源代码中,按快捷键Ctrl+F,查找某个电影的名称。如果在网页源代码中找到该名称,则说明该网页不是动态渲染出来的,否则网页是动态渲染出来的。在豆瓣电影Top250的网页源代码中能够查询到电影名称,说明此网页不是动态渲染出来的,因此选择使用requests模块,如图9-2所示。

图9-2　在网页源代码下查询名称

第2步,使用requests模块获取网页源代码,代码如下:

```
import requests

headers = {'User - Agent':'Mozilla/5.0 (Windows NT 10.0; Win64; x64) AppleWebKit/537.36 (KHTML,
like Gecko) Chrome/105.0.0.0 Safari/537.3'}
url = 'https://movie.douban.com/top250'
response = requests.get(url = url, headers = headers)
print(response.encoding)
result = response.text
```

第3步,在浏览器窗口下,按快捷键F12,打开浏览器窗口,查看、复制网页元素,如图9-3。

图9-3　复制网页元素

获取的网页元素是< em class="">1</em>,可以将正则表达式写为 r'< em class="">
(.＊?)</em>'。继续查看其他网页元素,编写正则表达式并提取数据,代码如下:

```python
import re

# 编写正则表达式
p_rank = r'< em class="">(.＊?)</em>'
p_title = r'< img width="100" alt="(.＊?)" src=".＊?" class="">'
p_cast = r'< p class="">(.＊?)< br>.＊?</p>'
p_sort = r'< p class="">.＊?< br>(.＊?)</p>'
p_quote = r'< span class="inq">(.＊?)</span>'
# 提取数据
rank = re.findall(p_rank, result, re.S)
title = re.findall(p_title, result, re.S)
cast = re.findall(p_cast, result, re.S)
sort = re.findall(p_sort, result, re.S)
p_rate = r'< span class="rating_num" property="v:average">(.＊?)</span>'
```

打印提取的数据,结果如图 9-4 所示。

图 9-4　正则表达式提取的数据

第 4 步,过滤数据并获取数据列表的长度。由于提取的数据中含有很多不需要的信息,
因此使用 re 模块中的 sub()函数将不需要的信息替换为空,代码如下:

```python
# 过滤数据
title_num = len(title)
cast_num = len(cast)
sort_num = len(sort)
for i in range(cast_num):
    cast[i] = re.sub(' ', '', cast[i])
    cast[i] = re.sub('\n', '', cast[i])
    cast[i] = re.sub(' ', '', cast[i])

for i in range(sort_num):
    sort[i] = re.sub(' ', '', sort[i])
    sort[i] = re.sub('\n', '', sort[i])
    sort[i] = re.sub(' ', '', sort[i])
```

打印过滤后的数据,结果如图 9-5 所示。

图 9-5 过滤后的数据

由于获取的数据列表的长度一致,所以可以将数据列表转换为 DataFrame 格式,否则将不能转换为 DataFrame 格式的数据。这里使用的是 Pandas 模块,代码如下:

```
import pandas as pd
＃将数据转换为 DataFrame 格式
data = {'排名':rank,'电影名称':title,'主创人员':cast,'年代类型':sort,'评分':rate}
data = pd.DataFrame(data)
print(data)
```

打印的结果如图 9-6 所示。

```
0   1    肖申克的救赎 ...          1994/美国/犯罪剧情   9.7
1   2     霸王别姬 ...          1993/中国大陆中国香港/剧情爱情同性   9.6
2   3     阿甘正传 ...          1994/美国/剧情爱情   9.5
3   4    泰坦尼克号 ...    1997/美国墨西哥澳大利亚加拿大/剧情爱情灾难   9.4
4   5   这个杀手不太冷 ...          1994/法国美国/剧情动作犯罪   9.4
5   6     美丽人生 ...          1997/意大利/剧情喜剧爱情战争   9.6
6   7     千与千寻 ...          2001/日本/剧情动画奇幻   9.4
7   8   辛德勒的名单 ...          1993/美国/剧情历史战争   9.5
8   9     盗梦空间 ...        2010/美国英国/剧情科幻悬疑冒险   9.4
9   10    星际穿越 ...      2014/美国英国加拿大/剧情科幻冒险   9.4
10  11  忠犬八公的故事 ...          2009/美国英国/剧情   9.3
11  12    楚门的世界 ...          1998/美国/剧情科幻   9.3
12  13   海上钢琴师 ...          1998/意大利/剧情音乐   9.3
13  14  三傻大闹宝莱坞 ...          2009/印度/剧情喜剧爱情歌舞   9.2
14  15   机器人总动员 ...          2008/美国/科幻动画冒险   9.3
15  16   放牛班的春天 ...          2004/法国瑞士德国/剧情喜剧音乐   9.3
16  17     无间道 ...          2002/中国香港/剧情犯罪惊悚   9.3
17  18   疯狂动物城 ...          2016/美国/喜剧动画冒险   9.2
18  19  大话西游之大圣娶亲 ...    1995/中国香港中国大陆/喜剧爱情奇幻古装   9.2
19  20    控方证人 ...          1957/美国/剧情犯罪悬疑   9.6
20  21      熔炉 ...          2011/韩国/剧情   9.3
21  22      教父 ...          1972/美国/剧情犯罪   9.3
22  23   当幸福来敲门 ...          2006/美国/剧情传记家庭   9.2
```

图 9-6 转换为 DataFrame 格式的数据

综上所述,【实例 9-1】的完整代码如下:

```
＃ === 第 9 章 代码 9 - 1.py === ＃
import requests
import re
import pandas as pd
```

```python
# 获取网页源代码
headers = {'User-Agent':'Mozilla/5.0 (Windows NT 10.0; Win64; x64) AppleWebKit/537.36 (KHTML,
like Gecko) Chrome/105.0.0.0 Safari/537.3'}
url = 'https://movie.douban.com/top250'
response = requests.get(url = url, headers = headers)
print(response.encoding)
result = response.text

# 编写正则表达式
p_rank = r'<em class = "">(.*?)</em>'
p_title = r'<img width = "100" alt = "(.*?)" src = ".*?" class = "">'
p_cast = r'<p class = "">(.*?)<br>.*?</p>'
p_sort = r'<p class = "">.*?<br>(.*?)</p>'
p_rate = r'<span class = "rating_num" property = "v:average">(.*?)</span>'

# 提取数据
rank = re.findall(p_rank, result, re.S)
title = re.findall(p_title, result, re.S)
cast = re.findall(p_cast, result, re.S)
sort = re.findall(p_sort, result, re.S)
rate = re.findall(p_rate, result, re.S)

# 获取、打印数据列表的长度
title_num = len(title)
cast_num = len(cast)
sort_num = len(sort)
rate_num = len(rate)
print(title_num)
print(cast_num)
print(sort_num)
print(rate_num)

# 过滤数据
for i in range(cast_num):
    cast[i] = re.sub(' ', '', cast[i])
    cast[i] = re.sub('\n', '', cast[i])
    cast[i] = re.sub(' ', '', cast[i])
# 过滤数据
for i in range(sort_num):
    sort[i] = re.sub(' ', '', sort[i])
    sort[i] = re.sub('\n', '', sort[i])
    sort[i] = re.sub(' ', '', sort[i])

# 将数据转换为 DataFrame 格式,并保存在 Excel 工作表中
data = {'排名':rank, '电影名称':title, '主创人员':cast, '年代类型':sort, '评分':rate}
data = pd.DataFrame(data)
print(data)
data.to_excel('D:\\test\\film1.xlsx', index = False)
```

运行结果如图 9-7 所示。

图 9-7　存储在 Excel 工作表的数据

## 9.1.2　爬取多个页面

【实例 9-2】　使用 Python 爬取豆瓣电影 Top250 的所有页面，获取每部电影的排行、名称、主创人员、年代类型、评分，并将数据存储在 Excel 工作表中。

如果要爬取多个页面，则需要分析这些页面的 URL，找到这些 URL 的相同之处和不同之处，然后使用一个循环语句表示 URL，即可编写完程序，代码如下：

```python
# === 第 9 章 代码 9 - 2. py === #
import requests
import re
import pandas as pd

def get_film(page):
    #获取网页源代码
    headers = {'User - Agent':'Mozilla/5.0 (Windows NT 10.0; Win64; x64) AppleWebKit/537.36
(KHTML, like Gecko) Chrome/105.0.0.0 Safari/537.3'}
    #定义 url,分析豆瓣电影网页的 url,得到 url 的表达式
    url = 'https://movie.douban.com/top250?start = ' + str(page) + '&filter = '
    response = requests.get(url = url,headers = headers)
    print(response.encoding)
    result = response.text
    #编写正则表达式
    p_rank = r'< em class = "">(. * ?)</em>'
    p_title = r'< img width = "100" alt = "(. * ?)" src = ". * ?" class = "">'
    p_cast = r'< p class = "">(. * ?)<br>. * ?</p>'
    p_sort = r'< p class = "">. * ?< br >(. * ?)</p>'
    p_rate = r'< span class = "rating_num" property = "v:average">(. * ?)</span>'
    #提取数据
    rank = re.findall(p_rank,result,re.S)
    title = re.findall(p_title,result,re.S)
    cast = re.findall(p_cast,result,re.S)
    sort = re.findall(p_sort,result,re.S)
    rate = re.findall(p_rate,result,re.S)
    #获取数据列表的长度
    title_num = len(title)
    cast_num = len(cast)
    sort_num = len(sort)
```

```python
        print(title_num)
        print(cast_num)
        print(sort_num)
        #过滤数据
        for i in range(cast_num):
                cast[i] = re.sub(' ','',cast[i])
                cast[i] = re.sub('\n','',cast[i])
                cast[i] = re.sub(' ','',cast[i])
        #过滤数据
        for i in range(sort_num):
                sort[i] = re.sub(' ','',sort[i])
                sort[i] = re.sub('\n','',sort[i])
                sort[i] = re.sub(' ','',sort[i])
        #将数据转换为 DataFrame 格式,并保存在 Excel 工作表中
        data = {'排名':rank,'电影名称':title,'主创人员':cast,'年代类型':sort,'评分':rate}
        data = pd.DataFrame(data)
        return data


if __name__ == '__main__':
    all_data = pd.DataFrame()
    #每个网页中显示 25 部电影
    for i in range(0,227,25):
            data = get_film(i)
            print(i)
            all_data = pd.concat([all_data,data], ignore_index = True)

    all_data.to_excel('D:\\test\\film2.xlsx', index = False)
```

运行结果如图 9-8 所示。

图 9-8    代码 9-2.py 的运行结果

## 9.2    批量下载图片——豆瓣电影 Top250

本节主要介绍使用 requests 模块和正则表达式下载豆瓣电影图片的方法。

### 9.2.1    下载一个页面的图片

【实例 9-3】    使用 Python 下载豆瓣电影 top250 的首页中的图片,并将图片命名为与之

对应的电影的名称。

第 1 步,登录网页,右击空白页面,在弹出的菜单中选择"查看网页源代码",根据网页源代码确定使用 requests 模块。

第 2 步,编写代码获取网页源代码。

第 3 步,使用浏览器查看、复制网页标签元素,根据网页元素的特点编写正则表达式,提取需要的数据,代码如下:

```
import requests
import re

#获取网页源代码
headers = {'User‐Agent':'Mozilla/5.0 (Windows NT 10.0; Win64; x64) AppleWebKit/537.36 (KHTML,
like Gecko) Chrome/105.0.0.0 Safari/537.3'}
url = 'https://movie.douban.com/top250'
response = requests.get(url = url, headers = headers)
print(response.encoding)
result = response.text

#编写正则表达式
p_rank = r'< em class = "">(. * ?)</em>'
p_title = r'< img width = "100" alt = "(. * ?)" src = ". * ?" class = "">'
p_img = r'< img width = "100" alt = ". * ?" src = "(. * ?)" class = "">'

#提取数据
rank = re.findall(p_rank, result, re.S)
title = re.findall(p_title, result, re.S)
img = re.findall(p_img, result, re.S)
```

打印提取的数据,如图 9-9 所示。

图 9-9 提取的数据

第 4 步,获取并打印数据列表的长度,如果数据长度一致,则使用循环语句批量下载图片,代码如下:

```
#获取、打印数据列表的长度
title_num = len(title)
img_num = len(img)
print(title_num)
```

```
print(img_num)

#下载图片,提前创建保存图片的文件夹 pic1
for i in range(img_num):
    response = requests.get(img[i])
    img_data = response.content
    img_src = 'D:\\test\\pic1\\' + str(rank[i]) + ' - ' + str(title[i]) + '.jpg'
    with open(img_src, 'wb') as f:
            f.write(img_data)
    print(f'图片{img_src}下载成功')
```

运行结果如图 9-10 所示。

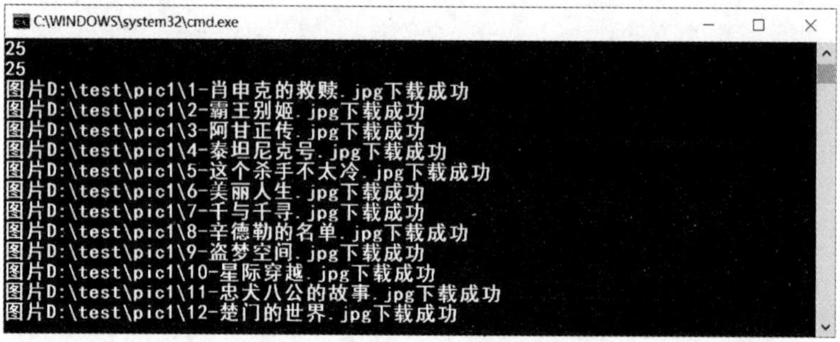

图 9-10  下载图片的运行结果

综上所述,完整的代码如下:

```
# === 第 9 章 代码 9 - 3.py === #
import requests
import re

#获取网页源代码
headers = {'User - Agent':'Mozilla/5.0 (Windows NT 10.0; Win64; x64) AppleWebKit/537.36 (KHTML,
like Gecko) Chrome/105.0.0.0 Safari/537.3'}
url = 'https://movie.douban.com/top250'
response = requests.get(url = url, headers = headers)
print(response.encoding)
result = response.text

#编写正则表达式
p_rank = r'< em class = "">(. * ?)</ em >'
p_title = r'< img width = "100" alt = "(. * ?)" src = ". * ?" class = "">'
p_img = r'< img width = "100" alt = ". * ?" src = "(. * ?)" class = "">'

#提取数据
rank = re.findall(p_rank, result, re.S)
title = re.findall(p_title, result, re.S)
img = re.findall(p_img, result, re.S)

#获取数据列表的长度
title_num = len(title)
```

```
img_num = len(img)
print(title_num)
print(img_num)

#下载图片,提前创建保存图片的文件夹 pic1
for i in range(img_num):
    response = requests.get(img[i])
    img_data = response.content
    img_src = 'D:\\test\\pic1\\' + str(rank[i]) + ' - ' + str(title[i]) + '.jpg'
    with open(img_src,'wb') as f:
            f.write(img_data)
    print(f'图片{img_src}下载成功')
```

运行结果如图 9-11 所示。

图 9-11　代码 9-3. py 的运行结果

## 9.2.2　下载多个页面的图片

【**实例 9-4**】　使用 Python 下载豆瓣电影 top250 中所有页面的图片,并将图片命名为与之对应的电影的名称。

如果要爬取多个页面,则需要分析这些页面的 URL,找到这些 URL 的相同之处和不同之处,然后使用一个循环语句表示 URL,即可编写完程序,代码如下:

```
# === 第 9 章 代码 9 - 4. py === #
import requests
import re

def get_pic(page):
    #获取网页源代码
    headers = {'User - Agent':'Mozilla/5.0 (Windows NT 10.0; Win64; x64) AppleWebKit/537.36
(KHTML, like Gecko) Chrome/105.0.0.0 Safari/537.3'}
    #定义 url,分析豆瓣电影网页的 url,得到 url 的表达式
    url = 'https://movie.douban.com/top250?start = ' + str(page) + '&filter = '
    response = requests.get(url = url, headers = headers)
    print(response.encoding)
    result = response.text
    #编写正则表达式
    p_rank = r'< em class = "">(. * ?)</em>'
    p_title = r'< img width = "100" alt = "(. * ?)" src = ". * ?" class = "">'
    p_img = r'< img width = "100" alt = ". * ?" src = "(. * ?)" class = "">'
    #提取数据
    rank = re. findall(p_rank, result, re. S)
```

```
        title = re.findall(p_title, result, re.S)
        img = re.findall(p_img, result, re.S)
        #获取数据列表的长度
        title_num = len(title)
        img_num = len(img)
        print(title_num)
        print(img_num)
        #下载图片,提前创建保存图片的文件夹 pic2
        for i in range(img_num):
                response = requests.get(img[i])
                img_data = response.content
                img_src = 'D:\\test\\pic2\\' + str(rank[i]) + ' - ' + str(title[i]) + '.jpg'
                with open(img_src, 'wb') as f:
                        f.write(img_data)
                print(f'图片{img_src}下载成功')

if __name__ == '__main__':
    for i in range(0, 227, 25):
            get_pic(i)
```

运行结果如图 9-12 所示。

图 9-12　代码 9-4.py 的运行结果

# 9.3　爬取信息标题——华尔街见闻

本节将介绍使用 requests 模块和正则表达式爬取华尔街见闻信息标题的方法。

【实例 9-5】　使用 Python 爬取华尔街见闻中咨询页面的新闻,获取标题、内容简介、作者、发表时间、图片链接地址,并将提取的数据存储在 Excel 工作表中。华尔街见闻的信息页面如图 9-13 所示。

第 1 步,登录网页,右击空白页面,在弹出的菜单中选择"查看网页源代码",根据网页源代码确定使用 requests 模块。

第 2 步,编写代码获取网页源代码。

图 9-13 华尔街见闻的资讯页面

第 3 步，使用浏览器查看、复制网页标签元素，根据网页元素的特点编写正则表达式，提取需要的数据，代码如下：

```python
import requests
import re

# 获取网页源代码
headers = {'User - Agent':'Mozilla/5.0 (Windows NT 10.0; Win64; x64) AppleWebKit/537.36 (KHTML,
like Gecko) Chrome/105.0.0.0 Safari/537.3'}
url = 'https://wallstreetcn.com/news/global'
response = requests.get(url = url, headers = headers)
print(response.encoding)
result = response.text

# 编写正则表达式
p_title = r'< span data - v - 609856d4 = "" data - v - 2b064c34 = "">(. * ?)</span>'
p_content = r'< div data - v - 609856d4 = "" class = "content">(. * ?)</div>'
p_writer = r'< div data - v - 609856d4 = "" class = "author">(. * ?)</div>'
p_time = r'< time data - v - 609856d4 = "" datetime = "(. * ?)" class = "time">. * ?</time>'
p_img = r'< img data - v - f384a1b4 = "" data - v - 609856d4 = "" src = "(. * ?)" width = "180"
height = "135" class = ". * ?">'

# 提取数据
title = re.findall(p_title, result, re.S)
content = re.findall(p_content, result, re.S)
writer = re.findall(p_writer, result, re.S)
time1 = re.findall(p_time, result, re.S)
img = re.findall(p_img, result, re.S)
```

打印提取的数据，结果如图 9-14 所示。

由于提取的数据中没有不需要的内容或符号，因此不需要过滤数据。

第 4 步，编写代码获取数据列表的长度，如果长度一致，则将列表数据转换为 DataFrame 格式的数据，否则将不能转换为 DataFrame 格式的数据，代码如下：

图 9-14　使用正则表达式提取的数据

```python
import pandas as pd

# 获取、打印列表数据的长度
title_num = len(title)
content_num = len(content)
writer_num = len(writer)
time1_num = len(time1)
img_num = len(img)
print(title_num)
print(content_num)
print(writer_num)
print(time1_num)
print(img_num)
# 将数据转换为 DataFrame 格式
data = {'标题':title,'内容简介':content,'作者':writer,'发布时间':time1,'图片链接':img}
data = pd.DataFrame(data)
print(data)
```

打印的数据如图 9-15 所示。

图 9-15　数据列表的长度和转换为 DataFrame 的数据

综上所述，完整的代码如下：

```python
# === 第 9 章 代码 9 - 5.py === #
import requests
import re
import pandas as pd
```

```python
# 获取网页源代码
headers = {'User - Agent':'Mozilla/5.0 (Windows NT 10.0; Win64; x64) AppleWebKit/537.36 (KHTML,
like Gecko) Chrome/105.0.0.0 Safari/537.3'}
url = 'https://wallstreetcn.com/news/global'
response = requests.get(url = url, headers = headers)
print(response.encoding)
result = response.text

# 编写正则表达式
p_title = r'< span data - v - 609856d4 = "" data - v - 2b064c34 = "">(. * ?)</span>'
p_content = r'< div data - v - 609856d4 = "" class = "content">(. * ?)</div>'
p_writer = r'< div data - v - 609856d4 = "" class = "author">(. * ?)</div>'
p_time = r'< time data - v - 609856d4 = "" datetime = "(. * ?)" class = "time">. * ?</time>'
p_img = r'< img data - v - f384a1b4 = "" data - v - 609856d4 = "" src = "(. * ?)" width = "180"
height = "135" class = ". * ?">'

# 提取数据
title = re.findall(p_title, result, re.S)
content = re.findall(p_content, result, re.S)
writer = re.findall(p_writer, result, re.S)
time1 = re.findall(p_time, result, re.S)
img = re.findall(p_img, result, re.S)

# 获取、打印列表数据的长度
title_num = len(title)
content_num = len(content)
writer_num = len(writer)
time1_num = len(time1)
img_num = len(img)
print(title_num)
print(content_num)
print(writer_num)
print(time1_num)
print(img_num)

# 将数据转换为 DataFrame 格式,并保存在 Excel 工作表中
data = {'标题':title, '内容简介':content, '作者':writer, '发布时间':time1, '图片链接':img}
data = pd.DataFrame(data)
data.to_excel('D:\\test\\title1.xlsx', index = False)
```

运行结果如图 9-16 所示。

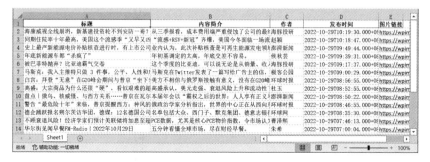

图 9-16　代码 9-5.py 的运行结果

## 9.4 批量爬取关键词——新浪新闻

本节将主要介绍使用 Selenium 模块和正则表达式进行关键词批量爬取的方法。

### 9.4.1 爬取一个关键词的搜索结果

【实例 9-6】 使用 Python 模拟浏览器在新浪新闻引擎下输入关键词"能源",按 Enter 键,然后爬取搜索页面的新闻标题、新闻链接、新闻来源。新浪新闻搜索页面如图 9-17 所示。

图 9-17  新浪新闻搜索引擎页面

由于要模拟鼠标单击和键盘输入,因此选择使用 Selenium 模块。

第 1 步,使用 Selenium 模块模拟浏览器登录新闻搜索页面,然后在输入框中输入"能源"并单击搜索按钮,获取搜索页面的源代码,代码如下:

```python
from selenium import webdriver
import time

# 获取网页源代码
browser = webdriver.Chrome()
url = 'https://search.sina.com.cn'
browser.get(url)
browser.find_element('xpath','//*[@id="tabc02"]/form/div/input[1]').send_keys('能源')
browser.find_element('xpath','//*[@id="tabc02"]/form/div/input[4]').click()
time.sleep(3)
result = browser.page_source
print(result)
```

运行结果如图 9-18 和图 9-19 所示。

第 2 步,根据网页源代码编写正则表达式,并提取数据,然后打印获取的数据列表和列表长度,代码如下:

```python
import re

# 编写正则表达式
p_title = r'<div class = "box - result clearfix" data - sudaclick = . * ?< a href = ". * ?" target = "_blank">(. * ?)</a>'
```

```
p_href = r'< div class = "box - result clearfix" data - sudaclick = . * ?< a href = "(. * ?)" target =
"_blank">. * ?</a>'
p_writer = r'< span class = "fgray_time">(. * ?)</span>'

# 提取数据
title = re. findall(p_title, result, re. S)
href = re. findall(p_href, result, re. S)
writer = re. findall(p_writer, result, re. S)

# 获取数据列表长度
title_num = len(title)
href_num = len(href)
writer_num = len(writer)
print(title_num, href_num, writer_num)

print(title)
print(href)
print(writer)
```

图 9-18 被 Selenium 控制的浏览器

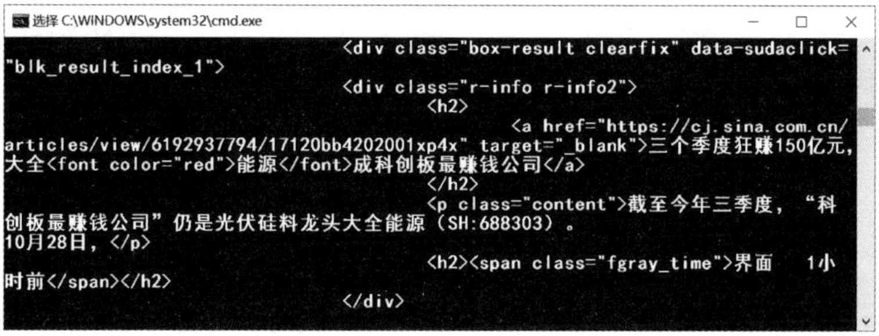

图 9-19 打印的网页源代码

打印提取的数据,结果如图 9-20 所示。

从图 9-20 可知,获取的数据列表长度相同,但提取的数据中有不需要的符号或数据,因

图 9-20　提取的数据

此下一步要过滤数据,使用 re 模块中的 sub()函数替换掉不需要的符号,使用字符串的切片方法截取字符串,代码如下:

```
# 过滤数据
for i in range(title_num):
    title[i] = re.sub('<. * ?>','',title[i])
for i in range(writer_num):
    str1 = str(writer[i])
    writer[i] = str1[:4]
```

打印过滤后的数据,结果如图 9-21 所示。

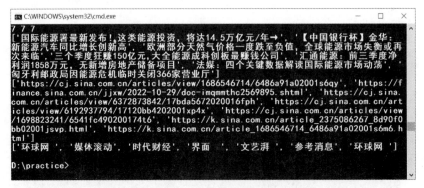

图 9-21　过滤后的数据

最后一步,由于获取的列表数据长度相同,所以可以将列表数据转换为 DataFrame 格式,代码如下:

```
import pandas as pd

# 将数据转换为 DataFrame 格式
data = {'新闻标题':title,'新闻链接':href,'新闻来源':writer}
data = pd.DataFrame(data)
print(data)
```

打印转换为 DataFrame 格式的数据,如图 9-22 所示。

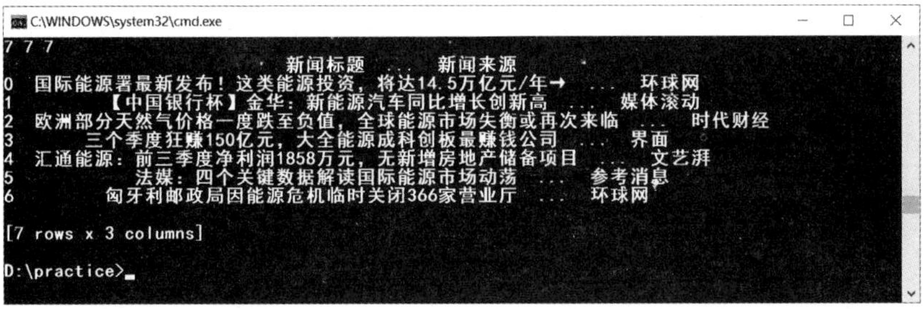

图 9-22 转换为 DataFrame 格式的数据

综上所述,完整的代码如下:

```
# === 第9章 代码9－6.py === #
from selenium import webdriver
import time
import re
import pandas as pd

# 获取网页源代码
browser = webdriver.Chrome()
url = 'https://search.sina.com.cn'
browser.get(url)
browser.find_element('xpath', '//*[@id = "tabc02"]/form/div/input[1]').send_keys('能源')
browser.find_element('xpath', '//*[@id = "tabc02"]/form/div/input[4]').click()
time.sleep(3)
result = browser.page_source
# print(result)
browser.quit()

# 编写正则表达式
p_title = r'< div class = "box - result clearfix" data - sudaclick = . * ?< a href = ". * ?" target =
"_blank">(. * ?)</a>'
p_href = r'< div class = "box - result clearfix" data - sudaclick = . * ?< a href = "(. * ?)" target =
"_blank">. * ?</a>'
p_writer = r'< span class = "fgray_time">(. * ?)</span>'

# 提取数据
title = re.findall(p_title, result, re.S)
href = re.findall(p_href, result, re.S)
writer = re.findall(p_writer, result, re.S)

# 获取数据列表长度
title_num = len(title)
href_num = len(href)
writer_num = len(writer)
print(title_num, href_num, writer_num)

# 过滤数据
for i in range(title_num):
```

```
        title[i] = re. sub('<. * ?>', '', title[i])
for i in range(writer_num):
        str1 = str(writer[i])
        writer[i] = str1[:4]

# 将数据转换为 DataFrame 格式,并保存在 Excel 工作表中
data = {'新闻标题':title,'新闻链接':href,'新闻来源':writer}
data = pd. DataFrame(data)
# print(data)
data. to_excel('D:\\test\\news1. xlsx', index = False)
```

运行结果如图 9-23 所示。

图 9-23　代码 9-6. py 的运行结果

## 9.4.2　爬取多个关键词的搜索结果

【实例 9-7】　使用 Python 模拟浏览器在新浪新闻引擎下输入关键词"能源""半导体"
"石油""煤炭""天然气",按 Enter 键,然后爬取搜索页面的新闻标题、新闻链接、新闻来源。
最后将数据保存在 Excel 工作表中,代码如下:

```
# === 第 9 章 代码 9-7. py === #
from selenium import webdriver
import time
import re
import pandas as pd

def get_news(word):
        # 获取网页源代码
        browser = webdriver. Chrome()
        url = 'https://search. sina. com. cn'
        browser. get(url)
        browser. find_element('xpath','// * [@ id = "tabc02"]/form/div/input[1]'). send_keys(word)
        browser. find_element('xpath','// * [@ id = "tabc02"]/form/div/input[4]'). click()
        time. sleep(3)
        result = browser. page_source
        # print(result)
        browser. quit()
        # 编写正则表达式
        p_title = r'< div class = "box - result clearfix" data - sudaclick = . * ?< a href = ". * ?"
target = "_blank">(. * ?)</a>'
        p_href = r'< div class = "box - result clearfix" data - sudaclick = . * ?< a href = "(. * ?)"
target = "_blank">. * ?</a>'
```

```python
p_writer = r'< span class = "fgray_time">(. * ?)</span>'
# 提取数据
title = re.findall(p_title, result, re.S)
href = re.findall(p_href, result, re.S)
writer = re.findall(p_writer, result, re.S)
# 获取数据列表长度
title_num = len(title)
href_num = len(href)
writer_num = len(writer)
print(title_num, href_num, writer_num)
# 过滤数据
for i in range(title_num):
        title[i] = re.sub('<. * ?>', '', title[i])
for i in range(writer_num):
        str1 = str(writer[i])
        writer[i] = str1[:4]
# 将数据转换为 DataFrame 格式,并保存在 Excel 工作表中
data = {'新闻标题':title, '新闻链接':href, '新闻来源':writer}
data = pd.DataFrame(data)
return data


if __name__ == '__main__':
    words = ['能源', '半导体', '石油', '煤炭', '天然气']
    all_data = pd.DataFrame()
    for word in words:
            data = get_news(word)
            all_data = pd.concat([all_data, data], ignore_index = True)
    all_data.to_excel('D:\\test\\news2.xlsx', index = False)
```

运行结果如图 9-24 所示。

图 9-24 代码 9-7.py 的运行结果

# 9.5 爬取价格数据——农村农业部官网

本节将主要介绍使用 Selenium 模块爬取网页上的价格数据的方法。

## 9.5.1 爬取一个页面的价格数据

【实例 9-8】 使用浏览器打开农村农业部官网的数据页面,向下滑动,会看到网页右侧

区域的"月度数据"标签,如图 9-25 所示。

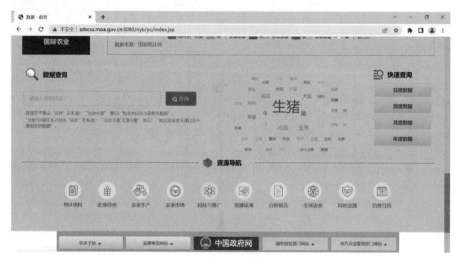

图 9-25　农村农业部官网数据页面

单击"月度数据",进入月度数据页面。在该页面下有农产品价格数据,如图 9-26 所示。

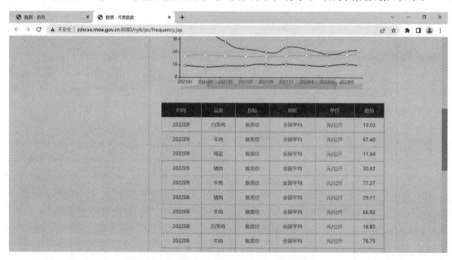

图 9-26　农村农业部官网月度数据页面

使用 Python 爬取月度数据页面的价格数据,并保存在 Excel 工作表中。

因为该网页使用了动态渲染技术,因此使用 Selenium 模块爬取网页数据。

第 1 步是获取网页源代码。在浏览器中输入月度数据的网址后,网页不能显示月度数据的表格,需要依次单击"月度数据"标签、"农产品批发价格"标签才能获取价格数据表格,如图 9-27 所示。

因此在编写代码时,需要 Selenium 模块模拟两次鼠标单击才能获取网页源代码,代码如下:

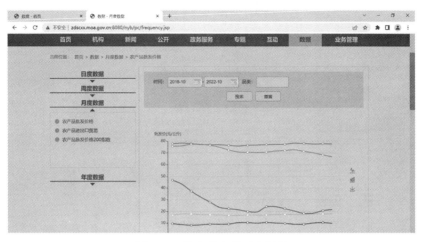

图 9-27 依次单击的两个标签

```
from selenium import webdriver
import time


# 获取网页源代码
browser = webdriver.Chrome()
url = 'http://zdscxx.moa.gov.cn:8080/nyb/pc/frequency.jsp'
browser.get(url)
time.sleep(3)
browser.find_element('xpath','/html/body/div[1]/div[3]/div[3]/div[1]/h2').click()
browser.find_element('xpath','/html/body/div[1]/div[3]/div[3]/div[2]/ul/li[1]/a').click()
time.sleep(3)
result = browser.page_source
print(result)
```

获取的网页源代码如图 9-28 所示。

图 9-28 获取的网页源代码

第 2 步分析要爬取的表格数据对应的网页源代码。打开开发者工具,用元素选择工具选中表格,可以发现表格是由< table >、< thread >、< tbody >、< tr >、< td >等标签构成的,如图 9-29 所示。

图 9-29　数据表格的构成

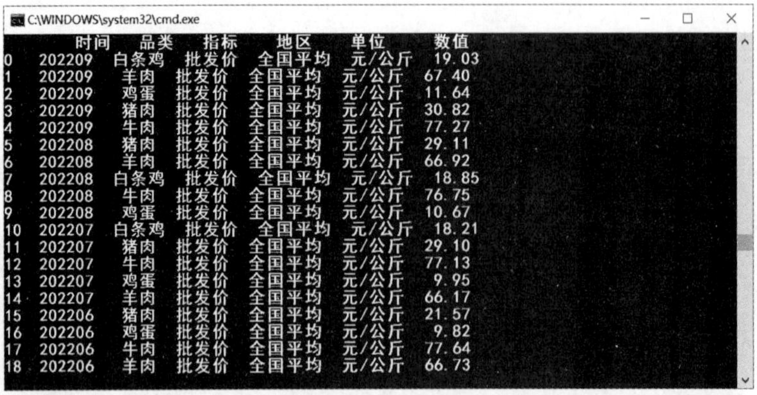

对于由<table>等标签定义的表格,可以使用 Pandas 模块中的 read_html()函数进行快速解析和提取,代码如下:

```
import pandas as pd

# 提取表格数据
table = pd.read_html(result)[0]
print(table)
```

运行结果如图 9-30 所示。

图 9-30　使用 Pandas 模块提取的数据

综上所述,完整的代码如下:

```
# === 第 9 章 代码 9 - 8.py === #
from selenium import webdriver
import time
import pandas as pd
```

```
#获取网页源代码
browser = webdriver.Chrome()
url = 'http://zdscxx.moa.gov.cn:8080/nyb/pc/frequency.jsp'
browser.get(url)
time.sleep(3)
browser.find_element('xpath','/html/body/div[1]/div[3]/div[3]/div[1]/h2').click()
browser.find_element('xpath','/html/body/div[1]/div[3]/div[3]/div[2]/ul/li[1]/a').click()
time.sleep(3)
result = browser.page_source
#print(result)
browser.quit()

#提取表格数据
table = pd.read_html(result)[0]
#print(table)
table.to_excel('D:\\test\\price1.xlsx', index = False)
```

运行结果如图 9-31 所示。

| | A | B | C | D | E | F | G | H |
|---|---|---|---|---|---|---|---|---|
| 1 | 时间 | 品类 | 指标 | 地区 | 单位 | 数值 | | |
| 2 | 202209 | 白条鸡 | 批发价 | 全国平均 | 元/公斤 | 19.03 | | |
| 3 | 202209 | 羊肉 | 批发价 | 全国平均 | 元/公斤 | 67.4 | | |
| 4 | 202209 | 鸡蛋 | 批发价 | 全国平均 | 元/公斤 | 11.64 | | |
| 5 | 202209 | 猪肉 | 批发价 | 全国平均 | 元/公斤 | 30.82 | | |
| 6 | 202209 | 牛肉 | 批发价 | 全国平均 | 元/公斤 | 77.27 | | |
| 7 | 202208 | 猪肉 | 批发价 | 全国平均 | 元/公斤 | 29.11 | | |
| 8 | 202208 | 羊肉 | 批发价 | 全国平均 | 元/公斤 | 66.92 | | |
| 9 | 202208 | 白条鸡 | 批发价 | 全国平均 | 元/公斤 | 18.85 | | |
| 10 | 202208 | 牛肉 | 批发价 | 全国平均 | 元/公斤 | 76.75 | | |
| 11 | 202208 | 鸡蛋 | 批发价 | 全国平均 | 元/公斤 | 10.67 | | |
| 12 | 202207 | 白条鸡 | 批发价 | 全国平均 | 元/公斤 | 18.21 | | |
| 13 | 202207 | 猪肉 | 批发价 | 全国平均 | 元/公斤 | 29.1 | | |
| 14 | 202207 | 牛肉 | 批发价 | 全国平均 | 元/公斤 | 77.13 | | |
| 15 | 202207 | 鸡蛋 | 批发价 | 全国平均 | 元/公斤 | 9.95 | | |
| 16 | 202207 | 羊肉 | 批发价 | 全国平均 | 元/公斤 | 66.17 | | |
| 17 | 202206 | 猪肉 | 批发价 | 全国平均 | 元/公斤 | 21.57 | | |

Sheet1

就绪　辅助功能: 一切就绪　　　　　　　　　　　　　　　　　　　　100%

图 9-31　代码 9-8.py 的运行结果

## 9.5.2　爬取多个页面的价格数据

【实例 9-9】　使用浏览器打开农村农业部官网的月度数据页面,使用 Python 连续爬取 6 个页面的价格数据,并将数据保存在 Excel 工作表中。

如果要连续爬取 6 个页面的数据,则需要使用循环语句。爬取完一个页面后,需转换到下一页,因此需要使用网页中的"下一页"标签,如图 9-32 所示。

在编写代码时,可以通过链接文本定位"下一页"标签,然后单击该标签,代码如下:

```
browser.find_element('link text','下一页').click()
```

综上所述,完整的代码如下:

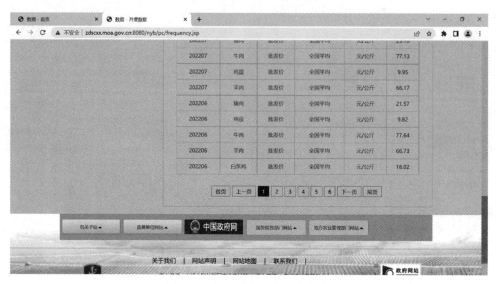

图 9-32　网页中的"下一页"标签

```
# === 第 9 章 代码 9-9.py === #
from selenium import webdriver
import time
import pandas as pd

# 获取网页源代码
browser = webdriver.Chrome()
url = 'http://zdscxx.moa.gov.cn:8080/nyb/pc/frequency.jsp'
browser.get(url)
time.sleep(3)
browser.find_element('xpath', '/html/body/div[1]/div[3]/div[3]/div[1]/h2').click()
browser.find_element('xpath', '/html/body/div[1]/div[3]/div[3]/div[2]/ul/li[1]/a').click()
time.sleep(3)

# 循环爬取多页表格数据
all_data = pd.DataFrame()
for page in range(6):
    result = browser.page_source
    # 提取表格数据
    table = pd.read_html(result)[0]
    all_data = pd.concat([all_data, table], ignore_index = True)
    print(page)
    browser.find_element('link text', '下一页').click()
    time.sleep(5)

# 关闭浏览器,导出数据
browser.quit()
all_data.to_excel('D:\\test\\price2.xlsx', index = False)
```

运行结果如图 9-33 所示。

| | A | B | C | D | E | F | G | H |
|---|---|---|---|---|---|---|---|---|
| 106 | 202101 | 鸡蛋 | 批发价 | 全国平均 | 元/公斤 | 9.48 | | |
| 107 | 202012 | 鸡蛋 | 批发价 | 全国平均 | 元/公斤 | 7.97 | | |
| 108 | 202012 | 牛肉 | 批发价 | 全国平均 | 元/公斤 | 76.25 | | |
| 109 | 202012 | 羊肉 | 批发价 | 全国平均 | 元/公斤 | 72.17 | | |
| 110 | 202012 | 白条鸡 | 批发价 | 全国平均 | 元/公斤 | 16.19 | | |
| 111 | 202012 | 猪肉 | 批发价 | 全国平均 | 元/公斤 | 43.33 | | |
| 112 | 202011 | 白条鸡 | 批发价 | 全国平均 | 元/公斤 | 15.94 | | |
| 113 | 202011 | 羊肉 | 批发价 | 全国平均 | 元/公斤 | 69.09 | | |
| 114 | 202011 | 牛肉 | 批发价 | 全国平均 | 元/公斤 | 75.67 | | |
| 115 | 202011 | 鸡蛋 | 批发价 | 全国平均 | 元/公斤 | 7.68 | | |
| 116 | 202011 | 猪肉 | 批发价 | 全国平均 | 元/公斤 | 39.52 | | |
| 117 | 202010 | 羊肉 | 批发价 | 全国平均 | 元/公斤 | 69.24 | | |
| 118 | 202010 | 猪肉 | 批发价 | 全国平均 | 元/公斤 | 38.98 | | |
| 119 | 202010 | 鸡蛋 | 批发价 | 全国平均 | 元/公斤 | 7.74 | | |
| 120 | 202010 | 白条鸡 | 批发价 | 全国平均 | 元/公斤 | 15.92 | | |
| 121 | 202010 | 牛肉 | 批发价 | 全国平均 | 元/公斤 | 75.48 | | |
| 122 | | | | | | | | |



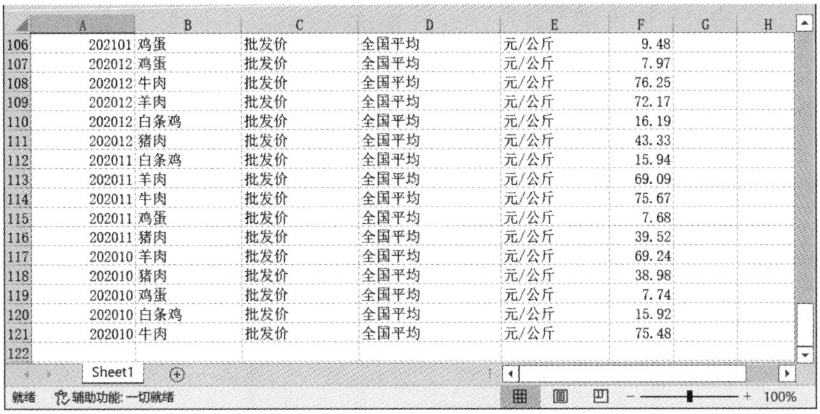

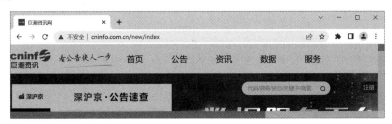

图 9-33　代码 9-9.py 的运行结果

# 9.6 批量下载 PDF 文档——巨潮信息网

本节将介绍使用 Selenium 模块从网页上下载 PDF 文档的方法。

**【实例 9-10】** 使用浏览器打开巨潮信息网的首页，在网页的右上角有一个输入框，如图 9-34 所示。

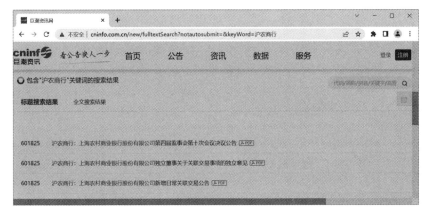

图 9-34　巨潮信息网右上角的输入框

在输入框中，输入关键词，即可显示与该关键词相关的 PDF 文档，例如输入“沪商农行”，搜索出的 PDF 文档如图 9-35 所示。

图 9-35　搜索后显示的 PDF 文档

使用 Python 编写程序批量下载搜索出的 PDF 文档。

由于要模拟浏览器进行鼠标操作,因此选择使用 Selenium 模块。

第 1 步是获取网页源代码,并使用正则表达式获取搜索结果的数目。在网页的最下端会显示搜索结果的数据,如图 9-36 所示。

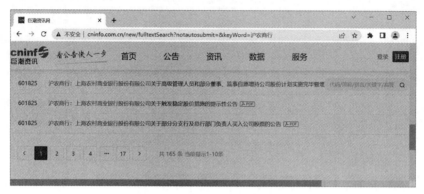

图 9-36　搜索结果的总数目

编写的代码如下:

```python
from selenium import webdriver
import time
import re

# 获取网页源代码
browser = webdriver.Chrome()
url = 'http://www.cninfo.com.cn/new/fulltextSearch?notautosubmit = &keyWord = 沪农商行'
browser.get(url)
time.sleep(3)
data = browser.page_source

# 获取搜索结果的条数
p_count = r'< span class = "total - box" style = "">共(. * ?)条'
count = re.findall(p_count,data)[0]
print(count)
```

第 2 步,由于总数目是 165 条,但在页面上只显示了 10 条,因此需要模拟鼠标单击“下一页”标签,分别获取分页的源代码,然后将源代码汇总在一起,代码如下:

```python
# 分页获取网页源代码
pages = int(int(count)/10)
data_list = []
data_list.append(data)
for i in range(pages):
    browser.find_element('xpath','// * [@id = "fulltext - search"]/div/div/div[2]/div[4]/div
[2]/div/button[2]').click()
    time.sleep(3)
    data = browser.page_source
    data_list.append(data)
```

```
        time.sleep(3)

#将列表数据转换成字符串
all_data = ''.join(data_list)
```

第 3 步是编写正则表达式提取 PDF 文档的标题和链接，代码如下：

```
#编写正则表达式
p_title = r'<span title = "" class = "r-title">(.*?)</span>'
p_href = r'<a target = "_blank" href = "(.*?)".*?<span title = '

#提取数据
title = re.findall(p_title,all_data)
href = re.findall(p_href,all_data)

#获取列表数据长度
title_num = len(title)
href_num = len(href)
```

打印提取的数据和数据的长度，如图 9-37 所示。

图 9-37　提取的数据

第 4 步，由于提取的标题中有符号< em >、</em >，提取的链接中有符号"&amp;"，需要使用 re 模块中的 sub() 函数将不需要的符号替换掉，所以需要使用循环语句替换掉不需要的符号，并给链接加上前缀（巨潮信息网的官方网址），代码如下：

```
#过滤数据,给网址添加前缀
for i in range(title_num):
    title[i] = re.sub('<.*?>','',title[i])
    href[i] = 'http://www.cninfo.com.cn' + href[i]
    href[i] = re.sub('amp;','',href[i])
    print(str(i+1) + ',' + title[i])
    print(href[i])
```

运行结果如图 9-38 所示。

在浏览器中单击搜索结果的标题，可以打开新的网页。在该网页的右上角有"公告下载"按钮,只要单击该按钮,就可下载 PDF 文档,如图 9-39 所示。

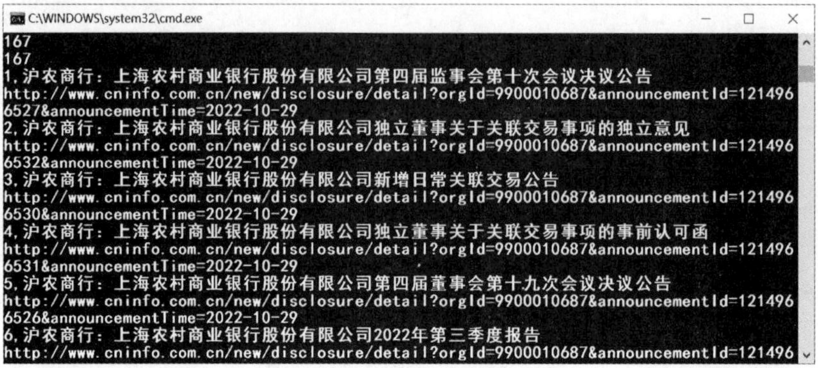

图 9-38　过滤后的数据

图 9-39　下载 PDF 文档的按钮

第 5 步遍历链接列表,下载 PDF 文档,保存在浏览器的默认下载网址下,代码如下:

```python
#遍历链接列表,下载 PDF 文档
for i in range(href_num):
    browser.get(href[i])
    try:
            browser.find_element('xpath','//*[@id="noticeDetail"]/div/div[1]/div[3]/div[1]/button').click()
            time.sleep(5)
            print(str(i+1)+','+title[i]+'下载成功')
    except:
            print(title[i]+'没有 PDF 文档')
```

综上所述,完整的代码如下:

```python
# === 第 9 章 代码 9-10.py === #
from selenium import webdriver
import time
```

```
import re

# 获取网页源代码
browser = webdriver.Chrome()
url = 'http://www.cninfo.com.cn/new/fulltextSearch?notautosubmit = &keyWord = 沪农商行'
browser.get(url)
time.sleep(3)
data = browser.page_source

# 获取搜索结果的条数
p_count = r'< span class = "total - box" style = "">共(. * ?)条'
count = re.findall(p_count,data)[0]
print(count)

# 分页获取网页源代码
pages = int(int(count)/10)
data_list = []
data_list.append(data)
for i in range(pages):
    browser.find_element('xpath','// * [@ id = "fulltext - search"]/div/div/div[2]/div[4]/div
[2]/div/button[2]').click()
    time.sleep(3)
    data = browser.page_source
    data_list.append(data)
    time.sleep(3)

# 将列表数据转换为字符串
all_data = ''.join(data_list)
# browser.quit()

# 编写正则表达式
p_title = r'< span title = "" class = "r - title">(. * ?)</span >'
p_href = r'< a target = "_blank" href = "(. * ?)". * ?< span title = '

# 提取数据
title = re.findall(p_title,all_data)
href = re.findall(p_href,all_data)

# 获取列表数据长度
title_num = len(title)
href_num = len(href)
print(title_num)
print(href_num)

# 过滤数据,给网址添加前缀
for i in range(title_num):
    title[i] = re.sub('<. * ?>','',title[i])
    href[i] = 'http://www.cninfo.com.cn' + href[i]
    href[i] = re.sub('amp;','',href[i])

# 遍历链接列表,下载 PDF 文档
for i in range(href_num):
```

```
                browser.get(href[i])
        try:
                browser.find_element('xpath','//*[@id="noticeDetail"]/div/div[1]/div[3]/
div[1]/button').click()
                time.sleep(5)
                print(str(i+1)+','+title[i]+'下载成功')
        except:
                print(title[i]+'没有 PDF 文档')
```

运行结果如图 9-40 和图 9-41 所示。

图 9-40　代码 9-10.py 的运行结果

图 9-41　代码 9-10.py 下载的 PDF 文档

## 9.7　爬取财务报表——东方财富网

本节将主要介绍使用 Selenium 模块和正则表达式爬取财务报表数据的方法。

### 9.7.1　爬取单页财务数据

【实例 9-11】　使用浏览器打开东方财富网,在网页的左侧栏目中,单击"数据"标签,即可进入东方财富网的数据中心,如图 9-42 所示。

进入数据中心后,在网页的左侧的栏目表中,选择"年报季报",在展开的子菜单中选择"利润表",即可进入利润表的网页,如图 9-43 和图 9-44 所示。

使用 Python 爬取利润表首页中的表格数据,并获取这些数据来源的链接(在表格"详细"中)。将获取的数据存储在 Excel 工作表中。

由于该网页是动态渲染出来的,因此选择使用 Selenium 模块。

图 9-42　东方财富网首页

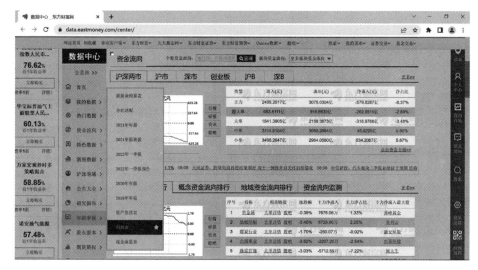

图 9-43　选择"利润表"

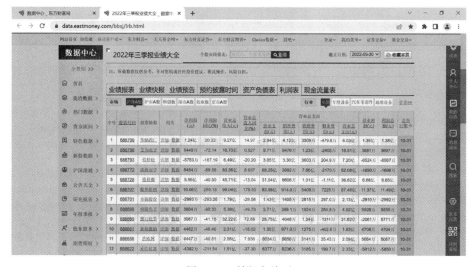

图 9-44　利润表首页

第1步是获取网页源代码,代码如下:

```python
from selenium import webdriver
import time

# 获取网页源代码
browser = webdriver.Chrome()
url = 'https://data.eastmoney.com/bbsj/lrb.html'
browser.get(url)
time.sleep(3)
```

第2步,提取表格中的数据。由于利润表的表头比较复杂,不能使用 Pandas 模块的 read_html()直接获取表格,因此使用 Selenium 模块的 find_elements()方法将表格数据存储在列表中,代码如下:

```python
# 提取表格中的数据
table = browser.find_element('xpath', '// * [@ id = "dataview"]/div[2]/div[2]/table')
table_content = table.find_elements('tag name', 'td')
data_list = []
for i in table_content:
    data_list.append(i.text)
```

打印列表数据,结果如图 9-45 所示。

图 9-45　获取的表格数据

第3步,将表格数据中的一行转换为子列表,并提取表格中"详细"的链接地址,代码如下:

```python
# 将表格数据拆分为对应列数的子列表
column = len(table.find_elements('css selector', 'tbody > tr:nth - child(1) > td'))
print(column)
data_list = [data_list[i:i + column] for i in range(0,len(data_list),column)]

# 获取表格中详细的链接地址
link_list = []
links = table.find_elements('css selector', 'td:nth - child(4) > a. red')
for i in links:
    url = i.get_attribute('href')
    link_list.append(url)
```

第 4 步，将获取的数据转换为 DataFrame 格式的数据，打印该数据结果，代码如下：

```
#将数据转换为 DataFrame 格式
link_list = pd.Series(link_list)
df_table = pd.DataFrame(data_list)
df_table['url'] = link_list
print(df_table)
```

运行结果如图 9-46 所示。

图 9-46　转换为 DataFrame 格式的数据

最后一步，将获取的数据存储在 Excel 工作表中。综上所述，完整的代码如下：

```
# === 第 9 章 代码 9 - 11.py === #
from selenium import webdriver
import time
import pandas as pd

#获取网页源代码
browser = webdriver.Chrome()
url = 'https://data.eastmoney.com/bbsj/lrb.html'
browser.get(url)
time.sleep(3)

#提取表格中的数据
table = browser.find_element('xpath','//*[@id="dataview"]/div[2]/div[2]/table')
table_content = table.find_elements('tag name','td')
data_list = []
for i in table_content:
    data_list.append(i.text)

#将表格数据拆分为对应列数的子列表
column = len(table.find_elements('css selector','tbody > tr:nth-child(1) > td'))
print(column)
data_list = [data_list[i:i+column] for i in range(0,len(data_list),column)]

#获取表格中详细的链接
link_list = []
links = table.find_elements('css selector','td:nth-child(4) > a.red')
for i in links:
    url = i.get_attribute('href')
```

```
    link_list.append(url)

#将数据转换为 DataFrame 格式
link_list = pd.Series(link_list)
df_table = pd.DataFrame(data_list)
df_table['url'] = link_list

#关闭浏览器,存储数据
browser.quit()
df_table.to_excel('D:\\test\\profit1.xlsx', index = False)
```

运行结果如图 9-47 所示。

| 0 | 1 | 2 | 3 | 4 | 5 | 6 | 7 | 8 | 9 | 10 | 11 | 12 | 13 | 14 | 15 | url |
|---|---|---|---|---|---|---|---|---|---|---|---|---|---|---|---|---|
| 1 | 688799 | 华纳药厂 | 详细 数 | 1.24亿 | 20.22 | 9.27亿 | 14.97 | 2.94亿 | 4.12亿 | 3309万 | -479.6万 | 8.03亿 | 1.38亿 | 1.38亿 | 10-31 | https://data. |
| 2 | 688798 | 艾为电子 | 详细 数 | 5449万 | -72.14 | 16.70亿 | 0.527 | 9.71亿 | 9476万 | 1.23亿 | -2405万 | 16.51亿 | 3681万 | 3697万 | 10-31 | https://data. |
| 3 | 688793 | 倍轻松 | 详细 数 | -5753万 | -187.19 | 6.49亿 | -20.20 | 3.05亿 | 3.30亿 | 3603万 | 204.9万 | 7.20亿 | -6524万 | -6567万 | 10-31 | https://data. |
| 4 | 688772 | 珠海冠宇 | 详细 数 | 8484万 | -89.58 | 83.38亿 | 8.937 | 68.25亿 | 3892万 | 7.66亿 | -2170万 | 82.08亿 | -1690万 | -1696万 | 10-31 | https://data. |
| 5 | 688728 | 格科微 | 详细 数 | 5.55亿 | -40.50 | 45.71亿 | -13.04 | 31.04亿 | 8606万 | 1.91亿 | -1.11亿 | 36.82亿 | 6.68亿 | 6.65亿 | 10-31 | https://data. |
| 6 | 688707 | 振华新材 | 详细 数 | 10.06亿 | 286.18 | 99.04亿 | 179.50 | 83.98亿 | 914.0万 | 5409万 | 7225万 | 87.46亿 | 11.37亿 | 11.49亿 | 10-31 | https://data. |
| 7 | 688701 | 卓锦股份 | 详细 数 | -2993万 | -293.26 | 1.79亿 | -29.58 | 1.43亿 | 1405万 | 2815万 | 297.0万 | 2.13亿 | -2910万 | -2992万 | 10-31 | https://data. |
| 8 | 688699 | 明微电子 | 详细 数 | 5804万 | -90.33 | 5.39亿 | -49.73 | 3.71亿 | 389.1万 | 1924万 | 284.9万 | 4.92亿 | 5526万 | 5555万 | 10-31 | https://data. |
| 9 | 688669 | 聚石化学 | 详细 数 | 3987万 | -41.15 | 32.22亿 | 72.88 | 28.75亿 | 4048万 | 1.34亿 | 1311万 | 31.62亿 | -2061万 | 5771万 | 10-31 | https://data. |
| 10 | 688661 | 和林微纳 | 详细 数 | 4462万 | -46.46 | 2.31亿 | -18.02 | 1.35亿 | 971.0万 | 1275万 | -402.6万 | 1.93亿 | 4708万 | 4704万 | 10-31 | https://data. |
| 11 | 688656 | 浩欧博 | 详细 数 | 4447万 | -40.51 | 2.55亿 | 7.938 | 9034万 | 5850万 | 3141万 | 35.43万 | 2.09亿 | 5054万 | 5067万 | 10-31 | https://data. |
| 12 | 688622 | 禾信仪器 | 详细 数 | -4382万 | -211.54 | 1.51亿 | -37.30 | 6377万 | 8236万 | 3185万 | 199.7万 | 2.33亿 | -5812万 | -5850万 | 10-31 | https://data. |
| 13 | 688599 | 天合光能 | 详细 数 | 24.02亿 | 107.74 | 582.0亿 | 86.15 | 503.7亿 | 16.40亿 | 14.36亿 | 3.29亿 | 547.6亿 | 27.66亿 | 27.05亿 | 10-31 | https://data. |
| 14 | 688596 | 正帆科技 | 详细 数 | 1.37亿 | 27.67 | 18.04亿 | 46.04 | 13.06亿 | 3472万 | 1.94亿 | 656.3万 | 16.38亿 | 1.49亿 | 1.49亿 | 10-31 | https://data. |
| 15 | 688580 | 伟思医疗 | 详细 数 | 6217万 | -42.21 | 2.17亿 | -28.60 | 5765万 | 6171万 | 2886万 | -1382万 | 1.74亿 | 6634万 | 6743万 | 10-31 | https://data. |

图 9-47　代码 9-11.py 的运行结果

由于在爬取数据时没有爬取表头,所以爬取完数据后,根据需要,可以手动添加表头,如图 9-48 所示。

| 股票代码 | 股票简称 | 相关 | 净利润（元） | 净利润同比 | 营业总收入（元） | 营业总收入同比（%） | 营业支出（元） | 销售费用（元） | 管理费用（元） | 财务费用（元） | 营业总支出（元） | 营业利润（元） | 利润总额（元） | 公告日期 | url |
|---|---|---|---|---|---|---|---|---|---|---|---|---|---|---|---|
| 688799 | 华纳药厂 | 详细 数 | 1.24亿 | 20.22 | 9.27亿 | 14.97 | 2.94亿 | 4.12亿 | 3309万 | -479.6万 | 8.03亿 | 1.38亿 | 1.38亿 | 10-31 | https://data |
| 688798 | 艾为电子 | 详细 数 | 5449万 | -72.14 | 16.70亿 | 0.527 | 9.71亿 | 9476万 | 1.23亿 | -2405万 | 16.51亿 | 3681万 | 3697万 | 10-31 | https://data |
| 688793 | 倍轻松 | 详细 数 | -5753万 | -187.19 | 6.49亿 | -20.20 | 3.05亿 | 3.30亿 | 3603万 | 204.9万 | 7.20亿 | -6524万 | -6567万 | 10-31 | https://data |
| 688772 | 珠海冠宇 | 详细 数 | 8484万 | -89.58 | 83.38亿 | 8.937 | 68.25亿 | 3892万 | 7.66亿 | -2170万 | 82.08亿 | -1690万 | -1696万 | 10-31 | https://data |
| 688728 | 格科微 | 详细 数 | 5.55亿 | -40.50 | 45.71亿 | -13.04 | 31.04亿 | 8606万 | 1.91亿 | -1.11亿 | 36.82亿 | 6.68亿 | 6.65亿 | 10-31 | https://data |
| 688707 | 振华新材 | 详细 数 | 10.06亿 | 286.18 | 99.04亿 | 179.50 | 83.98亿 | 914.0万 | 5409万 | 7225万 | 87.46亿 | 11.37亿 | 11.49亿 | 10-31 | https://data |
| 688701 | 卓锦股份 | 详细 数 | -2993万 | -293.26 | 1.79亿 | -29.58 | 1.43亿 | 1405万 | 2815万 | 297.0万 | 2.13亿 | -2910万 | -2992万 | 10-31 | https://data |
| 688699 | 明微电子 | 详细 数 | 5804万 | -90.33 | 5.39亿 | -49.73 | 3.71亿 | 389.1万 | 1924万 | 284.9万 | 4.92亿 | 5526万 | 5555万 | 10-31 | https://data |
| 688669 | 聚石化学 | 详细 数 | 3987万 | -41.15 | 32.22亿 | 72.88 | 28.75亿 | 4048万 | 1.34亿 | 1311万 | 31.62亿 | -2061万 | 5771万 | 10-31 | https://data |
| 688661 | 和林微纳 | 详细 数 | 4462万 | -46.46 | 2.31亿 | -18.02 | 1.35亿 | 971.0万 | 1275万 | -402.6万 | 1.93亿 | 4708万 | 4704万 | 10-31 | https://data |
| 688656 | 浩欧博 | 详细 数 | 4447万 | -40.51 | 2.55亿 | 7.938 | 9034万 | 5850万 | 3141万 | 35.43万 | 2.09亿 | 5054万 | 5067万 | 10-31 | https://data |
| 688622 | 禾信仪器 | 详细 数 | -4382万 | -211.54 | 1.51亿 | -37.30 | 6377万 | 8236万 | 3185万 | 199.7万 | 2.33亿 | -5812万 | -5850万 | 10-31 | https://data |
| 688599 | 天合光能 | 详细 数 | 24.02亿 | 107.74 | 582.0亿 | 86.15 | 503.7亿 | 16.40亿 | 14.36亿 | 3.29亿 | 547.6亿 | 27.66亿 | 27.05亿 | 10-31 | https://data |
| 688596 | 正帆科技 | 详细 数 | 1.37亿 | 27.67 | 18.04亿 | 46.04 | 13.06亿 | 3472万 | 1.94亿 | 656.3万 | 16.38亿 | 1.49亿 | 1.49亿 | 10-31 | https://data |

图 9-48　添加表头后的数据

## 9.7.2　爬取多页财务数据

**【实例 9-12】** 使用浏览器打开东方财富网的数据中心,在网页左侧的栏目表中,选择“年报季报”,在展开的子菜单中,选择“利润表”,即可进入利润表的网页。使用 Python 爬取连续 3 页的利润表,并获取这些数据来源的链接(在表格“详细”中)。将获取的数据存储在 Excel 工作表中。

由于要爬取 3 页的数据,因此需要查看跳转页面的标签,如图 9-49 所示。

使用 Selenium 模块模拟翻转页面,需要引入 WebDriverWait 类设置等待时间(10s)并

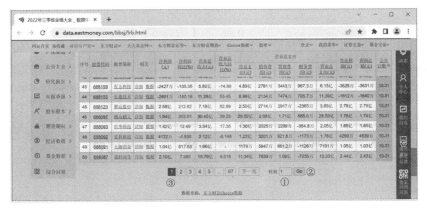

图 9-49　跳转页面的标签

创建对象 wait。由于该网页是动态渲染出来的,因此使用 wait 对象的 until()等待指定标签的出现。这里使用 XPATH 或 CSS_SELECTOR 定位标签。完整的代码如下:

```python
# === 第 9 章 代码 9 - 12. py === #
from selenium import webdriver
import time
import pandas as pd
from selenium.webdriver.support.wait import WebDriverWait
from selenium.webdriver.support import expected_conditions as EC
from selenium.webdriver.common.by import By


# 根据页码,获取网页源代码
def get_index(page):
    browser = webdriver.Chrome()
    wait = WebDriverWait(browser, 10)
    url = 'https://data.eastmoney.com/bbsj/lrb.html'
    try:
        browser.get(url)
        print(f'正在爬取第{page}页')
        # 定位表格,并等待表格出现
        wait.until(EC.presence_of_element_located((By.CSS_SELECTOR, '#dataview > div.
dataview - center > div.dataview - body > table')))
        if page > 1:
            # 定位页码输入框①,并等待输入框出现,然后输入页码 page
            page_in = wait.until(EC.presence_of_element_located((By.XPATH,
'// * [@id = "gotopageindex"]')))
            page_in.clear()
            page_in.send_keys(page)
            # 定位 Go 按钮②,等待按钮出现,然后单击按钮
            submit = wait.until(EC.element_to_be_clickable((By.CSS_SELECTOR,
'#dataview > div.dataview - pagination.tablepager > div.gotopage > form > input.btn')))
            submit.click()
            time.sleep(6)
        # 定位 page 页码③,并等待 page 页码出现
            wait.until(EC.text_to_be_present_in_element((By.CSS_SELECTOR,
'#dataview > div.dataview - pagination.tablepager > div.pagerbox > a.active'), str(page)))
```

```
            return browser
    except Exception:
            return None

# 从源代码中提取数据,并转换为 DataFrame 格式
def get_table(n):
    all_data = pd.DataFrame()
    for page in range(1,n + 1):
            # 获取网页源代码
            browser = get_index(page)
            if browser == None:
                    print('出错了!')
            # 提取表格中的数据
            table = browser.find_element('xpath','// * [@id = "dataview"]/div[2]/div[2]/table')
            table_content = table.find_elements('tag name','td')
            data_list = []
            for i in table_content:
                    data_list.append(i.text)
            # 将表格数据拆分为对应列数的子列表
            column = len(table.find_elements('css selector','tbody > tr:nth - child(1) > td'))
            print(column)
            data_list = [data_list[i:i + column] for i in range(0,len(data_list),column)]
            # 获取表格中详细的链接
            link_list = []
            links = table.find_elements('css selector','td:nth - child(4) > a.red')
            for i in links:
                    url = i.get_attribute('href')
                    link_list.append(url)
            browser.quit()
            # 将数据转换为 DataFrame 格式
            link_list = pd.Series(link_list)
            df_table = pd.DataFrame(data_list)
            df_table['url'] = link_list
            all_data = pd.concat([all_data,df_table],ignore_index = True)
    return all_data

if __name__ == '__main__':
    all_data = get_table(3)
    all_data.to_excel('D:\\test\\profit2.xlsx',index = False)
```

运行结果如图 9-50 所示。

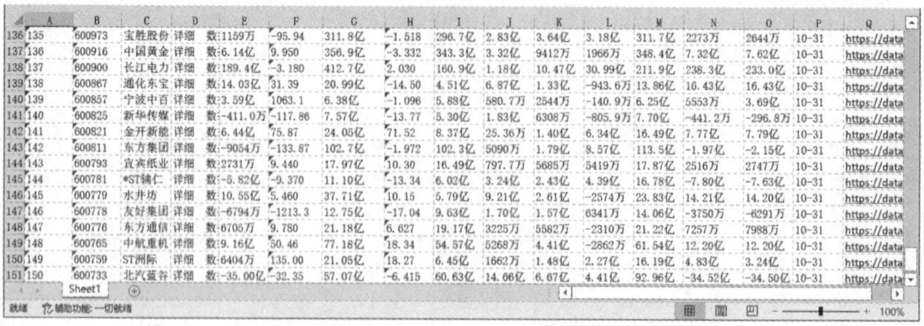

| | A | B | C | D | E | F | G | H | I | J | K | L | M | N | O | P | Q |
|---|---|---|---|---|---|---|---|---|---|---|---|---|---|---|---|---|---|
| 136 | 135 | 600973 | 宝胜股份 | 详细 数 | 1159万 | -95.94 | 311.8亿 | -1.518 | 296.7亿 | 2.83亿 | 3.64亿 | 3.18亿 | 311.7亿 | 2273万 | 2644万 | 10-31 | https://data |
| 137 | 136 | 600916 | 中国黄金 | 详细 数 | 6.14亿 | 9.950 | 356.9亿 | -3.332 | 343.3亿 | 3.32亿 | 9412万 | 1966万 | 348.4亿 | 7.32亿 | 7.62亿 | 10-31 | https://data |
| 138 | 137 | 600900 | 长江电力 | 详细 数 | 189.4亿 | -3.180 | 412.7亿 | 2.030 | 160.9亿 | 1.18亿 | 10.47亿 | 30.99亿 | 211.9亿 | 238.3亿 | 233.0亿 | 10-31 | https://data |
| 139 | 138 | 600867 | 通化东宝 | 详细 数 | 14.03亿 | 31.39 | 20.99亿 | -14.50 | 4.51亿 | 6.87亿 | 1.33亿 | -943.6万 | 13.86亿 | 16.43亿 | 16.43亿 | 10-31 | https://data |
| 140 | 139 | 600857 | 宁波中百 | 详细 数 | 3.59亿 | 1063.1 | 6.38亿 | -1.096 | 5.88亿 | 580.7万 | 2544万 | -140.9万 | 6.25亿 | 5553万 | 3.69亿 | 10-31 | https://data |
| 141 | 140 | 600825 | 新华传媒 | 详细 数 | -411.0万 | -117.86 | 7.57亿 | -13.77 | 5.30亿 | 1.83亿 | 6308万 | -805.9万 | 7.70亿 | -441.2万 | -296.8万 | 10-31 | https://data |
| 142 | 141 | 600821 | 金开新能 | 详细 数 | 6.44亿 | 75.87 | 24.05亿 | 71.52 | 8.37亿 | 25.36万 | 1.40亿 | 6.34亿 | 16.49亿 | 7.77亿 | 7.79亿 | 10-31 | https://data |
| 143 | 142 | 600811 | 东方集团 | 详细 数 | -9054万 | -133.87 | 102.7亿 | -1.972 | 102.3亿 | 5090万 | 1.79亿 | 8.57亿 | 113.5亿 | -1.97亿 | -2.15亿 | 10-31 | https://data |
| 144 | 143 | 600793 | 宜宾纸业 | 详细 数 | 2731万 | 9.440 | 17.97亿 | 10.30 | 16.49亿 | 797.7万 | 5685万 | 5419万 | 17.87亿 | 2516万 | 2747万 | 10-31 | https://data |
| 145 | 144 | 600781 | *ST辅仁 | 详细 数 | -5.82亿 | -9.370 | 11.10亿 | -13.34 | 6.02亿 | 3.24亿 | 2.43亿 | 4.39亿 | 16.78亿 | -7.80亿 | -7.63亿 | 10-31 | https://data |
| 146 | 145 | 600779 | 水井坊 | 详细 数 | 10.55亿 | 5.460 | 37.71亿 | 10.15 | 5.79亿 | 9.21亿 | 2.61亿 | -2574万 | 23.83亿 | 14.21亿 | 14.20亿 | 10-31 | https://data |
| 147 | 146 | 600778 | 友好集团 | 详细 数 | -6794万 | -1213.3 | 12.75亿 | -17.04 | 9.63亿 | 1.70亿 | 1.57亿 | 6341万 | 14.06亿 | -3750万 | -6291万 | 10-31 | https://data |
| 148 | 147 | 600776 | 东方通信 | 详细 数 | 6705万 | 9.780 | 21.18亿 | 6.627 | 19.17亿 | 3225万 | 5582万 | -2310万 | 21.22亿 | 7257万 | 7988万 | 10-31 | https://data |
| 149 | 148 | 600765 | 中航重机 | 详细 数 | 9.16亿 | 50.46 | 77.18亿 | 18.34 | 54.57亿 | 5268万 | 4.41亿 | -2862万 | 61.54亿 | 12.20亿 | 12.20亿 | 10-31 | https://data |
| 150 | 149 | 600759 | ST洲际 | 详细 数 | 6404万 | 135.00 | 21.05亿 | 18.27 | 6.45亿 | 1662万 | 1.48亿 | 2.27亿 | 16.19亿 | 4.83亿 | 3.24亿 | 10-31 | https://data |
| 151 | 150 | 600733 | 北汽蓝谷 | 详细 数 | -35.00亿 | -32.35 | 57.07亿 | -6.415 | 60.63亿 | 14.66亿 | 6.67亿 | 4.41亿 | 92.96亿 | -34.52亿 | -34.50亿 | 10-31 | https://data |



图 9-50　代码 9-12.py 的运行结果

### 9.7.3　爬取指定日期和指定类别的财务数据

【**实例 9-13**】　使用浏览器打开东方财富网的数据中心,在网页的左侧的栏目表中,选择"年报季报",在展开的子菜单中,选择"资产负债表",即可进入资产负债表的网页。分析该网页的 URL 和网页内容(日期和财务的类别)可知它们之间有一种对应的关系,如图 9-51 所示。

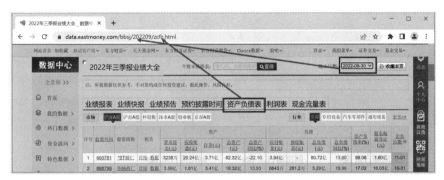

图 9-51　日期、类别与 URL 的对应关系

根据这种对应关系,可以根据输入的时间和输入的财务数据类别确定网页的 URL,进而爬取指定日期和指定类别的财务数据,代码如下:

```python
# === 第 9 章 代码 9 - 13. py === #
from selenium import webdriver
import time
import pandas as pd
from selenium. webdriver. support. wait import WebDriverWait
from selenium. webdriver. support import expected_conditions as EC
from selenium. webdriver. common. by import By

# 根据输入数据(日期、类别、页码),确定 url 和 page 范围
def url_page():
    year = int(input('请输入要查询的年份(如 2022):'))
    while (year < 2009) or (year > 2022):
        year = int(input('年份输入错误,请重新输入:'))
    quarter = int(input('请输入季度对应的数字(1--季度; 2 - 年中报; 3 - 三季度; 4 - 年报): '))
    while (quarter < 1) or (quarter > 4):
        quarter = int(input('季度输入错误,请重新输入:'))
    quarter = f'{quarter * 3:02d}'
    date = f'{year}{quarter}'
    tables = int(input('请输入报表种类对应的数字(1 - 业绩报表; 2 - 业绩快报; 3 - 业绩预告; 4 - 预约披露时间; 5 - 资产负债表; 6 - 利润表; 7 - 现金流量表): '))
    dict_tables = {1:'业绩报表',2:'业绩快报',3:'业绩预告',4:'预约披露时间',5:'资产负债表', 6:'利润表',7:'现金流量表'}
    dict_url = {1:'yjbb',2:'yjkb',3:'yjyg',4:'yysj',5:'zcfz',6:'lrb',7:'xjll'}
    category = dict_url[tables]
    url = f'https://data. eastmoney. com/bbsj/{date}/{category}. html'
    print(url)
```

```python
        start_page = int(input('请输入开始页码:'))
        nums = input('请输入爬取的页数: ')
        # 获取最大页码
        browser = webdriver.Chrome()
        browser.get(url)
        p_list = browser.find_elements('css selector','.pagerbox > a')
        max_page = int(p_list[-2].text)
        # 将最大页码与用户输入页码对比
        if nums.isdigit():
                end_page = start_page + int(nums) - 1
                if end_page > max_page:
                        end_page = max_page
        elif nums == '':
                end_page = max_page
        else:
                print('页码输入错误')
        browser.quit()
        print(f'准备爬取{date}-{dict_tables[tables]}-第{start_page}~{end_page}页')
        yield {'url':url,'start_page':start_page,'end_page':end_page}


# 根据页码,获取网页源代码
def get_index(url,page):
    browser = webdriver.Chrome()
    wait = WebDriverWait(browser,10)
    # url = 'https://data.eastmoney.com/bbsj/lrb.html'
    try:
            browser.get(url)
            print(f'正在爬取第{page}页')
            # 定位表格,并等待表格出现
            wait.until(EC.presence_of_element_located((By.CSS_SELECTOR, '#dataview > div.
dataview-center > div.dataview-body > table')))
            if page > 1:
                    # 定位页码输入框,并等待输入框出现,然后输入页码 page
                    page_in = wait.until(EC.presence_of_element_located((By.XPATH, '//*
[@id="gotopageindex"]')))
                    page_in.clear()
                    page_in.send_keys(page)
                    # 定位 Go 按钮,等待按钮出现,然后单击按钮
                    submit = wait.until(EC.element_to_be_clickable((By.CSS_SELECTOR,
'#dataview > div.dataview-pagination.tablepager > div.gotopage > form > input.btn')))
                    submit.click()
                    time.sleep(6)
            # 定位页码 page,并等待 page 页码出现
            wait.until(EC.text_to_be_present_in_element((By.CSS_SELECTOR, '#dataview >
div.dataview-pagination.tablepager > div.pagerbox > a.active'),str(page)))
            return browser
    except Exception:
            return None


# 从源代码中提取数据,并转换为 DataFrame 格式
def get_table(url,page):
    # 获取网页源代码
```

```
    browser = get_index(url,page)
    if browser == None:
            print('出错了!')
    #提取表格中的数据
    table = browser.find_element('xpath','//*[@id = "dataview"]/div[2]/div[2]/table')
    table_content = table.find_elements('tag name','td')
    data_list = []
    for i in table_content:
            data_list.append(i.text)
    #将表格数据拆分为对应列数的子列表
    column = len(table.find_elements('css selector','tbody > tr:nth-child(1) > td'))
    print(column)
    data_list = [data_list[i:i+column] for i in range(0,len(data_list),column)]
    #获取表格中详细的链接
    link_list = []
    links = table.find_elements('css selector','td:nth-child(4) > a.red')
    for i in links:
            url = i.get_attribute('href')
            link_list.append(url)
    browser.quit()
    #将数据转换为 DataFrame 格式
    link_list = pd.Series(link_list)
    df_table = pd.DataFrame(data_list)
    df_table['url'] = link_list
    return df_table


if __name__ == '__main__':
    for i in url_page():
            url = i.get('url')
            start_page = i.get('start_page')
            end_page = i.get('end_page')
    all_data = pd.DataFrame()
    for page in range(start_page,end_page+1):
            df_table = get_table(url,page)
            all_data = pd.concat([all_data,df_table],ignore_index = True)
    all_data.to_excel('D:\\test\\income1.xlsx',index = False)
```

运行结果如图 9-52 和图 9-53 所示。

图 9-52　代码 9-13.py 的运行结果

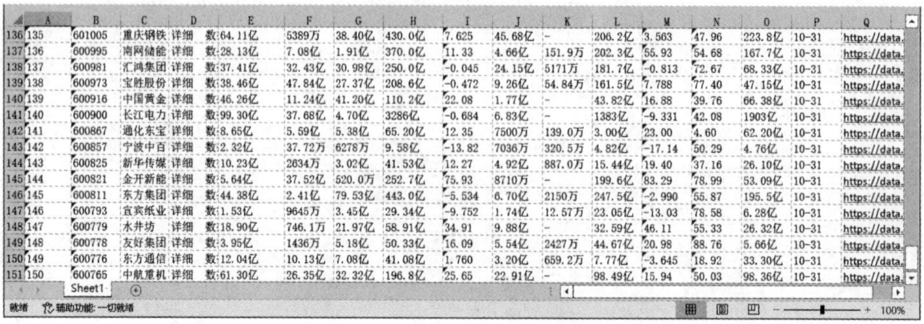

| | A | B | C | D | E | F | G | H | I | J | K | L | M | N | O | P | Q |
|---|---|---|---|---|---|---|---|---|---|---|---|---|---|---|---|---|---|
| 136 | 135 | 601005 | 重庆钢铁 | 详细 | 数 | 64.11亿 | 5389万 | 38.40亿 | 430.0亿 | 7.625 | 45.68亿 | — | 206.2亿 | 3.563 | 47.96 | 223.8亿 | 10-31 | https://data. |
| 137 | 136 | 600995 | 南网储能 | 详细 | 数 | 28.13亿 | 7.08亿 | 1.91亿 | 370.0亿 | 11.33 | 4.66亿 | 151.9万 | 202.3亿 | 55.93 | 54.68 | 167.7亿 | 10-31 | https://data. |
| 138 | 137 | 600981 | 汇鸿集团 | 详细 | 数 | 37.41亿 | 32.43亿 | 30.98亿 | 250.0亿 | -0.045 | 24.15亿 | 5171万 | 181.7亿 | -0.813 | 72.67 | 68.33亿 | 10-31 | https://data. |
| 139 | 138 | 600973 | 宝胜股份 | 详细 | 数 | 38.46亿 | 47.84亿 | 27.37亿 | 208.6亿 | -0.472 | 9.26亿 | 54.84万 | 161.5亿 | 7.788 | 77.40 | 47.15亿 | 10-31 | https://data. |
| 140 | 139 | 600916 | 中国黄金 | 详细 | 数 | 46.26亿 | 11.24亿 | 41.20亿 | 110.2亿 | 22.08 | 1.77亿 | — | 43.82亿 | 16.88 | 39.76 | 66.38亿 | 10-31 | https://data. |
| 141 | 140 | 600900 | 长江电力 | 详细 | 数 | 99.30亿 | 37.68亿 | 4.70亿 | 3286亿 | -0.684 | 6.83亿 | — | 1383亿 | -9.331 | 42.08 | 1903亿 | 10-31 | https://data. |
| 142 | 141 | 600867 | 通化东宝 | 详细 | 数 | 8.65亿 | 5.59亿 | 5.38亿 | 65.20亿 | 12.35 | 7500万 | 139.0万 | 23.00 | 23.00 | 4.60 | 62.20亿 | 10-31 | https://data. |
| 143 | 142 | 600857 | 宁波中百 | 详细 | 数 | 2.32亿 | 37.72万 | 6278万 | 9.58亿 | -13.82 | 7036万 | 320.5万 | 4.82亿 | -17.14 | 50.29 | 4.76亿 | 10-31 | https://data. |
| 144 | 143 | 600825 | 新华传媒 | 详细 | 数 | 10.23亿 | 2634万 | 3.02亿 | 41.53亿 | 12.27 | 4.92亿 | 887.0万 | 15.44亿 | 19.40 | 37.16 | 26.10亿 | 10-31 | https://data. |
| 145 | 144 | 600821 | 金开新能 | 详细 | 数 | 5.64亿 | 37.52亿 | 520.0万 | 252.7亿 | 75.93 | 8710万 | — | 199.6亿 | 83.29 | 78.99 | 53.09亿 | 10-31 | https://data. |
| 146 | 145 | 600811 | 东方集团 | 详细 | 数 | 44.38亿 | 2.41亿 | 79.53亿 | 443.0亿 | -5.534 | 6.70亿 | 2150万 | 247.5亿 | -2.990 | 55.87 | 195.5亿 | 10-31 | https://data. |
| 147 | 146 | 600793 | 宜宾纸业 | 详细 | 数 | 1.53亿 | 9645万 | 3.45亿 | 29.34亿 | -9.752 | 1.74亿 | 12.57万 | 23.05亿 | -13.03 | 78.58 | 6.28亿 | 10-31 | https://data. |
| 148 | 147 | 600779 | 水井坊 | 详细 | 数 | 18.90亿 | 746.1万 | 21.97亿 | 58.91亿 | 34.91 | 9.88亿 | — | 32.59亿 | 46.11 | 55.33 | 26.32亿 | 10-31 | https://data. |
| 149 | 148 | 600778 | 友好集团 | 详细 | 数 | 3.95亿 | 1436万 | 5.18亿 | 50.33亿 | 16.09 | 5.54亿 | 2427万 | 44.67亿 | 20.98 | 88.76 | 5.66亿 | 10-31 | https://data. |
| 150 | 149 | 600776 | 东方通信 | 详细 | 数 | 12.04亿 | 10.13亿 | 7.08亿 | 41.08亿 | 1.760 | 3.20亿 | 659.2万 | 7.77亿 | -3.645 | 18.92 | 33.30亿 | 10-31 | https://data. |
| 151 | 150 | 600765 | 中航重机 | 详细 | 数 | 61.30亿 | 26.35亿 | 32.32亿 | 196.8亿 | 25.65 | 22.91亿 | — | 98.49亿 | 15.94 | 50.03 | 98.36亿 | 10-31 | https://data. |

Sheet1

图 9-53　代码 9-13.py 爬取的数据

**注意**：由于每台计算机的网速不同，因此使用代码 9-13.py 批量爬取财务报表的速度也会不同。

## 9.8　小结

本章列举了爬虫应用的典型案例，需要综合运用所学的知识。最后两个案例比较有难度，需要扎实的基础。

# 第 10 章

# 网络安全测试

进入互联网时代,网络改变了人类的交流、通信、娱乐、获取信息的方式。普通人会经常使用浏览器登录 Web 网站,查看新闻、视频、邮件等。安全是网民使用浏览器的最基本需求。随着 Web 技术的发展,Web 网站能提供越来越多的服务,同样各种类型的漏洞也在 Web 服务的各个环节出现。

在 Python 中,针对 Web 后端的注入漏洞有一款强大的工具 Sqlmap。Sqlmap 是一个自动化的 SQL 注入工具,可以根据给定的 URL 扫描、发现、利用 SQL 注入漏洞。

## 10.1 SQL 注入漏洞概述

SQL 注入漏洞是一种比较常见的漏洞,也是一种高危漏洞。SQL 注入攻击的本质是把用户输入的数据当作代码执行。SQL 注入攻击的实现需要两个关键条件:第 1 个是用户能够控制输入;第 2 个是 Web 服务中原本用来执行的代码拼接了用户输入的数据。

13min

### 10.1.1 HTML 表单与 HTTP

SQL 注入漏洞能够实现的第 1 个条件是,用户能够输入信息,并发送 HTTP 请求。用户可以使用网页中的 HTML 表单输入信息。表单的标签为< form ></form >,表单的基本语法格式如下:

```
< form action = "url" method = "get|post" enctype = "mine"></form >
```

其中,action = "url"用于指定提交表单的地址,可以是一个 URL 网址或一个电子邮件地址;method = "get"或"post"表示提交表单是发送的 HTTP 请求,可以是 GET 请求或 POST 请求;enctype = "mine"表示用来把表单传递给服务器的互联网媒体形式。

表单是一个能够添加表单元素的区域,通过添加不同的表单元素,具有不同的显示效果。

【实例 10-1】 编写一个用户登录页面,需包含用户名称输入框、用户密码输入框、提交按钮,代码如下:

```
# === 第 10 章 代码 10 - 1.html === #
<!DOCTYPE html >
< html >
< head >
    < meta charset = "utf - 8">
    < meta name = "viewport" content = "width = device - width, initial - scale = 1">
    < title >表单</title >
</head >
< body >
< form action = "url" method = "get" enctype = "mine">
    请输入用户登录信息
    < br >
    用户名称
    < input type = "text" name = "user">
    < br >
    用户密码
    < input type = "password" name = "password">
    < br >
    < input type = "submit" value = "登录">
</form >
</body >
</html >
```

将代码保存为 10-1.html,然后使用浏览器打开 10-1.html,即可看到表单元素的显示效果,如图 10-1 所示。

图 10-1　代码 10-1.html 的显示效果

如果单击图 10-1 中的登录按钮,则会向指定的 URL 发送 HTTP 的 GET 请求,其中 < input type = "text" name = "user">表示单行文本输入框,< input type = "password" name = "password">表示密码输入框,< input type = "submit" value = "登录">表示提交按钮。

在 HTML 中还有其他类型的表单元素,常见的表单元素见表 10-1。

表 10-1　HTML 中常见的表单元素

| 代 码 格 式 | 表 单 元 素 |
| --- | --- |
| < input type = "text" name = "...">  | 单行文本输入框 text |
| < input type = "password" name = "...">  | 用户密码输入框 password |
| < input type = "submit" value = "...">  | 提交按钮 submit |
| < input type = "radio" name = "...">  | 单选按钮 radio |
| < input type = "checkbox" name = "...">  | 复选框 checkbox |

续表

| 代　码　格　式 | 表　单　元　素 |
| --- | --- |
| < input type="button" name="..."> | 普通按钮 button |
| < input type="reset" name="..."> | 重置按钮 reset |
| < textarea name="..." cols="..." rows="..."></textarea> | 多行文本输入框 |
| < select name="..." size="..." multiple ><br>　< option value="..." selected >...</option><br>　...<br></select > | 列表框 select |

**注意**：表 10-1 主要讲述了 HTML5 中的表单元素，HTML5 是互联网的下一代标准，是构建及呈现互联网内容的一种语言方式，被认为是互联网的核心技术之一。HTML 产生于 1990 年，1997 年 HTML4 成为互联网标准，并广泛应用于互联网应用的开发中。HTML5 技术结合了 HTML4.01 的相关标准并进行了革新，符合现代网络发展的要求，在 2008 年正式发布。HTML5 在 2012 年已形成了稳定的版本。2014 年 10 月 28 日，W3C 发布了 HTML5 的最终版。

在实际生活中，经常需要在网页中的表单填写信息，单击"提交"按钮后发送 HTTP 请求。例如使用搜索引擎，在文本框输入关键词，按 Enter 键后浏览器会向指定的 URL 发送 HTTP 请求，如果发送 GET 请求，则 URL 中会包含在输入框中输入的关键词，如图 10-2 所示。

图 10-2　URL 中的关键词 python

如果在表单中输入的信息没有出现在 URL 中，则浏览器向该 URL 发送的是 POST 请求。例如在使用新浪新闻搜索引擎时，经常会发送 POST 请求，可以通过浏览器的开发工具查看，如图 10-3 所示。

## 10.1.2　数据库与 SQL 注入漏洞

网页表单本意是用户输入数据的窗口，用户可以在表单中输入数据，发送 HTTP 请求，进而获取更多的 Web 服务。例如在网页中登录个人信息，需要在表单中输入用户名和密码，如图 10-4 所示。

图 10-3　POST 请求中的表单数据"能源"

图 10-4　填写个人信息的表单

填写完用户名和密码后,单击"登录"按钮,浏览器会将 HTTP 请求发送到网站服务器,网站服务器使用 SQL 语句查询数据库,查询 SQL 语句如下:

```
SELECT * FROM user WHERE username = 'username' AND password = 'code'
```

网站服务器获取查询结果,然后返回请求信息,用户就可以在浏览器查看登录结果,整个流程如图 10-5 所示。

图 10-5　使用表单发送 HTTP 请求后的整个流程

互联网本来是安全的,自从研究互联网安全的人出现了,互联网就不安全了。如果用户把数据表单当作测试代码的平台,不是在表单中输入数据,而是输入代码,例如万能密码,则会出现不需要密码即可登录个人账户的情况。

```
username'--
```

因为构建的 SQL 语句中使用了注释符号(--),构建的 SQL 查询语句等同于:

```
SELECT * FROM user WHERE username = 'username'
```

因此,这个查询完全避开了密码检查。

如果这名用户是一名攻击者,则不知道这名用户的用户名,所以攻击者也可以利用这种 SQL 注入漏洞,例如提交以下用户名:

```
' OR 1 = 1 --
```

提交给网站服务器,构建的 SQL 查询语句如下:

```
SELECT * FROM user WHERE username = '' OR 1 = 1 -- ' AND password = 'code'
```

因为使用了注释符号,上面的查询语句等同于:

```
SELECT * FROM user WHERE username = '' OR 1 = 1
```

该查询结果将返回全部的用户信息。

随着 Web 应用程序安全意识的日渐增强,SQL 注入漏洞越来越少,同时也变得更加难以检测。许多主流应用程序使用专门的 API 或预编译的方法来避免 SQL 注入。

随着这种趋势的变化,查找并利用 SQL 注入漏洞的方法也在不断地改进,需要使用更加微妙的漏洞指标和更加完善、强大的利用技巧。首先需要分析最基本的情况,然后进一步使用最新的盲目测试与利用技巧。在 Python 中,Sqlmap 是一个自动化的 SQL 注入工具,其主要功能是扫描、发现并利用给定的 URL 的 SQL 注入漏洞。

---

**注意:** 如果用户在表单中输入可以发送 HTTP 请求的 JavaScript 代码,则可能会发现 Web 程序的另一种漏洞,即跨站脚本攻击(XSS)。XSS 是客户端脚本安全的大敌,这部分内容超出了本书的范围,有兴趣的读者可自行研究。

---

## 10.2 分析 URL 与抓取 HTTP 数据包

在实际生活中,人类会发明工具来解决一些问题。如果要在 Web 网站或 Web 程序上查找 SQL 注入漏洞,则需要使用趁手的工具。

▶ 17min

### 10.2.1 分析 URL 的工具

在表单中输入数据后,单击"提交"按钮会发送 HTTP 请求。如果发送的是 HTTP 的 GET 请求,则在 URL 中会包含表单数据。如果有一款工具可以分析、修改、测试 URL,则可以直接通过 URL 测试拼接代码的数据。

在实际安全测试中,一般会使用火狐浏览器(Firefox)的 Max HacKBar 插件。插件是指能增强或丰富原有工具功能的小程序。

**1. 安装 Max HacKBar 插件**

（1）打开火狐浏览器，单击浏览器右上角的按钮（标识为 3 个横线），会弹出一个菜单，选中"扩展和主题"，会进入浏览器的附加组件管理器页面。操作过程如图 10-6 所示。

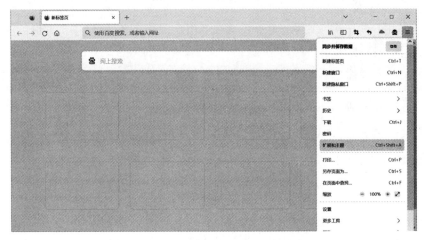

图 10-6　打开浏览器的附加组件管理器界面

（2）在搜索框中输入 max hackbar，按 Enter 键，即可搜索该插件，如图 10-7 和图 10-8 所示。

图 10-7　搜索 max hackbar 插件

图 10-8　搜索结果

（3）单击 Max HacKBar，会进入 Max HacKBar 的安装页面，单击"添加到 Firefox"按钮，即可进行安装，如图 10-9 所示。

图 10-9  Max HacKBar 插件的安装页面

（4）安装完成后，刷新浏览器的附加组件管理器页面，即可看到已经安装好的 Max HacKBar 插件，如图 10-10 所示。

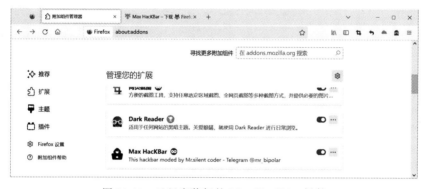

图 10-10  已经安装好的 Max HacKBar 插件

**注意**：火狐浏览器是一个由 Mozilla 开发的自由及开放源代码的网页浏览器，如果搜索关键词为 hackbar 的插件，则会有很多搜索结果，但有些插件是需要证书的，获取证书的过程很复杂，因此建议使用安装简单、使用方便的插件。

### 2. 使用 Max HacKBar 插件

下面以使用搜索引擎为例，说明如何使用 Max HacKBar 插件发送 HTTP 的 GET 请求。

（1）打开火狐浏览器，登录搜狗搜索，在文本框中输入 python，按 Enter 键，页面会显示搜索结果，此时的 URL 比较复杂，如图 10-11 所示。

（2）按快捷键【F12】打开浏览器开发者工具，单击开发者工具窗口右上角的 Max HacKBar 按钮，即可打开 Max HacKBar，如图 10-12 所示。

（3）单击 Load URL，可以将浏览器的当前页面下的 URL 加载到 Max HacKBar 的输入框中，如图 10-13 所示。

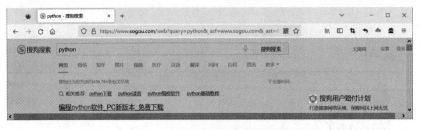

图 10-11　查看搜索引擎的 URL

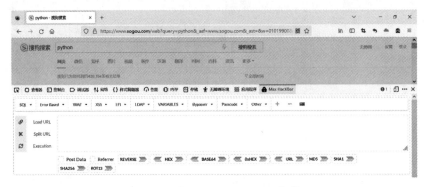

图 10-12　打开 Max HacKBar 插件

图 10-13　加载当前页面的 URL

（4）单击 Split URL,可以对输入框中的 URL 进行整理分割。可以在分割后的 URL 中看到关键词 python,如图 10-14 所示。

（5）在 Max HacKBar 的输入框中,将关键词修改为 java,然后单击 Execution,就会进行一次搜索。这样就越过了 HTML 表单,直接在 URL 中输入数据或代码,然后发送 HTTP 请求,如图 10-15 所示。

（6）在搜索引擎中输入中文"半导体",然后加载 URL,分割 URL,会看到 URL 中的关键词是一堆乱码,如图 10-16 所示。

其实,这堆乱码,是对中文"半导体"进行 UTF-8 编码后的效果。在 Python 中,对中文"半导体"进行 UTF-8 进行编码,如图 10-17 所示。

图 10-14 整理分割后的 URL

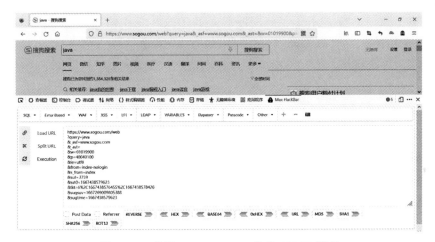

图 10-15 使用 Max HacKBar 发送 HTTP 请求

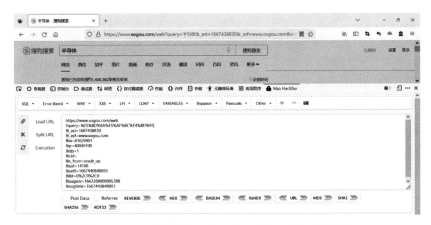

图 10-16 中文关键词在 Max HacKBar 中的显示效果

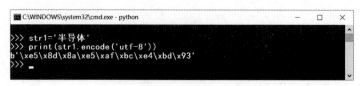

图 10-17  对"半导体"进行 UTF-8 编码

在 Max HacKBar 中的半导体的编码为'%E5%8D%8A%E5%AF%BC%E4%BD%93',在 Python 中对半导体进行 UTF-8 编码后为 b'\xe5\x8d\x8a\xe5\xaf\xbc\xe4\xbd\x93',对比数据会发现搜索引擎对 UTF-8 编码后的二进制进行了过滤和替换,将二进制数据中的\x 替换为%,并将小写字母更改为大写字母。这是搜索公司防范用户数据的方法之一,可以过滤危险的符号。

下面以使用新闻搜索引擎为例,说明如何使用 Max HacKBar 插件发送 HTTP 的 POST 请求。

(1) 打开火狐浏览器,打开新浪新闻搜索页面,在文本框中输入"半导体",按 Enter 键,页面会显示搜索结果,此时的 URL 比较简单,如图 10-18 所示。

图 10-18  使用新闻搜索发送 POST 请求

(2) 按快捷键【F12】打开浏览器开发者工具,单击开发者工具窗口的"网络"按钮,单击窗口下方的 POST 方法,然后单击右侧显示的"请求",可查看发送 POST 请求时携带的数据,如图 10-19 所示。

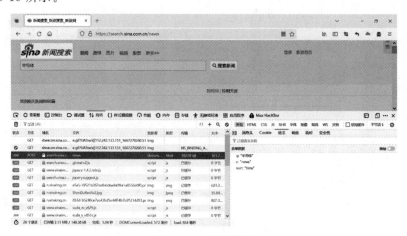

图 10-19  表单数据

（3）打开表单数据右侧的"原始"按钮，可查看发送 POST 请求时的原始数据'q=
%E5%8D%8A%E5%AF%BC%E4%BD%93&c=news&sort=time'，如图 10-20 所示。

图 10-20　发送 HTTP 请求携带的原始数据

（4）单击 Max HacKBar 按钮，勾选 Post Data 复选框，在复选框下方会出现一个输入
框。将原始数据复制、粘贴到该输入框中，如图 10-21 所示。

图 10-21　将原始数据复制到 Max HacKBar 中

（5）在 Max HacKBar 中，单击 Load URL，然后在 Post Data 输入框中输入关键词
python，如图 10-22 所示。

图 10-22　加载 URL 并修改关键词

（6）单击 Execution 按钮，浏览器将发送 POST 请求，新闻搜索引擎将以 Python 为关键词进行搜索，如图 10-23 所示。

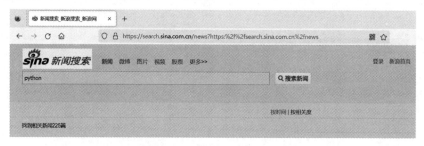

图 10-23　使用 Max HacKBar 发送 HTTP 请求

（7）单击开发者工具窗口的"网络"按钮，单击窗口下方的 POST 方法，然后单击右侧显示的"请求"，可查看发送 POST 请求时携带的数据，如图 10-24 所示。

图 10-24　查看 POST 请求携带的数据

Max HacKBar 是一款强大的浏览器插件，还有其他功能，有兴趣的读者可以自行研究。

## 10.2.2　代理抓包工具

在实际应用中，一般通过浏览器的开发者工具查看 HTTP 数据包，但有时会出现在浏览器中隐藏某些 HTTP 请求的细节。这需要使用代理抓包工具 Fiddler 对 HTTP 数据包进行分析。

### 1. 代理工具

代理工具可以类比成高速公路的检查站或收费站，高速公路检查站可以记录过往的车辆信息，可以根据一定的规则进行拦截或放行。代理工具就是信息高速公路的检查站，HTTP 数据包无论是进入数据通道，还是从数据通道中出来，都要经过代理工具，如图 10-25 所示。

在实际应用中，可以使用代理工具查看、监听、拦截、修改 HTTP 数据包。笔者推荐使

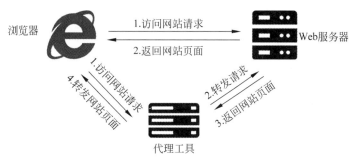

图 10-25　代理工具的工作原理

用 Fiddler 代理工具,该工具在 Windows 平台下提供了免费版。

### 2. 应用代理抓包工具

可以访问 Fiddler 的官网下载 Fiddler 安装包,如图 10-26 所示。

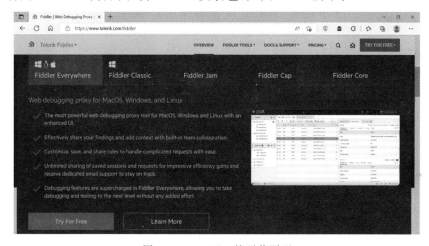

图 10-26　Fiddler 的下载页面

安装完成后,打开 Fiddler 软件,单击菜单栏中的 tools,在弹出的菜单中选中 Options 后就会进入 Options 对话框,如图 10-27 所示。

图 10-27　打开 Options 对话框

在 Options 对话框中,单击 Connection,将监听端口号设置为 8888,如图 10-28 所示。

图 10-28　设置监听端口号

在 Options 对话框中,单击 HTTPS,勾选 Capture HTTPS CONNECTIONs,勾选 Decrypt HTTPS traffic,勾选 Ignore server certificate errors(unsafe),这样就可以查看浏览器的 HTTPS 数据包了,操作过程如图 10-29 所示。

图 10-29　设置解密 HTTPS 数据包

设置完成后,同时打开浏览器和 Fiddler,单击 Fiddler 窗口左侧会话列表的某一条通信请求,单击右侧的 Inspector 按钮,即可查看 HTTP 数据包,如图 10-30 所示。

图 10-30　查看 HTTP 数据包

Fiddler 是一款功能强大的代理工具，不仅适用于 Windows 系统，也适用于 iOS、Android 系统，可以监听、查看、拦截、修改手机系统上的 HTTP 数据包。

### 10.2.3　安装 Sqlmap

安装 Sqlmap，首先要登录 Sqlmap 的官网，单击 Download .zip file 进行下载，如图 10-31 所示。

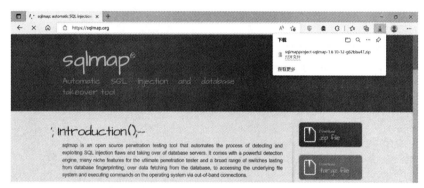

图 10-31　下载 Sqlmap 安装包

将下载的.zip 文件解压，然后将文件夹剪切到 F 盘，并将文件夹名字修改为 sqlmap，打开该文件夹，查看该文件夹下的目录和 sqlmap.py，如图 10-32 所示。

图 10-32　查看 sqlmap.py 文件

sqlmap 目录下的文件夹各有不同的作用，具体的作用见表 10-2。

表 10-2　sqlmap 目录下文件夹及其作用

| 文 件 夹 名 | 作　　用 |
| --- | --- |
| doc | 保护 Sqlmap 的简要说明，如具体的使用说明和作者信息等 |
| extra | 包含 Sqlmap 的额外功能，如发出声响、允许 cmd、安全执行等 |
| lib | Sqlmap 核心目录 |
| plugins | 包含了 Sqlmap 目前支持的 13 种数据库信息和数据库通用事项 |
| tamper | 包含了 waf 绕过脚本 |
| thirdparty | 包含了第三方插件，例如优化、保持连接、颜色 |
| data 的子文件夹 txt | 包含了表名字典、列名字典、UA 字典等 |
| data 的子文件夹 html | 存放 Sqlmap 的 Demo 页面 |
| data 的子文件夹 udf | 存放攻击载荷 |

续表

| 文 件 夹 名 | 作　　用 |
| --- | --- |
| data 的子文件夹 xml | 存放多种数据库注入检测的 payload 等信息,payload 也称为有效负载,表示代码中实现某个功能的部分 |
| data 的子文件夹 procs | 包含了 MSSQL、MySQL、Oracle、PostgreSQL 等数据库的触发程序 |
| data 的子文件夹 shell | 包含了注入成功后的 9 种 Shell 远程命令执行 |

对于初学者来讲,最重要的是文件 sqlmap.py。使用命令行运行 sqlmap.py,如图 10-33 所示。

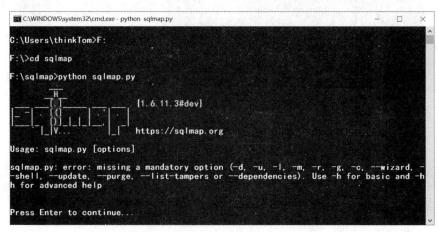

图 10-33　代码 sqlmap.py 的运行结果

注意:不同版本的 Sqlmap 的文件目录会有差异,笔者使用的版本是 1.6.11.3。

在命令行工具中输入 python sqlmap.py -h 命令,可以获得 Sqlmap 的常用参数,如图 10-34 所示。

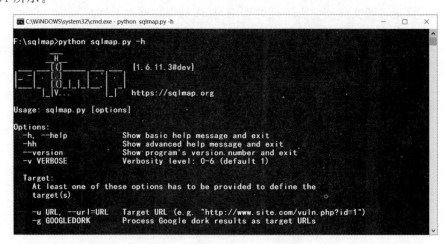

图 10-34　Sqlmap 的常用参数

## 10.3　应用 Sqlmap

在实际应用中,查找 SQL 漏洞有两种方法。第 1 种方法是使用 AWVS 或 AppScan 对网站进行扫描,然后根据扫描结果进行分析。第 2 种方法是手动查找 SQL 注入漏洞,使用浏览器的 Max HacKBar 等工具查找网站上的 SQL 注入漏洞。如果发现有可能会出现 SQL 注入漏洞的 URL,则可以使用 Sqlmap 对指定的网址进行扫描。

发现和利用 SQL 注入漏洞的基本流程:①找到有数据库交互的功能页面;②判断页面是否存在 SQL 注入漏洞;③利用 SQL 注入漏洞读取数据;④导出所需数据。

### 10.3.1　Sqlmap 的功能

Sqlmap 是一个自动化的 SQL 注入工具,其主要功能是扫描、发现并利用给定的 URL 的 SQL 注入漏洞。Sqlmap 支持的参数位置包括 GET、POST、Cookie、HTTP User-Agent Request Header。

Sqlmap 也是一款开源的检测工具,支持检测的数据库包括 MySQL、Oracle、PostgreSQL、MSSQL、Microsoft Access、IBM DB2、SQLite、Firebird、Sybase、SAP MaxDB。

Sqlmap 支持 5 种 SQL 注入技术,如果不加参数,则默认测试所有的注入技术,这 5 种测试技术包括的内容如下:

(1) 基于布尔的盲注,即可根据返回页面判断条件真假的注入。

(2) 基于时间的盲注,即不根据页面返回内容判断任何信息,而是用条件语句查看时间延迟是否执行来判断,时间延迟是否执行表示页面返回的时间是否增加。

(3) 基于报错注入,即页面会返回注入信息,或者把注入语句的结果直接返回页面中。

(4) 联合查询注入,即可使用 UNION 联合查询的注入。

(5) 堆查询注入,即可同时进行多条语句执行的注入。

使用 Sqlmap 扫描指定 URL 的语法格式如下:

```
python sqlmap.py - u url
```

其中,选项-u 用于指定 SQL 注入的 URL;url 表示指定的 URL 或网址,url 可以加或不加双引号。

如果发现 SQL 注入漏洞,则可以列举数据库名称,语法格式如下:

```
python sqlmap.py - u url -- dbs
```

假设其中一个数据库的名字为 database1,则可以获取数据库中的表名,语法格式如下:

```
python sqlmap.py - u url - D database1 -- tables
```

假设数据库 database1 下的一个数据表的名字为 table1,则可以获取该数据表的字段名,语法如下:

```
python sqlmap.py - u url - D database1 - T table1 -- columns
```

假设数据表 table1 的字段分别为 name 和 id,则可以获取该字段的内容,语法格式如下:

```
python sqlmap.py - u url - D database1 - T table1 - C id,name -- dump
```

如果要获取数据库的所有的管理用户,则可以使用的命令如下:

```
python sqlmap.py - u url -- users
```

如果要获取数据库的密码,则可以使用的命令如下:

```
python sqlmap.py - u url -- password
```

如果要获取当前网站使用的数据库,则可以使用的命令如下:

```
python sqlmap.py - u url -- current - db
```

输出的这些数据,Sqlmap 会自动将这些数据保存在本地的用户数据中的扩展名为 .csv 的文件。

---

**注意**:Sqlmap 的基本语法有个小技巧,即字母缩写前是-,完整单词前是--。如果要扫描使用 HTTPS 的网址,则需要加上--force-ssl,这表示强制使用 HTTPS。

---

## 10.3.2 Sqlmap 常用的命令参数

Sqlmap 是一款命令行工具,对于使用者来讲主要关注输入和输出。在使用 Sqlmap 检测网页时,可以看到 Sqlmap 程序运行时的细节。

Sqlmap 常用的命令参数见表 10-3。

表 10-3　Sqlmap 常用的命令参数

| 命 令 参 数 | 说　　明 |
| --- | --- |
| --update | 更新 Sqlmap |
| -h | 查看常用参数 |
| -hh | 查看全部参数 |
| -version | 查看版本 |
| -v | 查看执行过程信息,默认为1,可将参数设置为 0~6 |
| -d "mysql://user:password@ 190.167.2x.1x:3306/dataname" | 连接数据库,mysql 表示数据库类型,user:password 表示目标服务器的账号和密码,@表示要连接的服务器,3306 表示端口号,dataname 表示要连接的数据库名称 |
| -u url | 向指定的 URL 发送 GET 请求 |

续表

| 命 令 参 数 | 说　明 |
|---|---|
| -m url_list. txt | 对包含多个 URL 的文件进行扫描。若有重复,则会识别 |
| -r request. txt | 发送 POST 请求,请求文件中的数据可从抓包工具获得 |
| -p parameters | 指定要扫描的参数 |
| --skip＝parameters | 排除指定的扫描参数 |
| --Cookie＝parameters | 使用 Cookie 身份认证 |
| --user-agent＝parameters | 使用浏览器代理头 |
| --random-agent | 使用随机的浏览器代理头 |
| --host＝parameters | 使用主机 |
| --proxy＝parameters | 使用代理去扫描目标,代理软件占用的端口是 8087 |
| --proxy-cred＝parameters | 使用代理时的账号和密码 |
| --force-ssl | 使用 HTTPS 连接进行扫描 |
| -f | 扫描时加入数据库指纹检测 |
| -b | 查询数据库的版本信息 |
| --users | 查询所有的数据库账号 |
| --dbs | 查询所有的数据库 |
| --schema | 查询源数据库,包括定义数据的数据 |
| -a | 查询当前用户、当前数据库、主机名、当前用户是否是最大权限管理员等 |
| -D database | 指定数据库名称 |
| --current-user | 查询当前数据库用户 |
| --current-db | 查询当前数据库 |
| --hostname | 查询服务器的主机名 |
| --Privileges -U username | 查询 username 的权限 |
| --tables | 查看所有数据表 |
| -T tablename | 指定数据表 |
| --columns | 查看所有的字段 |
| -C fieldname | 指定字段 |
| --count | 查看有多少条数据 |
| --exclude-sysdbs | 排除系统库 |
| --dump | 查看数据 |
| --start n | 指定查看数据的起始位 |
| --end n | 指定查看数据的结束位 |
| --sql-query sqllanguage | 执行 SQL 语句 |
| --common-columns | 暴力破解字段,应用于无权读取数据或 MySQL ＜ 5.0,并且无 information_schema 库的情况 |
| --common-tables | 暴力破解表 |
| --charset＝parameters | 指定字符编码 |
| --flush-session | 清空 session |

## 10.4　小结

本章首先介绍了 SQL 注入的基本知识,用户在 HTML 表单中输入数据,发送 HTTP 请求,实现与数据库的交互。如果用户在 HTML 表单中输入数据并拼接 SQL 代码,则可能会引发 SQL 注入漏洞。

本章介绍了查找 SQL 注入漏洞的必备工具,一个是对 URL 进行分析的浏览器插件 Max HacKBar,另一个是代理抓包工具 Fiddler。

本章介绍了使用 Sqlmap 扫描指定 URL 的流程和方法。

GUI编程篇

# 第 11 章

# 使用 Tkinter 创建界面

在实际生活和工作中,很多软件有图形用户界面,例如 WPS、Office 等办公软件。优秀的用户界面设计,可以让用户直接使用软件,而不需要学习其操作知识。

在 Python 中,可以进行图形用户界面开发。Python 提供了很多工具包供我们选择。本章主要介绍如何使用 Tkinter 工具包创建界面。

## 11.1　认识 GUI

到本章为止,Python 的程序主要使用 Sublime Text 编写,在 Windows 命令行窗口中运行。现在的计算机或手机程序都会使用大量图形,创建图形用户界面以方便用户使用。

### 11.1.1　什么是 GUI

图形用户界面的英文是 Graphical User Interface,简称为 GUI。在 GUI 中,用户可以看到窗口、按钮、文本框等图形。

在 GUI 中,用户可以输入文本,可以用鼠标单击,可以通过键盘输入。GUI 是用户与程序交互的一种方式。GUI 程序有 3 个基本要素:输入、处理、输出。一款优秀的 GUI 程序可以让用户方便、快捷地使用软件。

### 11.1.2　常用的 GUI 开发框架

如果要使用 Python 进行 GUI 开发,则有很多工具包供开发者选择,其中比较流行的 GUI 工具包见表 11-1。

表 11-1　流行的 GUI 工具包

| 工　具　包 | 说　明 |
| --- | --- |
| Tkinter | Tkinter 也称为 Tk 接口,是 Tk GUI 工具包的标准 Python 接口,是一个轻量级的跨平台图形用户界面开发工具包,大多数 UNIX 平台和 Windows 系统均可用 |
| wxPython | wxPython 是 Python 语言的一套优秀的 GUI 图形库。允许 Python 程序员很方便地创建完整的、功能健全的 GUI 用户界面,现今支持的平台有 32/64 位 Windows 操作系统、大多数 UNIX 或类 UNIX 系统、苹果 macOS |

▶ 5min

续表

| 工 具 包 | 说 明 |
|---|---|
| Kivy | Kivy 是一个开源的 Python 框架(2011 年),用于快速开发应用,实现各种当前流行的用户界面,例如多点触摸等,具有跨平台的特性 |
| Flexx | Flexx 是一个纯 Python 工具包,用于创建图形用户界面(GUI),它使用 Web 技术进行界面渲染。应用程序完全用 Python 编写,可以使用 Flexx 创建(跨平台的)桌面应用程序、Web 应用程序,并将应用程序导出到独立的 HTML 文档 |
| PyQt | PyQt 是一个创建 GUI 应用程序的工具包,是由 Python 和 Qt 库融合而成的。Qt 库是功能强大、比较流行的跨平台 GUI 库之一 |
| Pywin32 | Pywin32 是 Python 的一个代码库,封装了 Windows 系统的 Win32 API,能创建和使用 COM 对象和图形窗口界面 |
| PyGTK | PyGTK 让你用 Python 轻松创建具有图形用户界面的程序,底层的 GTK+提供了各式的可视元素和功能,可以开发在 GNOME 桌面系统运行的功能完整的软件 |
| Pyui4win | Pyui4win 是一个开源的采用自绘技术的界面库 |

其中,Tkinter 开发包是 Python 的 GUI 标准库,不需要安装,其次 Tkinter 开发包简单、易用。另外从需求出发,Python 作为一种脚本语言,一种胶水语言,一般不会用它来开发特别复杂的桌面应用,它并不具备这方面的优势;如果使用 Python 制作一种小工具,则肯定需要界面,Tkinter 库是可以胜任的。

## 11.2 使用 Tkinter 创建 GUI 程序

Tkinter 是 Python 的 GUI 标准库,Python 的 IDLE 是使用 Tkinter 库开发的。在使用 Tkinter 库时,不需要进行安装,直接引入使用即可。

### 11.2.1 创建一个简单的 GUI 程序

6min

【实例 11-1】 使用 Tkinter 库创建一个最简单的 GUI 程序,代码如下:

```
# === 第 11 章 代码 11 - 1.py === #
from tkinter import *

# 创建一个主窗口对象,用来容纳整个 GUI 程序
window = Tk()
# 设置主窗口的标题
window.title("最简单的 GUI 程序")
# 设置主窗口的长和宽,这里的乘是小 x
window.geometry("500x200")
# 主窗口循环显示
window.mainloop()
```

运行结果如图 11-1 和图 11-2 所示。

代码 11-1.py 主要使用 Tkinter 模块中的函数 Tk()创建了一个主窗口对象,然后给该图像添加标题,设置长和宽,最后使用该对象的 mainloop()方法进行循环显示。

图 11-1　在命令行窗口下运行代码

图 11-2　代码 11-1. py 的运行结果

这个主窗口比较单调,需要给主窗口添加控件。控件是具有用户界面的可视化组件,例如按钮、文本框、标签等组件表示软件代码中被复用的部分。

## 11.2.2　Label 控件

在 Tkinter 库中,Label 控件也称为标签控件,用于显示文本和图像。可以使用 Label() 函数创建一个 Label 对象,其语法格式如下:

```
label_1 = Label(parent, text = "", image = "", bg = "", fg = "", font = , width = , height = , justify = )
```

其中,parent 表示父窗口或顶级窗口;text 用于设置要显示的文本;image 用于设置要显示的图像;bg 用于设置背景颜色;fg 用于设置字体颜色;font 用于设置字体;width、height 分别表示 Label 的长度和高度,单位是字符的数量;justify 用于设置显示位置,参数包括 LEFT、RIGHT、CENTER;label_1 表示用于存储 Label 对象的变量。

【实例 11-2】　使用 Tkinter 库创建一个 GUI 程序,该程序包含一个 Label 控件。Label 控件的背景色为白色,显示的字体为楷体,代码如下:

```
# === 第 11 章 代码 11 - 2. py === #
from tkinter import *

# 创建一个主窗口对象,用来容纳整个 GUI 程序
window = Tk()
# 设置主窗口的标题
window.title("GUI 程序")
# 设置主窗口的长和宽,这里的乘是小 x
window.geometry("500x200")
# 给主窗口添加 Label 控件,用于显示文本
```

```
label_1 = Label(window, text = "Label 控件", bg = 'white', fg = 'black', font = ('楷体', 16), width =
13, height = 2)
# 将 Label 控件按顺序布局到主窗口上
label_1.pack()
# 主窗口循环显示
window.mainloop()
```

运行结果如图 11-3 所示。

**【实例 11-3】** 使用 Tkinter 库创建一个 GUI 程序，该程序包含一个 Label 控件。在 Label 控件中显示一张图像，代码如下：

```
# === 第 11 章 代码 11-3.py === #
from tkinter import *

# 创建一个主窗口对象，用来容纳整个 GUI 程序
window = Tk()
# 设置主窗口的标题
window.title("GUI 程序")
# 设置主窗口的长和宽，这里的乘是小 x
window.geometry("500x200")
# 引入图像并创建一个 PhotoImage 对象
photo = PhotoImage(file = 'D:\\test\\cat6.png')
# 使用 subsample()方法缩小尺寸，比例为 1/8；如果放大，则使用 zoom()方法
mini_photo = photo.subsample(8,8)
# 给主窗口添加 Label 控件，用于显示图片
label_1 = Label(window, image = mini_photo, justify = LEFT)
# 将 Label 控件按顺序布局到主窗口上
label_1.pack()
# 主窗口循环显示
window.mainloop()
```

运行结果如图 11-4 所示。

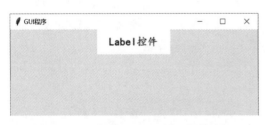

图 11-3　代码 11-2.py 的运行结果

图 11-4　代码 11-3.py 的运行结果

**【实例 11-4】** 使用 Tkinter 库创建一个 GUI 程序，该程序包含一个 Label 控件。在 Label 控件中显示一张图像，并在图像上显示文本，代码如下：

```
# === 第 11 章 代码 11-4.py === #
from tkinter import *
```

```
window = Tk()
window.title("GUI 程序")
window.geometry("500x200")
# 引入图像并创建一个 PhotoImage 对象
img1 = PhotoImage(file = 'D:\\test\\cat1.png')
# 使用 subsample()方法缩小尺寸,比例为 1/7;如果放大,则使用 zoom()方法
mini_img1 = img1.subsample(7,7)
str1 = "猫生有涯,而知也无涯,以有涯追无涯则殆矣!"
# compound 用于设置图像与文字的位置,有 left、right、top、bottom、center 等模式
label_1 = Label(window, text = str1, image = mini_img1, font = ('微软雅黑',11), compound =
"center", justify = LEFT)
# 将 Label 控件按顺序布局到主窗口上
label_1.pack()
window.mainloop()
```

运行结果如图 11-5 所示。

在 Tkinter 模块中,使用 Label 控件显示 PNG、GIF 格式的图像,但无法显示 jpg 格式的图像。如果要在 Label 控件中显示 jpg 格式的图像,则需要使用 Pillow 模块中的方法。

【实例 11-5】 使用 Tkinter 库创建一个 GUI 程序,该程序包含一个 Label 控件。在 Label 控件中显示一张 JPG 格式的图像,代码如下:

```
# === 第 11 章 代码 11 - 5.py === #
from tkinter import *
from PIL import Image, ImageTk

window = Tk()
window.title("GUI 程序")
window.geometry("500x200")
img1 = Image.open("D:\\test\\cat2.jpg")
img2 = ImageTk.PhotoImage(img1)
label_1 = Label(window, image = img2)
label_1.pack()
window.mainloop()
```

运行结果如图 11-6 所示。

图 11-5 代码 11-4.py 的运行结果

图 11-6 代码 11-5.py 的运行结果

## 11.2.3 Button 控件

在 Tkinter 库中,Button 控件也称为按钮控件,用于实现按钮的功能。Button 控件的

10min

大多数属性与 Label 控件相同,但 Button 控件有一个 command 属性,用于指定一个函数或方法。当用户单击该按钮时,Tkinter 会自动地调用这个函数或方法。

在 Tkinter 库中,可以使用 Button()函数创建一个 Button 对象,其语法格式如下:

```
bt_1 = Button(parent, text = "", command = )
```

其中,parent 表示父窗口或顶级窗口;text 用于设置要显示的文本;command 用于指定一个函数或方法;bt_1 表示用于存储 Button 对象的变量。

【实例 11-6】 使用 Tkinter 库创建一个 GUI 程序,该程序包含一个 Label 控件、一个 Button 控件。当单击 Button 控件时,Label 控件中的文本会发生变化,代码如下:

```python
# === 第 11 章 代码 11 - 6.py === #
from tkinter import *

def callback():
    var.set("道可道,非常道")


window = Tk()
window.title("GUI 程序")
window.geometry("500x200")
# 创建一个文本 Label 对象
var = StringVar()
# 设置文本对象的内容
var.set("究天人之际,通古今之变")
# 创建一个 Label 控件
label_1 = Label(window, textvariable = var)
# 创建一个 Button 控件
button_1 = Button(window, text = "单击我", command = callback)
# 参数 padx、pady 表示偏移位置,LEFT 表示左对齐,RIGHT 表示右对齐
label_1.pack(side = LEFT, padx = 10, pady = 10)
button_1.pack(side = RIGHT, padx = 10, pady = 10)
window.mainloop()
```

运行结果如图 11-7 所示。

图 11-7 代码 11-6.py 的运行结果

## 11.2.4 Frame 控件

在 Tkinter 库中,Frame 控件也称为框架控件,在屏幕上显示为一个矩形区域,多用来作为容器。可以使用 Frame()函数创建一个 Frame 对象,其语法格式如下:

10min

```
frame1 = Frame(parent)
```

其中，parent 表示父窗口或顶级窗口。

**【实例 11-7】** 使用 Tkinter 库创建一个 GUI 程序，该程序包含 1 个 Label 控件、1 个 Button 控件、2 个 Frame 控件。Label 控件、Button 控件的父窗口分别是 Frame 控件。当单击 Button 控件时，Label 控件中的文本会发生变化，代码如下：

```
# === 第 11 章 代码 11-7.py === #
from tkinter import *

def callback():
    var.set("道可道,非常道")

window = Tk()
window.title("GUI 程序")
window.geometry("500x200")
# 创建两个 Frame 控件
frame1 = Frame(window)
frame2 = Frame(window)
# 创建一个文本 Label 对象
var = StringVar()
# 设置文本对象的内容
var.set("究天人之际,通古今之变")
# Label 和 Button 控件的父窗口是 Frame 控件
label_1 = Label(frame1, textvariable = var)
button_1 = Button(frame2, text = "单击我", command = callback)
# 将控件按顺序布局到主窗口上
label_1.pack(side = LEFT)
button_1.pack(side = RIGHT)
frame1.pack(side = TOP, padx = 10, pady = 10)
frame2.pack(side = BOTTOM, padx = 10, pady = 10)
window.mainloop()
```

运行结果如图 11-8 所示。

图 11-8　代码 11-7.py 的运行结果

## 11.2.5　Entry 控件

在 Tkinter 库中，Entry 控件也称为单行文本控件，用于向程序输入数据。可以使用函数 Entry()创建 Entry 对象，其语法格式如下：

8min

```
e1 = Entry(parent, show = )
```

其中,parent 表示父窗口或顶级窗口;show 用于设置文本的显示样式,如输入密码,可设置为 show = ' * '。Entry 对象下有很多方法,例如 insert()方法用于向文本框中插入内容;delete()方法用于从输入框中删除内容;get()方法用于获取文本框的内容。

【实例 11-8】 使用 Tkinter 库创建一个 GUI 程序,该程序包含两个 Entry 控件。要求这两个控件排成1列,代码如下:

```
# === 第 11 章 代码 11 - 8. py === #
from tkinter import *

window = Tk()
window.title("GUI 程序")
window.geometry("500x200")
# 创建第 1 个 Entry 控件
e1 = Entry(window)
e1.delete(0, END)
e1.insert(0, '默认文本...')
# 创建第 1 个 Entry 控件
e2 = Entry(window)
e2.delete(0, END)
e2.insert(0, '默认文本...')
# 使用 grid()方法以行、列的形式摆放控件
e1.grid(row = 0, padx = 5)
e2.grid(row = 1, padx = 5, pady = 6)
window.mainloop()
```

运行结果如图 11-9 所示。

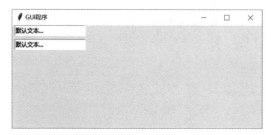

图 11-9  代码 11-8. py 的运行结果

## 11.2.6  布局管理

通过前面几节的学习可知,使用 Tkinter 创建 GUI 程序的步骤:①创建一个主窗口对象;②创建多个控件;③将控件布局到主窗口上;④主窗口循环显示。

在 Tkinter 中,有 3 种布局管理的方法,分别是 pack()、grid()、place()。

### 1. 方法 pack()

方法 pack()用于按照顺序排列控件,其语法格式如下:

29min

```
object.pack(side = ,padx = ,pady = ,expand = ,fill = )
```

其中,object 表示某对象;side 用于设置控件的方位,参数分别为 LEFT、RIGHT、CENTER;
padx 用于设置水平偏移位置;pady 用于设置竖直偏移位置;expand 表示是否扩展,参数分别为 True、False;fill 用于设置该控件将填充整个分配给它的空间,参数分别为 X、Y、
BOTH。

【实例 11-9】 使用 Tkinter 库创建一个 GUI 程序,该程序包含 1 个 Label 控件。要求 Label 控件在横向、纵向上扩展,代码如下:

```
# === 第 11 章 代码 11-9.py === #
from tkinter import *

window = Tk()
window.title("GUI 程序")
window.geometry("510x200")
# 创建一个 Label 控件
str1 = '''春江花月夜 作者:张若虚
江流宛转绕芳甸,月照花林皆似霰.空里流霜不觉飞,汀上白沙看不见.
江天一色无纤尘,皎皎空中孤月轮.江畔何人初见月?江月何年初照人?
人生代代无穷已,江月年年望相似.不知江月待何人,但见长江送流水.
白云一片去悠悠,青枫浦上不胜愁.谁家今夜扁舟子,何处相思明月楼?
可怜楼上月徘徊,应照离人妆镜台.玉户帘中卷不去,捣衣砧上拂还来.
此时相望不相闻,愿逐月华流照君.鸿雁长飞光不度,鱼龙潜跃水成文.
昨夜闲潭梦落花,可怜春半不还家.江水流春去欲尽,江潭落月复西斜.'''
label_1 = Label(window,text = str1,font = ('楷体',11))
label_1.pack(expand = True,fill = BOTH)
window.mainloop()
```

运行结果如图 11-10 所示。

图 11-10 代码 11-9.py 的运行结果

**2. 方法 gird( )**

方法 grid( )用于按照行、列放置控件,其语法格式如下:

```
object.grid(row = ,column = ,padx = ,pady = ,sticky = )
```

其中,object 表示某对象;row 用于设置控件所在的行数,从 0 开始计数;column 用于设置
控件所在的列数,从 0 开始计数。默认情况下,控件会居中显示在控件所在的网格中,可以
使用参数 sticky 设置对齐方式,参数分别为 E、W、S、N,分别表示东、西、南、北;padx 用于

设置水平偏移位置；pady 用于设置竖直偏移位置。

**【实例 11-10】** 使用 Tkinter 库创建一个用户登录界面,该界面包含 2 个 Label 控件、2 个 Entry 控件,分别用作提示信息、输入信息。界面中还有 2 个 Button 控件,其中一个用于打印信息,另一个用于关闭界面,代码如下:

```python
# === 第 11 章 代码 11 - 10. py === #
from tkinter import *

def show_data():
    print("姓名: ",e1.get())
    print("密码: ",e2.get())
    e1.delete(0,END)
    e2.delete(0,END)

window = Tk()
window.title("GUI 程序")
window.geometry("500x200")
#创建 2 个 Label 控件
Label(window,text = '姓名: ').grid(row = 0)
Label(window,text = '密码: ').grid(row = 1)
#创建 2 个 Entry 控件
e1 = Entry(window)
e2 = Entry(window, show = ' * ')
e1.grid(row = 0,column = 1,padx = 10,pady = 5)
e2.grid(row = 1,column = 1,padx = 10,pady = 5)
#创建 2 个 Button 控件
bt1 = Button(window,text = "打印信息",width = 10,command = show_data)
bt1.grid(row = 3,column = 0,sticky = W,padx = 10,pady = 5)
bt2 = Button(window,text = "退出",width = 10,command = window.quit)
bt2.grid(row = 3,column = 1,sticky = E,padx = 10,pady = 5)
window.mainloop()
```

运行结果如图 11-11 所示。

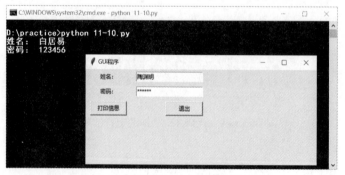

图 11-11　代码 11-10. py 的运行结果

**注意:** 从系统框架上,不要在同一个父窗口下同时使用 pack()和 grid(),如果同时使用这两种布局管理,则会引起 Tkinter 的选择混乱,不知道优先使用哪个布局管理。方法 pack() 适用于少量控件的布局管理,方法 grid()适用于多个控件的布局管理。

### 3. 方法 place()

方法 place()是一种比较特殊的布局管理,可以将控件布局在其他控件之上,其语法格式如下:

```
object.place(relx = , rely = , anchor = )
```

其中,object 表示某对象;relx 用于设置控件在水平方向上相对于父窗口的位置,范围为 0.0~1.0;rely 用于设置控件在竖直方向上相对于父窗口的位置,范围为 0.0~1.0;anchor 用于设置锚点。

【实例 11-11】 使用 Tkinter 库创建一个界面,该界面包含 1 张图片、1 个 Button 控件。这个 Button 控件显示在图片之上,单击 Button 控件会打印信息,代码如下:

```python
# === 第 11 章 代码 11 - 11. py === #
from tkinter import *

def callback():
    print('名可名,非常名')

window = Tk()
window.title("GUI 程序")
window.geometry("500x200")
# 引入图像并创建一个 PhotoImage 对象
img1 = PhotoImage(file = 'D:\\test\\cat1.png')
# 使用 subsample()方法缩小尺寸,比例为 1/7; 如果放大,则使用 zoom()方法
mini_img1 = img1.subsample(7,7)
# 创建 Label 控件
label_1 = Label(window, image = mini_img1)
label_1.pack()
# 创建一个 Button 控件,并显示在 Label 控件之上
button_1 = Button(window, text = "单击我", command = callback)
button_1.place(relx = 0.5, rely = 0.5, anchor = CENTER)
window.mainloop()
```

运行结果如图 11-12 所示。

图 11-12　代码 11-11. py 的运行结果

### 11.2.7 标准属性与 Entry 控件的特殊属性

25min

在 Tkinter 库中有多种控件,这些控件有标准属性。标准属性是指这些控件的共同属性,例如长度、宽度、颜色、字体。具体的共同属性见表 11-2。

表 11-2 控件的共同属性

| 属　　性 | 说　　明 | 属　　性 | 说　　明 |
|---|---|---|---|
| width | 用于设置控件的宽度 | height | 用于设置控件的高度 |
| bg | 用于设置控件的背景颜色 | fg | 用于设置控件的字体颜色 |
| font | 用于设置控件的字体 | anchor | 用于设置控件的锚点 |
| bitmap | 用于设置控件的位图 | cursor | 用于设置控件的光标 |
| relief | 用于设置控件的样式 | text | 用于设置控件的文本 |
| name | 用于设置控件的名称 | textvariable | 用于设置控件的动态文本 |

每个控件都有自己的特殊属性,例如 Entry 控件有 3 个自己特有的属性:validate、validatecommand、invalidcommand 属性。这 3 个属性用于验证输入内容的合法性,例如某输入框设置输入的是数字,用户输入字母就属于非法。

在 Entry 控件中,可使用 validate 属性启动验证输入的开关,其参数见表 11-3。

表 11-3 validate 的参数

| 参　　数 | 说　　明 |
|---|---|
| focus | 当 Entry 控件获得或失去焦点时验证 |
| focusin | 当 Entry 控件获得焦点时验证 |
| focusout | 当 Entry 控件失去焦点时验证 |
| key | 当输入框被编辑时验证 |
| all | 当出现上面任何一种情况时验证 |
| none | 关闭验证功能,该参数是默认参数。这里的 none 是字符串,不是布尔数据 None |

在 Entry 控件中,使用 validatecommand 指定一个验证函数,该函数只能返回 True 或 False,表示验证结果。属性 invalidcommand 只能在 validatecommand 的返回值为 False 时才被调用。

【实例 11-12】 使用 Tkinter 库创建一个 GUI 程序,该程序包含两个 Entry 控件,当焦点离开第 1 个 Entry 控件时,对输入内容进行验证,代码如下:

```python
# === 第 11 章 代码 11 - 12.py === #
from tkinter import *

def test1():
    if e1.get() == '陶渊明':
        print('输入正确!')
        return True
    else:
        print('输入错误,需重新输入。')
```

```
            e1.delete(0,END)
            return False

def test2():
    print('哈哈,我被调用了!')
    return True


window = Tk()
window.title("GUI 程序")
window.geometry("500x200")
#创建一个文本对象
var = StringVar()
#创建两个 Entry 控件,对第 1 个 Entry 控件的内容进行验证
e1 = Entry (window, textvariable = var, validate = 'focusout', validatecommand = test1,
invalidcommand = test2)
e2 = Entry(window, show = '*')
e1.grid(row = 0, column = 1, padx = 10, pady = 10)
e2.grid(row = 1, column = 1, padx = 10, pady = 10)
window.mainloop()
```

运行结果如图 11-13 所示。

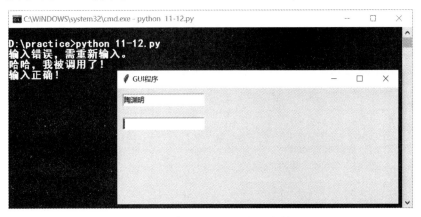

图 11-13　代码 11-12.py 的运行结果

针对 Entry 控件对输入内容的验证,Tkinter 提供了另外一种验证内容的方法,其语法格式如下:

```
from tkinter import *
Windows = Tk()
#注册验证函数 func 为 funcCMD
funcCMD = window.register(func)
#在 Entry 控件中绑定验证函数 funcCMD
e1 = Entry(Windows, validatecommand = (funcCMD,s1,s2,s3), validate = )
```

其中,s1、s2、s3 是 Tkinter 库为验证函数提供的参数。具体的参数见表 11-4。

表 11-4  Tkinter 库为验证函数提供的参数

| 参数 | 说　明 |
|---|---|
| %d | 操作代码:0 表示删除操作,1 表示插入操作,2 表示获得、失去焦点或 textvariable 的值被修改 |
| %i | 当用户进行插入或删除操作时,该参数表示插入或删除的位置或索引号。如果是获得、失去焦点或 textvariable 的值被修改而调用函数,则该参数的值是-1 |
| %P | 当输入框的值允许被改变时,该参数有效。该参数表示输入框的最新文本内容 |
| %s | 该参数表示调用验证函数前输入框的文本内容 |
| %S | 当插入或删除操作触发验证函数时,该参数有效。该参数表示文本框中被输入和删除的内容 |
| %v | 表示当前控件中 validate 属性的值 |
| %V | 表示调用验证函数的原因,具体原因是 focusin、focusout、key、forced 或 textvariable 的值被修改 |
| %W | 该控件的名称 |

**【实例 11-13】** 使用 Tkinter 库创建一个 GUI 程序,该程序包含两个 Entry 控件,当焦点离开第 1 个 Entry 控件时,使用注册验证函数对输入内容进行验证,代码如下:

```python
# === 第 11 章 代码 11-13.py === #
from tkinter import *

def test(content, reason, name):
    if e1.get() == '陶渊明':
            print('输入正确!')
            print(content, reason, name)
            return True
    else:
            print('输入错误,需重新输入.')
            print(content, reason, name)
            e1.delete(0, END)
            return False


window = Tk()
window.title("GUI 程序")
window.geometry("500x200")
var = StringVar()
# 注册验证函数
testCMD = window.register(test)
e1 = Entry(window, textvariable = var, name = 'xyz', validate = 'focusout', validatecommand =
(testCMD, '%P', '%V', '%W'))
e2 = Entry(window, show = '*')
e1.grid(row = 0, column = 1, padx = 10, pady = 10)
e2.grid(row = 1, column = 1, padx = 10, pady = 10)
window.mainloop()
```

运行结果如图 11-14 所示。

在 Tkinter 库中,可以使用注册验证函数对所有的输入框内容进行统一验证,这需要将属性 validate 设置为 key。

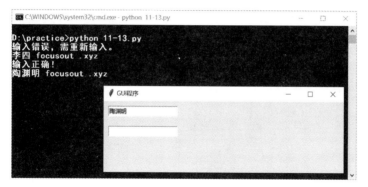

图 11-14　代码 11-13.py 的运行结果

**【实例 11-14】**　使用 Tkinter 库创建一个 GUI 程序,该程序实现加法功能,有 3 个 Entry 控件,两个 Label 控件,一个 Button 控件,其中两个 Entry 控件用于输入数据,一个 Entry 控件用于显示数据。使用注册验证函数对输入内容进行统一验证,代码如下:

```python
# === 第 11 章 代码 11 - 14.py === #
from tkinter import *

def test(content):
    if content.isdigit():
            return True
    else:
            print('输入错误,需重新输入')
            return False

def calc():
    result = int(e1.get()) + int(e2.get())
    var3.set(result)

window = Tk()
window.title("GUI 程序")
window.geometry("500x200")
frame1 = Frame(window)
frame1.pack(padx = 10, pady = 10)
var1 = StringVar()
var2 = StringVar()
var3 = StringVar()
# 注册验证函数
testCMD = window.register(test)
e1 = Entry(frame1, textvariable = var1, validate = 'focusout', validatecommand = (testCMD, '% P'),
width = 10)
e1.grid(row = 0, column = 0)
Label(frame1, text = ' + ', width = 5).grid(row = 0, column = 1)
e2 = Entry(frame1, textvariable = var2, validate = 'focusout', validatecommand = (testCMD, '% P'),
width = 10)
e2.grid(row = 0, column = 2)
Label(frame1, text = ' = ', width = 5).grid(row = 0, column = 3)
e3 = Entry(frame1, textvariable = var3, validate = 'focusout', validatecommand = (testCMD, '% P'),
width = 10)
```

```
e3.grid(row = 0,column = 4)
Button(frame1,text = '计算',command = calc).grid(row = 1,column = 2,pady = 5)
window.mainloop()
```

运行结果如图 11-15 所示。

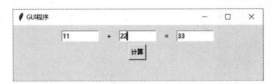

图 11-15  代码 11-14.py 的运行结果

## 11.3  其他常用控件

在 Tkinter 库中,不仅提供了 Label、Entry、Button、Frame 控件,还提供了其他常用控件,包括 Checkbutton、Radiobutton、Cavas、Menu、Text 等控件。

### 11.3.1  Checkbutton 控件

在 Tkinter 库中,Checkbutton 控件是多选按钮。可以使用 Checkbutton()函数创建一个 Checkbutton 对象,其语法格式如下:

```
v = IntVar() ♯ 创建一个 Tkinter 变量
ch1 = Checkbutton(parent,text = ,variable = v)
```

其中,parent 表示父窗口或顶级窗口;text 用于设置文本的显示样式。如果该控件被选中,则变量 v 被赋值 1,否则为 0。

【实例 11-15】  使用 Tkinter 库创建一个 GUI 程序,该程序包括 1 个 Checkbutton、1 个 Label 控件。Label 控件用于显示 Checkbutton 变量是否是被选中的变量,代码如下:

```
♯ === 第 11 章 代码 11 - 15.py === ♯
from tkinter import *

window = Tk()
window.title("GUI 程序")
window.geometry("500x200")
v = IntVar()
c = Checkbutton(window,text = '测试数值',variable = v)
c.pack()
Label(window,textvariable = v).pack()
window.mainloop()
```

运行结果如图 11-16 和图 11-17 所示。

【实例 11-16】  使用 Tkinter 库创建一个 GUI 程序,该程序包含 4 个 Checkbutton 控件,控件的名称分别为古典小说的四大名著,代码如下:

图 11-16 未勾选 Checkbutton 控件

图 11-17 勾选 Checkbutton 控件

```
# === 第 11 章 代码 11 - 16.py === #
from tkinter import *

window = Tk()
window.title("GUI 程序")
window.geometry("500x200")
classics = ['三国演义','水浒传','西游记','红楼梦']
v = []
for item in classics:
    v.append(IntVar)
    check = Checkbutton(window, text = item, variable = v[ - 1])
    check.pack(anchor = W)

window.mainloop()
```

运行结果如图 11-18 所示。

图 11-18 代码 11-16.py 的运行结果

## 11.3.2 Radiobutton 控件

在 Tkinter 库中,Radiobutton 控件是单选按钮。Radiobutton 控件与 Checkbutton 控件的用法基本相同。唯一不同的是同一组内所有的 Radiobutton 控件的 variable 属性只能共享同一个变量,并且需要设置不同的 value 值。可以使用 Radiobutton()函数创建一个 Radiobutton 对象,其语法格式如下:

```
v = IntVar() # 创建一个 Tkinter 变量
radio1 = Radiobutton(parent, text = , variable = v, value = , indicatoron = )
radio2 = Radiobutton(parent, text = , variable = v, value = )
radio3 = Radiobutton(parent, text = , variable = v, value = )
```

其中,parent 表示父窗口或顶级窗口;text 用于设置文本的显示样式;value 用于设置值。如果该控件被选中,则变量 v 被赋值 1,否则为 0。参数 indicatoron 用于设置是否显示控件前的小圆圈,默认值为 True,如果设置为 False,则不显示控件前的小圆圈。

【实例 11-17】 使用 Tkinter 库创建一个 GUI 程序,该程序包含 3 个 Radiobutton 控

件,控件的名称分别为 first、second、third,代码如下:

```
# === 第 11 章 代码 11 - 17. py === #
from tkinter import *

window = Tk()
window.title("GUI 程序")
window.geometry("500x200")
v = IntVar()
Radiobutton(window, text = 'first', variable = v, value = 1).pack(anchor = W)
Radiobutton(window, text = 'second', variable = v, value = 2).pack(anchor = W)
Radiobutton(window, text = 'third', variable = v, value = 3).pack(anchor = W)
window.mainloop()
```

运行结果如图 11-19 所示。

如果 GUI 程序中需要多个 Radiobutton 控件,则可以使用循环语句进行显示。

【实例 11-18】 使用 Tkinter 库创建一个 GUI 程序,该程序包含 3 个 Radiobutton 控件,控件的名称分别为 C 语言、Python、Java,代码如下:

```
# === 第 11 章 代码 11 - 18. py === #
from tkinter import *

window = Tk()
window.title("GUI 程序")
window.geometry("500x200")
v = IntVar()
classics = [('C 语言', 1), ('Python', 2), ('Java', 3)]
for name, num in classics:
    radio = Radiobutton(window, text = name, variable = v, value = num)
    radio.pack(anchor = W)

window.mainloop()
```

运行结果如图 11-20 所示。

图 11-19 代码 11-17. py 的运行结果　　　　图 11-20 代码 11-18. py 的运行结果

## 11.3.3 LabelFrame 控件

在 Tkinter 库中,LabelFrame 控件是 Frame 控件的进化版,也就是添加了 Label 的 Frame 控件。可以使用 LabelFrame()函数创建一个 LabelFrame 对象,其语法格式如下:

```
group1 = LabelFrame(parent, text = )
```

其中,parent 表示父窗口或顶级窗口;text 用于设置文本的显示样式。

【实例 11-19】　使用 Tkinter 库创建一个 GUI 程序,该程序包含 1 个 LabelFrame 控件、4 个 Radiobutton 控件,控件的名称分别为 C 语言、Python、Java、JavaScript,代码如下:

```
# === 第 11 章 代码 11-19.py === #
from tkinter import *

window = Tk()
window.title("GUI 程序")
window.geometry("500x200")
group = LabelFrame(window, text = "你的入门编程语言是:", padx = 5, pady = 5)
group.pack(padx = 10, pady = 10)
v = IntVar()
classics = [('C 语言', 1), ('Python', 2), ('Java', 3), ('JavaScript', 4)]
for name, num in classics:
    radio = Radiobutton(group, text = name, variable = v, value = num)
    radio.pack(anchor = W)

window.mainloop()
```

运行结果如图 11-21 所示。

图 11-21　代码 11-19.py 的运行结果

## 11.3.4　Listbox 控件

在 Tkinter 库中,Listbox 控件也称为列表框控件,在一个窗口中将数据以列表的形式显示出来。可以使用 Listbox() 函数创建一个 Listbox 对象,其语法格式如下:

```
list1 = Listbox(parent, text = , selectmode = )
```

其中,parent 表示父窗口或顶级窗口;text 用于设置文本的显示样式;selectmode 提供了 4 种不同的选择模式,分别是 SINGLE(单选)、BROWSE(单选,可用鼠标或方向键改变选项)、MULTIPLE(多选)、EXTENDED(多选,需同时按住 Shift 键和 Ctrl 键后拖动光标实现),默认的选择模式是 BROWSE。

【实例 11-20】　使用 Tkinter 库创建一个 GUI 程序。该程序包含 1 个 Listbox 控件、2 个 Button 控件。List 控件用于显示数据,其中 1 个 Button 控件用于删除选中的数据,另 1 个 Button 控件用于删除所有数据,代码如下:

```
# === 第 11 章 代码 11-20.py === #
from tkinter import *
```

```
♯删除被选中的数据,ACTIVE是一个特殊的索引号,表示被选中的数据
def callback1():
    list1.delete(ACTIVE)

♯删除全部数据,END是一个索引号,表示末尾
def callback2():
    list1.delete(0,END)

window = Tk()
window.title("GUI程序")
window.geometry("500x200")
classics = ['三国演义','水浒传','西游记','红楼梦']
list1 = Listbox(window)
list1.grid(row = 0,column = 0,padx = 10,sticky = W)
for item in classics:
    list1.insert(END,item)
bt1 = Button(window,text = '删除1条',command = callback1)
bt1.grid(row = 0,column = 1,padx = 5,sticky = W)
bt1 = Button(window,text = '删除全部',command = callback2)
bt1.grid(row = 0,column = 2,padx = 5,sticky = W)
window.mainloop()
```

运行结果如图 11-22 所示。

如果 Listbox 控件中的数据太多,则可以利用鼠标滚轮查看数据。

【实例 11-21】 使用 Tkinter 库创建一个 GUI 程序,该程序包含 1 个 Listbox 控件、1 个 Button 控件。List 控件用于显示数据,Button 控件用于删除选中的数据,代码如下:

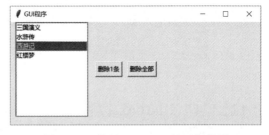

图 11-22 代码 11-20.py 的运行结果

```
♯ === 第 11 章 代码 11 - 21.py === ♯
from tkinter import *

window = Tk()
window.title("GUI程序")
window.geometry("500x200")
list1 = Listbox(window)
list1.grid(row = 0,column = 0,padx = 10,sticky = W)
for item in range(20):
    list1.insert(END,item)

bt1 = Button(window,text = '删除1条',command = lambda x = list1:x.delete(ACTIVE))
bt1.grid(row = 0,column = 1,padx = 5,sticky = W)
window.mainloop()
```

运行结果如图 11-23 所示。

图 11-23　代码 11-21.py 的运行结果

## 11.3.5　Scrollbar 控件

在 Tkinter 库中,Scrollbar 控件也称为滚动条控件。可以使用 Scrollbar()函数创建一个 Scrollbar 对象,其语法格式如下:

```
sc1 = Scrollbar(parent)
```

其中,parent 表示父窗口或顶级窗口。

Scrollbar 虽然作为一个独立的控件存在,但主要和其他控件配合使用。如果要在某个控件上安装垂直滚动条,则需要做以下两件事:

(1) 将该控件的 yscrollbarcommand 属性设置为 Scrollbar 控件的 set()方法。

(2) 将 Scrollbar 控件的 command 选项设置为该组件的 yview()方法。

【实例 11-22】　使用 Tkinter 库创建一个 GUI 程序,该程序包含 1 个 Scrollbar 控件、1 个 Listbox 控件,并给 Listbox 控件设置垂直滚动条,代码如下:

```
# === 第 11 章 代码 11-22.py === #
from tkinter import *

window = Tk()
window.title("GUI 程序")
window.geometry("500x200")
sc1 = Scrollbar(window)
sc1.pack(side = RIGHT, fill = Y)
lib1 = Listbox(window, yscrollcommand = sc1.set)
for item in range(990):
    lib1.insert(END, str(item))

lib1.pack(side = LEFT, fill = BOTH)
sc1.config(command = lib1.yview)
window.mainloop()
```

运行结果如图 11-24 所示。

## 11.3.6　Scale 控件

在 Tkinter 库中,Scale 控件与 Scrollbar 控件有些相似,都可滚动滑块。Scale 控件通过滑块来表示某个范围内的数字,可以通过修改属性设置范围及分辨率或精度。可以使用

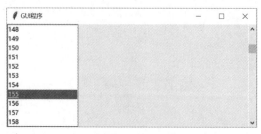

图 11-24　代码 11-22.py 的运行结果

Scale()函数创建一个 Scale 对象,其语法格式如下:

```
sca1 = Scale(parent,from_ = ,to = ,orient = ,tickinterval = ,resolution = ,length = )
```

其中,parent 表示父窗口或顶级窗口;from_表示数值的起始值;to 表示数值的结束值;orient 用于设置控件的方向,值为 HORIZONTAL 表示水平显示,值为 VERTICAL 表示竖直显示,默认为竖直显示;tickinterval 用于设置刻度;resolution 用于设置分辨率或步长;length 用于设置控件的长度。

【实例 11-23】　使用 Tkinter 库创建一个 GUI 程序,该程序包含两个 Scale 控件、1 个 Button 控件。Button 控件用于打印 Scale 控件的滑块位置,代码如下:

```
# === 第 11 章 代码 11 - 23.py === #
from tkinter import *

def show():
    print(scale1.get(),scale2.get())

window = Tk()
window.title("GUI 程序")
window.geometry("500x200")
scale1 = Scale(window,from_ = 0,to = 60)
scale2 = Scale(window,from_ = 0,to = 90,orient = HORIZONTAL)
scale1.pack()
scale2.pack()
Button(window,text = '打印位置',command = show).pack()
window.mainloop()
```

运行结果如图 11-25 所示。

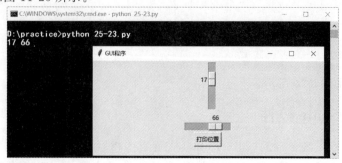

图 11-25　代码 11-23.py 的运行结果

【实例 11-24】　使用 Tkinter 库创建一个 GUI 程序,该程序包含两个 Scale 控件,其中一个 Scale 控件的刻度为 5,长度为 200,另一个控件的刻度为 10,长度为 500,代码如下:

```
# === 第 11 章 代码 11 - 24.py === #
from tkinter import *

def show():
    print(scale1.get(),scale2.get())

window = Tk()
window.title("GUI 程序")
window.geometry("500x200")
scale1 = Scale(window,from_ = 0,to = 120,tickinterval = 5,length = 120)
scale2 = Scale(window,from_ = 0,to = 200,tickinterval = 10,length = 500,orient = HORIZONTAL)
scale1.pack()
scale2.pack()
window.mainloop()
```

运行结果如图 11-26 所示。

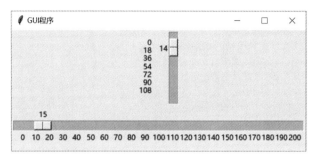

图 11-26　代码 11-24.py 的运行结果

## 11.3.7　Menu 控件

在 Tkinter 库中,Menu 控件也称为菜单控件。Menu 控件可以实现顶级菜单、下拉菜单、弹出菜单功能。可以使用 Menu()函数创建一个 Menu 对象,其语法格式如下:

```
menubar = Menu(parent)                          # 创建顶级菜单
menu1 = Menu(menubar,tearoff = )                # 创建下拉菜单
menu1.add_command(label = ,command = )          # 添加下拉菜单选项
menu1.add_command(label = ,command = )          # 添加下拉菜单选项
…
parent.config(menu = menubar)                   # 显示菜单
```

其中,parent 表示父窗口或顶级窗口；label 用于设置下拉菜单名；command 用于设置回调函数；tearoff 用于设置下拉菜单和顶级菜单之间是否有 1 行虚线,参数值为 True 或 False。

【实例 11-25】　使用 Tkinter 库创建一个 GUI 程序,该程序包含两个顶级菜单,每个顶级菜单都有 3 个下拉菜单命令选项,代码如下:

```
# === 第 11 章 代码 11 - 25.py === #
from tkinter import *

def show():
    print('哈哈,被调用了!')


window = Tk()
window.title("GUI 程序")
window.geometry("500x200")
# 创建一个顶级菜单
menubar = Menu(window)
# 创建一个下拉菜单,然后将它添加到顶级菜单中
filemenu = Menu(menubar, tearoff = False)
filemenu.add_command(label = '打开', command = show)
filemenu.add_command(label = '保存', command = show)
filemenu.add_separator() # 添加一个分隔符
filemenu.add_command(label = '退出', command = window.quit)
menubar.add_cascade(label = '文件', menu = filemenu)
# 创建另一个下拉菜单,然后将它添加到顶级菜单中
editmenu = Menu(menubar, tearoff = False)
editmenu.add_command(label = '剪切', command = show)
editmenu.add_command(label = '复制', command = show)
editmenu.add_command(label = '粘贴', command = show)
menubar.add_cascade(label = '编辑', menu = editmenu)
# 显示菜单
window.config(menu = menubar)
window.mainloop()
```

运行结果如图 11-27 所示。

图 11-27　代码 11-25.py 的运行结果

在 Tkinter 库中,可以使用 Menu 控件的 post()方法显示弹出的菜单。

【实例 11-26】　使用 Tkinter 库创建一个 GUI 程序,在该程序中单击鼠标右键,可显示弹出的菜单,代码如下:

```
# === 第 11 章 代码 11 - 26.py === #
from tkinter import *

def show():
    print('哈哈,被调用了!')
```

```
def popup(event):
    menu.post(event.x_root,event.y_root)

window = Tk()
window.title("GUI 程序")
window.geometry("500x200")
# 创建一个弹出菜单
menu = Menu(window)
menu.add_command(label = '复制',command = show)
menu.add_command(label = '粘贴',command = show)
frame1 = Frame(window,width = 300,height = 300)
frame1.pack()
# 绑定单击鼠标右键
frame1.bind("< Button - 3 >",popup)
window.mainloop()
```

运行结果如图 11-28 所示。

在顶级菜单中,不仅可以添加命令菜单
项,也可以添加单选按钮、多选按钮,单选按
钮类似于 Radiobutton 控件,多选按钮类似
于 Checkbutton 控件。

**【实例 11-27】** 使用 Tkinter 库创建一个
GUI 程序,该程序包含两个顶级菜单,其中一
个顶级菜单有 3 个单选按钮选项,另一个顶
级菜单有 3 个复选按钮选项,代码如下:

图 11-28 代码 11-26.py 的运行结果

```
# === 第 11 章 代码 11 - 27.py === #
from tkinter import *

def show():
    print('哈哈,被调用了!')

window = Tk()
window.title("GUI 程序")
window.geometry("500x200")
# 创建一个顶级菜单
menubar = Menu(window)
# 创建 Checkbutton 关联变量
var1 = IntVar()
var2 = IntVar()
var3 = IntVar()
# 创建一个下拉菜单,然后将它添加到顶级菜单中
filemenu = Menu(menubar)
filemenu.add_checkbutton(label = '打开',command = show,variable = var1)
filemenu.add_checkbutton(label = '保存',command = show,variable = var2)
filemenu.add_separator()            # 添加一个分隔符
filemenu.add_checkbutton(label = '退出',command = window.quit,variable = var3)
```

```
menubar.add_cascade(label = '文件', menu = filemenu)
# 创建 Radiobutton 关联变量
var4 = IntVar()
# 创建另一个下拉菜单,然后将它添加到顶级菜单中
editmenu = Menu(menubar)
editmenu.add_radiobutton(label = '剪切', command = show, variable = var4, value = 1)
editmenu.add_radiobutton(label = '复制', command = show, variable = var4, value = 2)
editmenu.add_radiobutton(label = '粘贴', command = show, variable = var4, value = 3)
menubar.add_cascade(label = '编辑', menu = editmenu)
# 显示菜单
window.config(menu = menubar)
window.mainloop()
```

运行结果如图 11-29 所示。

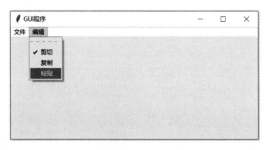

图 11-29　代码 11-27.py 的运行结果

## 11.3.8　Menubutton 控件

在 Tkinter 库中,Menubutton 控件是与 Menu 控件相关联的按钮,可以被放置在任意位置,并在被单击时弹出下拉菜单。在 Tkinter 的早期版本中,使用 Menubutton 控件实现顶级菜单,现在直接使用 Menu 控件就可以实现。可以使用 Menubutton 函数创建一个 Menubutton 对象,其语法格式如下:

```
menubu = Menubutton(parent, relief = RAISED)        # 创建菜单
menu1 = Menu(menubu, tearoff = )                     # 创建下拉菜单
menu1.add_command(label = , command = )              # 添加下拉菜单选项
menu1.add_command(label = , command = )              # 添加下拉菜单选项
…
parent.config(menu = menubar)                        # 显示菜单
```

其中,parent 表示父窗口或顶级窗口; label 用于设置下拉菜单名; command 用于设置回调函数; tearoff 用于设置下拉菜单和顶级菜单之间是否有 1 行虚线,参数值为 True 或 False。

【实例 11-28】　使用 Tkinter 库创建一个 GUI 程序,该程序包含 1 个 Menubutton 控件。单击 Menubutton 控件会显示下拉菜单,下拉菜单有 3 个菜单选项,代码如下:

```
# === 第 11 章 代码 11 - 28.py === #
from tkinter import *
```

```
def show():
    print('哈哈,被调用了!')

window = Tk()
window.title("GUI 程序")
window.geometry("500x200")
# 创建一个顶级菜单
menubu = Menubutton(window,text = '单击我',relief = RAISED)
menubu.pack()
# 创建一个下拉菜单,然后将它添加到顶级菜单中
filemenu = Menu(menubu,tearoff = False)
filemenu.add_command(label = '打开',command = show)
filemenu.add_command(label = '保存',command = show)
filemenu.add_separator() # 添加一个分隔符
filemenu.add_command(label = '退出',command = window.quit)
menubu.config(menu = filemenu)
window.mainloop()
```

运行结果如图 11-30 所示。

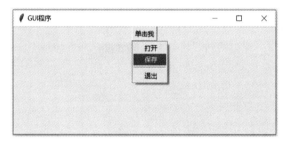

图 11-30 代码 11-28.py 的运行结果

## 11.3.9 OptionMenu 控件

在 Tkinter 库中,OptionMenu 控件也称为选项菜单控件,是由下拉菜单改进而来的。OptionMenu 控件弥补了 Listbox 控件无法实现下拉列表的不足。使用 OptionMenu 控件创建一个选择菜单非常简单,并可以设置一个 Tkinter 对象记录用户选择了什么。可以使用 OptionMenu()函数创建一个 OptionMenu 对象,其语法格式如下:

```
var = StringVar()
var.set("one")
option = OptionMenu(parent,var,'one','two','three')
```

其中,parent 表示父窗口或顶级窗口;var 表示用于记录用户选择了什么对象;其他参数表示下拉菜单选项。

【实例 11-29】 使用 Tkinter 库创建一个 GUI 程序,该程序包含 1 个 OptionMenu 控件、1 个 Button 控件。单击 OptionMenu 控件会显示下拉菜单,下拉菜单有 3 个菜单选项。单击 Button 控件会打印选择的下拉菜单选项,代码如下:

```
# === 第 11 章 代码 11 - 29.py === #
from tkinter import *

def show():
    print(variable.get())


window = Tk()
window.title("GUI 程序")""
window.geometry("500x200")
variable = StringVar()
variable.set('Python')
option = OptionMenu(window, variable, 'Python', 'Java', 'C 语言')
option.grid(row = 0, column = 0, padx = 10, pady = 10)
button1 = Button(window, text = '打印', command = show)
button1.grid(row = 0, column = 1, padx = 10, pady = 10)
window.mainloop()
```

运行结果如图 11-31 所示。

在 Tkinter 库中,可以使用列表将列表
元素添加到下拉菜单中。

【实例 11-30】 使用 Tkinter 库创建一
个 GUI 程序,该程序包含 1 个 OptionMenu
控件、1 个 Button 控件。单击 OptionMenu
控件会显示下拉菜单,下拉菜单有 5 个菜单
选项。单击 Button 控件会打印选择的下拉
菜单选项。需要在程序中使用列表保存下拉菜单选项,代码如下:

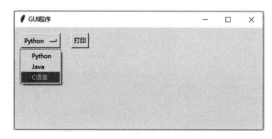

图 11-31　代码 11-29.py 的运行结果

```
# === 第 11 章 代码 11 - 30.py === #
from tkinter import *

def show():
    print(var.get())


window = Tk()
window.title("GUI 程序")
window.geometry("500x200")
var = StringVar()
options = ['Python', 'Java', 'C 语言', 'C++', 'PHP']
var.set(options[0])
option1 = OptionMenu(window, var, * options)
option1.grid(row = 0, column = 0, padx = 10, pady = 10)
button1 = Button(window, text = '打印', command = show)
button1.grid(row = 0, column = 1, padx = 10, pady = 10)
window.mainloop()
```

运行结果如图 11-32 所示。

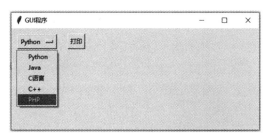

图 11-32　代码 11-30.py 的运行结果

## 11.3.10　Message 控件

在 Tkinter 库中,Message 控件也称为消息控件,用来显示多行文本,与 Label 控件有些类似。Message 控件能够自行换行,并能够调整文本的尺寸使其适应给定的尺寸。可以使用 Message() 函数创建一个 Message 对象,其语法格式如下:

```
m1 = Message(window, text = , width = )
```

其中,parent 表示父窗口或顶级窗口;text 用于设置显示的文本;width 用于设置控件的宽度。

【实例 11-31】　使用 Tkinter 库创建一个 GUI 程序,该程序包含两个 Message 控件,其中一个控件用于显示单行文本,另一个控件用于显示多行文本,代码如下:

```
# === 第11章 代码 11 - 31.py === #
from tkinter import *

window = Tk()
window.title("GUI 程序")
window.geometry("500x200")
text1 = Message(window, text = '锦城虽云乐, 不如早还家.', width = 150)
text2 = Message(window, text = '蜀道之难, 难于上青天, 侧身西望长咨嗟.', width = 150)
text1.pack()
text2.pack()
window.mainloop()
```

运行结果如图 11-33 所示。

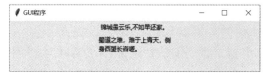

图 11-33　代码 11-31.py 的运行结果

## 11.3.11　Spinbox 控件

在 Tkinter 库中,Spinbox 控件也称为输入控件,与 Entry 控件类似,但可以指定输入范

围。可以使用 Spinbox()函数创建一个 Spinbox 对象,其语法格式如下:

```
spin1 = Spinbox(parent,from_ = ,to = )            ♯ 指定数值的范围
spin2 = Spinbox(parent,values = )                 ♯ 指定输入内容的范围
```

其中,parent 表示父窗口或顶级窗口;from_ 表示数值的起始位;to 表示数值的结束位;values 用于设置输入内容的范围。

【实例 11-32】　使用 Tkinter 库创建一个 GUI 程序,该程序包含两个 Spinbox 控件,其中一个控件的输入范围为数值,另一个控件的输入内容为元组内的元素,代码如下:

```
♯ === 第 11 章 代码 11 - 32.py === ♯
from tkinter import *

window = Tk()
window.title("GUI 程序")
window.geometry("500x200")
spin1 = Spinbox(window,from_ = 0,to = 10)
spin2 = Spinbox(window,values = ("Python","C 语言","Java"))
spin1.grid(row = 0,column = 0,padx = 10,pady = 10)
spin2.grid(row = 0,column = 1,padx = 10,pady = 10)
window.mainloop()
```

运行结果如图 11-34 所示。

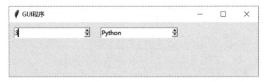

图 11-34　代码 11-32.py 的运行结果

## 11.3.12　PanedWindow 控件

在 Tkinter 库中,PanedWindow 控件是 1 个空间管理控件,与 Frame 控件类似,可以为其他控件提供框架,但 PanedWindow 控件可运行用户调整应用程序的控件划分。可以使用 PanedWindow()函数创建一个 PanedWindow 对象,其语法格式如下:

```
paned = PanedWindow(orient = ,showhandle = True,sashrelief = SUNKEN)
paned.add()
```

其中,orient 用于表示分割窗口的方向,值为 HORIZONTAL 或 VERTICAL,默认值为HORIZONTAL;showhandle 用于设置是否显示手柄(handle);sashrelief 用于设置分割线(sash)。

【实例 11-33】　使用 Tkinter 库创建一个 GUI 程序,该程序包含 1 个 PanedWindow 控件,2 个 Label 控件。PanedWindow 控件将窗口从水平方向分割为两部分;左边显示一个Label 控件,右边显示另一个 Label 控件,代码如下:

```
# === 第 11 章 代码 11 - 33.py === #
from tkinter import *

window = Tk()
window.title("GUI 程序")
window.geometry("500x200")
paned = PanedWindow(orient = HORIZONTAL, showhandle = True, sashrelief = SUNKEN)
paned.pack(fill = BOTH, expand = 1)
left = Label(paned, text = 'left pane')
right = Label(paned, text = 'right pane')
paned.add(left)
paned.add(right)
window.mainloop()
```

运行结果如图 11-35 所示。

【实例 11-34】 使用 Tkinter 库创建一个 GUI 程序,该程序使用 PanedWindow 控件将界面分割为 3 部分,代码如下:

```
# === 第 11 章 代码 11 - 34.py === #
from tkinter import *

window = Tk()
window.title("GUI 程序")
window.geometry("500x200")
paned1 = PanedWindow(showhandle = True, sashrelief = SUNKEN)
paned1.pack(fill = BOTH, expand = 1)
left = Label(paned1, text = 'left pane')
paned1.add(left)
paned2 = PanedWindow(orient = VERTICAL, showhandle = True, sashrelief = SUNKEN)
paned1.add(paned2)
top = Label(paned2, text = 'top pane')
paned2.add(top)
bottom = Label(paned2, text = 'bottom pane')
paned2.add(bottom)
window.mainloop()
```

运行结果如图 11-36 所示。

图 11-35　代码 11-33.py 的运行结果

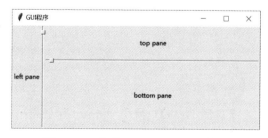

图 11-36　代码 11-34.py 的运行结果

## 11.3.13　Toplevel 控件

在 Tkinter 库中,Toplevel 控件也称为容器控件,用来提供一个单独的对话框或消息

框,与 Frame 控件类似。可以使用 Toplevel()函数创建一个 Toplevel 对象,其语法格式如下:

```
top = Toplevel()
msg = Message(top, text = )
```

其中,text 用于设置对话框中的文本。

在 Tkinter 库中,可以使用 Toplevel 对象的 title()方法设置窗口的标题,使用 attribute()方法设置或获取窗口的属性,如果参数中只有选项名,则返回当前窗口的选项的值;如果参数中既有选项名也有选项值,则设置该窗口的属性。需注意要在该选项名之前加-,选项名与选项值用逗号隔开。

【实例 11-35】 使用 Tkinter 库创建一个 GUI 程序,该程序中有 1 个 Button 控件,单击该控件会显示消息框,消息框的父窗口为 Toplevel 控件,代码如下:

```
# === 第 11 章 代码 11 - 35. py === #
from tkinter import *

def show():
    top = Toplevel()
    top.title('消息框')
    msg = Message(top, text = "有之以为利,无之以为用.")
    msg.pack()

window = Tk()
window.title("GUI 程序")
window.geometry("500x200")
Button(window, text = "创建顶级窗口", command = show).pack()
window.mainloop()
```

运行结果如图 11-37 所示。

图 11-37 代码 11-35.py 的运行结果

【实例 11-36】 使用 Tkinter 库创建一个 GUI 程序,该程序中有 1 个 Button 控件,单击该控件会显示半透明的消息框,该消息框的父窗口为 Toplevel 控件,代码如下:

```
# === 第 11 章 代码 11 - 36. py === #
from tkinter import *
```

```
def show():
    top = Toplevel()
    top.title('消息框')
    top.attributes('-alpha',0.5)
    msg = Message(top,text = "有之以为利,无之以为用.")
    msg.pack()


window = Tk()
window.title("GUI 程序")
window.geometry("500x200")
Button(window,text = "创建半透明窗口",command = show).pack()
window.mainloop()
```

运行结果如图 11-38 所示。

图 11-38　代码 11-36.py 的运行结果

## 11.3.14　Canvas 控件

在 Tkinter 库中，Canvas 控件也称为画布控件，用来绘制多种图形，例如直线、矩形、椭圆、文本。可以使用 Canvas()函数创建一个 Canvas 对象，其语法格式如下：

```
cava1 = Cavas(parent,width = ,height = )
```

其中，parent 表示父窗口或顶级窗口；width 用于设置 Canvas 控件的宽度；height 用于设置 Canvas 控件的高度。

在 Tkinter 库中，可以使用 Canvas 对象的方法绘制图形，并对图形进行操作，具体方法见表 11-5。

表 11-5　Canvas 对象的常用方法

| 方　　法 | 说　　明 |
|---|---|
| Canvas.create_line(left,top,right,bottom,fill= ,outline= ) | 绘制直线，并创建 Line 对象 |
| Canvas.create_arc(left,top,right,bottom,start= ,extent= ) | 绘制扇形或弧形，并创建 Arc 对象 |
| Canvas.create_rectangle(left,top,right,bottom,fill= ,outline= ) | 绘制矩形，并创建 Rectangle 对象 |
| Canvas.create_oval(left,top,right,bottom,fill= ,outline= ) | 绘制椭圆或圆，并创建 Oval 对象 |
| Canvas.create_polygon(x1,y1,x2,y2,…,fill= ,outline= ) | 绘制多边形，并创建 Polygon 对象 |
| Canvas.create_text(left,top,text = ) | 绘制文本，并创建 Text 对象 |

续表

| 方　　法 | 说　　明 |
|---|---|
| Canvas.create_image(left,top,image=) | 绘制图像,并创建 Image 对象 |
| Canvas.coords(object,x1,y1,x2,y2) | 移动对象 |
| Canvas.itemconfig(object,fill=) | 重新设置填充颜色 |
| Canvas.delete(object) | 删除对象 |

【实例 11-37】 使用 Tkinter 库创建一个 GUI 程序,该程序中有 1 个 Canvas 控件,在该控件上绘制直线和矩形,代码如下:

```
# === 第 11 章 代码 11 - 37.py === #
from tkinter import *

window = Tk()
window.title("GUI 程序")
canva = Canvas(window,width = 500,height = 200)
canva.pack()
line1 = canva.create_line(0,100,500,100,fill = 'blue')
line2 = canva.create_line(250,0,250,200,fill = 'green',dash = (4,4))
rect1 = canva.create_rectangle(200,50,300,150,fill = 'red')
window.mainloop()
```

运行结果如图 11-39 所示。

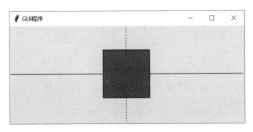

图 11-39　代码 11-37.py 的运行结果

【实例 11-38】 使用 Tkinter 库创建一个 GUI 程序,该程序中有 1 个 Canvas 控件,在该控件上绘制圆形、椭圆、文本、多边形,代码如下:

```
# === 第 11 章 代码 11 - 38.py === #
from tkinter import *

window = Tk()
window.title("GUI 程序")
canva = Canvas(window,width = 500,height = 200)
canva.pack()
oval1 = canva.create_oval(1,1,181,181,fill = 'blue')
oval2 = canva.create_oval(200,1,250,191,fill = 'green')
text1 = canva.create_text(300,100,text = "鲲鹏展翅")
points = [300,1,350,50,450,100,480,150,400,150]
polygon = canva.create_polygon(points,outline = 'green',fill = 'yellow')
window.mainloop()
```

运行结果如图 11-40 所示。

【实例 11-39】  使用 Tkinter 库创建一个 GUI 程序，该程序中有 1 个 Canvas 控件、2 个 Button 控件。在 Canvas 控件上绘制圆形、椭圆、文本、多边形。单击 1 个 Button 控件可以删除圆形，单击另 1 个 Button 控件可以删除所有图形，代码如下：

```python
# === 第 11 章 代码 11 - 39.py === #
from tkinter import *

def delete_one():
    canva.delete(oval1)

def delete_all():
    canva.delete(ALL)

window = Tk()
window.title("GUI 程序")
canva = Canvas(window, width = 500, height = 200)
canva.pack()
oval1 = canva.create_oval(1, 1, 181, 181, fill = 'blue')
oval2 = canva.create_oval(200, 1, 250, 191, fill = 'green')
text1 = canva.create_text(300, 100, text = "鲲鹏展翅")
points = [300, 1, 350, 50, 450, 100, 480, 150, 400, 150]
polygon = canva.create_polygon(points, outline = 'green', fill = 'yellow')
Button(window, text = '删除圆形', command = delete_one).pack()
Button(window, text = '删除全部', command = delete_all).pack()
window.mainloop()
```

运行结果如图 11-41 所示。

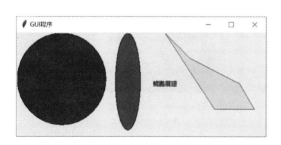

图 11-40　代码 11-38.py 的运行结果

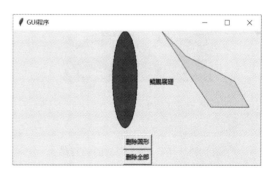

图 11-41　代码 11-39.py 的运行结果

【实例 11-40】  使用 Tkinter 库创建一个 GUI 程序，该程序中有 1 个 Canvas 控件。在 Canvas 控件上绘制矩形、扇形，代码如下：

```python
# === 第 11 章 代码 11 - 40.py === #
from tkinter import *

window = Tk()
window.title("GUI 程序")
```

```
canva = Canvas(window, width = 500, height = 204)
canva.pack()
rect1 = canva.create_oval(2,2,202,202,fill = 'white',outline = 'black')
arc1 = canva.create_arc(2,2,202,202,fill = 'blue')
arc2 = canva.create_arc(204,2,404,202,start = 0,extent = 180,fill = 'green')
window.mainloop()
```

运行结果如图 11-42 所示。

【实例 11-41】 使用 Tkinter 库创建一个 GUI 程序,该程序中有 1 个 Canvas 控件。在 Canvas 控件上引入一幅 JPG 格式的图片,代码如下:

```
# === 第 11 章 代码 11 - 41.py === #
from tkinter import *
from PIL import Image
from PIL import ImageTk

window = Tk()
window.title("GUI 程序")
canva = Canvas(window, width = 500, height = 204)
canva.pack()
im1 = None
im2 = None
im1 = Image.open("D:\\test\\cat2.jpg")
im2 = ImageTk.PhotoImage(im1)
canva.create_image(201,1,image = im2)
window.mainloop()
```

运行结果如图 11-43 所示。

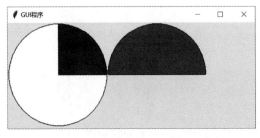

图 11-42　代码 11-40.py 的运行结果

图 11-43　代码 11-41.py 的运行结果

在 Tkinter 模块中,Canvas 控件除了支持 Arc、Line、Oval、Polygon、Rectangle、Text、Image 对象外,还支持 Bitmap(内建的位图文件或 XBM 格式的文件)对象和 Windows 控件对象。这些对象可以通过 fill、outline 参数设置它们的颜色和边框颜色。

由于 Canvas 控件可能比窗口大(例如带滚动条的 Canvas 控件),因此 Canvas 控件可以选择使用两种坐标系:一是窗口坐标系,即以窗口的左上角为坐标原点;二是画布坐标系,即以画布的左上角为坐标原点。

在 Canvas 控件中,可以创建多个画布对象。这些画布对象都会被列入显示列表中,越接近背景的画布对象越位于显示列表的下方。默认情况下,新创建的画布对象会覆盖旧的画布对象,即位于列表上方的画布对象会覆盖列表下方的画布对象,例如实例11-40。

Canvas 对象中有 4 种方法可以获取指定的画布对象:

(1) 通过 Item handles 指定画布对象。Item handles 也称为画布对象的 ID,当在 Canvas 控件上创建一个画布对象时,Tkinter 会自动为该画布对象指定唯一的整型值,可以使用 Canvas 对象的方法通过这个整型值操作画布对象。

(2) 通过 Tags 指定画布对象。Tags 是指画布对象的标签,Tags 由普通的非空白字符串组成,一个画布对象可以由多个 Tags 相关联,一个 Tags 也可以描述多个画布对象。Canvas 控件的 Tags 仅被画布对象所拥有,没有指定画布对象的 Tags 不能进行事件绑定和配置样式。

(3) 通过 ALL 或 all 指定 Canvas 控件中所有的画布对象。

(4) 通过 CURRENT 或 current 指定 Canvas 控件中所有的画布对象。

【实例 11-42】　使用 Tkinter 库创建一个 GUI 程序,该程序中有 1 个 Canvas 控件。可以按住鼠标左键在画布上绘制图像,随意涂写,代码如下:

```python
# === 第 11 章 代码 11 - 42.py === #
from tkinter import *

def paint(event):
    x1, y1 = (event.x - 1), (event.y - 1)
    x2, y2 = (event.x + 1), (event.y + 1)
    canva.create_oval(x1, y1, x2, y2, fill = 'blue')

window = Tk()
window.title("GUI 程序")
canva = Canvas(window, width = 500, height = 200)
canva.pack()
# 绑定"按住鼠标左键拖动"事件
canva.bind('<B1 - Motion>', paint)
window.mainloop()
```

运行结果如图 11-44 所示。

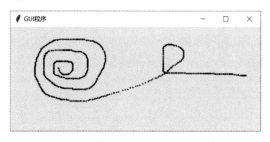

图 11-44　代码 11-42.py 的运行结果

## 11.3.15　Text 控件

在 Tkinter 库中,Text 控件也称为输入控件,用来输入、显示多行文本。可以使用 Text()

函数创建一个 Text 对象,其语法格式如下:

```
text1 = Text(parent, width = , height = )
```

其中,parent 表示父窗口或顶级窗口;width 用于设置 Text 控件的宽度;height 用于设置 Text 控件的高度。

在 Tkinter 库中,可以使用 Text 对象的 insert()方法向 Text 控件中插入文本、Image 对象、window 控件。

【实例 11-43】 使用 Tkinter 库创建一个 GUI 程序。在 Text 控件上插入两段文本,代码如下:

```
# === 第 11 章 代码 11 - 43.py === #
from tkinter import *

window = Tk()
window.title("GUI 程序")
window.geometry("500x200")
text1 = Text(window, width = 200, height = 180)
# INSERT 表示光标位置
text1.insert(INSERT, '道可道,非常道.\n')
text1.insert(END, '大智若愚,大巧若拙.')
text1.pack(padx = 100, pady = 5)
window.mainloop()
```

运行结果如图 11-45 所示。

图 11-45　代码 11-43.py 的运行结果

【实例 11-44】 使用 Tkinter 库创建一个 GUI 程序。在 Text 控件上插入一段文本、插入一个 Button 控件。单击 Button 控件会打印信息,代码如下:

```
# === 第 11 章 代码 11 - 44.py === #
from tkinter import *

def callback():
    print('哈哈,我被单击了!')

window = Tk()
window.title("GUI 程序")
window.geometry("500x200")
```

```
text1 = Text(window, width = 200, height = 180)
text1.insert(INSERT, '道可道,非常道.')
text1.pack(padx = 100, pady = 5)
bt1 = Button(text1, text = '单击我', command = callback)
text1.window_create(INSERT, window = bt1)
window.mainloop()
```

运行结果如图 11-46 所示。

图 11-46    代码 11-44.py 的运行结果

【实例 11-45】    使用 Tkinter 库创建一个 GUI 程序。在 Text 控件上插入一段文本、插入一个 Button 控件。单击 Button 控件会插入一张图像,代码如下:

```
# === 第 11 章 代码 11 - 45.py === #
from tkinter import *

def callback():
    text1.image_create(END, image = mini_img1)

window = Tk()
window.title("GUI 程序")
window.geometry("500x200")
text1 = Text(window, width = 200, height = 180)
text1.insert(INSERT, '道可道,非常道.')
text1.pack(padx = 100, pady = 5)
bt1 = Button(text1, text = '单击我', command = callback)
text1.window_create(INSERT, window = bt1)
# 引入图像并创建一个 PhotoImage 对象
img1 = PhotoImage(file = 'D:\\test\\cat1.png')
# 使用 subsample()方法缩小尺寸,比例为 1/7; 如果放大,则使用 zoom()方法
mini_img1 = img1.subsample(7,7)
window.mainloop()
```

运行结果如图 11-47 所示。

### 1. Indexes 用法

在 Text 控件中,Indexes 表示索引,用来指向 Text 控件中文本的位置,这和列表的索引类似,可以根据索引的位置定位 Text 控件中字符的位置。

在 Tkinter 库中,有一系列的索引类型:

(1)用行号和列号组成的字符串"line.column"表示索引,其中 line 表示行号,从 0 开始;column 表示列号,从 1 开始。

(2)使用 INSERT 或 "insert"对应光标的位置。

(3)使用 CURRENT 或 "current"对应与鼠标最近的位置。如果用户一直按住鼠标,则到松开鼠标时才能响应。

图 11-47 代码 11-45.py 的运行结果

(4)使用 END 或 "end"对应文本缓冲区最后一个字符的下一个位置。

(5)使用 user-defined marks 对 Text 控件中的位置进行命名。INSERT 和 CURRENT 是两个预先定义好的 marks,除此之外用户可以自定义 marks。

(6)使用 user-defined tags 表示分配给 Text 控件的特殊事件绑定和风格。可以使用"tag.first"(使用 tag 的文本的第 1 个字符之前)和"tag.last"(使用 tag 的文本的第 1 个字符之后)的语法表示标签 tag 的范围,语法格式如下:

```
"%s.first"% tagname
"%s.last"% tagname
```

(7)使用 selection 表示 Text 控件中被选中的范围。selection 是一个名为 SEL 或"sel"的特殊 tag,表示当前被选中的范围,可以使用 SET_FIRST 到 SET_LAST 来表示这个范围。如果其中没有选中的内容,则会抛出一个 TclError 异常。

(8)使用 window coordinate("@x,y")作为索引,即使用窗口坐标作为索引。例如在一个事件绑定中要找到最接近鼠标位置的字符,可使用如下代码:

```
"@%d,%d"% (event.x,event.y)
```

(9)使用 embedded object name 定位在 Text 控件中嵌入的 window 和 Image 对象。如果要引用 window 或 Image 对象,则可使用该对象名作为索引。

(10)使用 expressions 修改任何格式的索引,expressions 是用字符串的形式修改索引的表达式,具体表达式见表 11-6。

表 11-6 expressions 具体表达式

| 表 达 式 | 说 明 |
| --- | --- |
| "+ count chars" | 将索引向前(>>)移动 count 个字符,可以越过换行符,但不能越过 END 的位置 |
| "— count chars" | 将索引向后(<<)移动 count 个字符,可以越过换行符,但不能越过"1.0"的位置 |
| "+ count lines" | 将索引向前(>>)移动 count 行,索引会尽量保持与移动前在同一列上,但如果移动后的那一行字符太少,则将移动到该行的末尾 |
| "— count lines" | 将索引向后(<<)移动 count 行,索引会尽量保持与移动前在同一列上,但如果移动后的那一行字符太少,将移动到该行的末尾 |

续表

| 表　达　式 | 说　　　明 |
|---|---|
| "linestart" | 将索引移动到当前索引所在行的起始位置。注意：使用该表达式的前边必须用一个空格隔开 |
| "lineend" | 将索引移动到当前索引所在行的末尾。注意：使用该表达式前必须用一个空格隔开 |
| "wordstart" | 将索引移动到当前索引指向的单词的开头。单词的定义是一系列字母、数字、下画线或任何非空白字符的组合。注意：使用该表达式前必须用一个空格隔开 |
| "wordend" | 将索引移动到当前索引指向的单词的末尾。单词的定义是一系列字母、数字、下画线或任何非空白字符的组合。注意：使用该表达式前必须用一个空格隔开 |

在实际运用中，为了保证表达式为普通字符串，可以使用 str 或格式化操作来创建一个表达式字符串。例如要删除光标前的一个字符，则可以仿照以下代码：

```python
def backspace(event):
    event.widget.delete("% s - 1c" % INSERT, INSERT)
```

【实例 11-46】　使用 Tkinter 库创建一个 GUI 程序，该程序包含一个 Text 控件。在 Text 控件上插入一段文本、插入一个 Button 控件。单击 Button 控件，打印索引为 1.2 和 1.3 的字符，代码如下：

```python
# === 第 11 章 代码 11 - 46.py === #
from tkinter import *

def callback():
    print(text1.get("1.2"))
    print(text1.get(1.3))

window = Tk()
window.title("GUI 程序")
window.geometry("500x200")
text1 = Text(window, width = 200, height = 180)
text1.insert(INSERT, '吾生也有涯,而知也无涯,以有涯随无涯,殆已.')
text1.pack(padx = 100, pady = 5)
bt1 = Button(text1, text = '单击我', command = callback)
text1.window_create(INSERT, window = bt1)
window.mainloop()
```

运行结果如图 11-48 所示。

### 2. Marks 用法

Marks 也称为标记，是指嵌入 Text 控件文本中的不可见对象。Marks 标记用于指定字符间的位置，并跟随相应的字符一起移动。常见的 Marks 标记有 INSERT、CURRENT、user-defined marks(用户自定义的 Marks)。

在 Tkinter 库中，Text 对象中有多个与 Marks 相关的方法，具体见表 11-7。

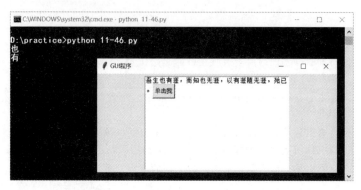

图 11-48　代码 11-46.py 的运行结果

**表 11-7　Text 对象中与 Marks 相关的方法**

| 表 达 式 | 说　　明 |
|---|---|
| Text.mark_set(name, "m.n") | 在第 m 行第 n 列插入名称为 name 的 Marks 标记 |
| Text.mark_unset(name) | 删除名称为 name 的 Marks 标记 |
| Text.mark_gravity(name,LEFT) | 设置名称为 name 的 Marks 标记向后移动一个字符 |

【实例 11-47】　使用 Tkinter 库创建一个 GUI 程序,该程序包含一个 Text 控件、一个 Button 控件。在 Text 控件上插入一段文本。单击 Button 控件,在索引为 1.2 和 1.5 的位置分别插入单词 hello、welcome,代码如下:

```python
# === 第 11 章 代码 11-47.py === #
from tkinter import *

def callback():
    text1.insert('here','hello')
    text1.insert('there','welcome')


window = Tk()
window.title("GUI 程序")
window.geometry("500x200")
bt1 = Button(window,text = '插入字符',command = callback)
bt1.pack()
text1 = Text(window,width = 200,height = 180)
text1.insert(INSERT,'吾生也有涯,而知也无涯,以有涯随无涯,殆已.')
text1.pack(padx = 100,pady = 5)
text1.mark_set("here",1.2)
text1.mark_set('there',1.5)
window.mainloop()
```

运行结果如图 11-49 所示。

在实际应用中,即使 Text 控件中的文本都被删除了,Marks 仍然会存在。

【实例 11-48】　使用 Tkinter 库创建一个 GUI 程序,该程序包含一个 Text 控件、一个 Button 控件。在 Text 控件上插入一段文本。单击 Button 控件,删除 Text 控件上的文本,然后在索引为 1.2 和 1.5 的位置分别插入单词 hello、welcome,代码如下:

```
# === 第 11 章 代码 11 - 48. py === #
from tkinter import *

def callback():
    text1.delete("1.0",END)
    text1.insert('here','hello')
    text1.insert('there','welcome')


window = Tk()
window.title("GUI 程序")
window.geometry("500x200")
bt1 = Button(window,text = '单击我',command = callback)
bt1.pack(padx = 0,pady = 5)
text1 = Text(window,width = 200,height = 120)
text1.insert(INSERT,'吾生也有涯,而知也无涯,以有涯随无涯,殆已.')
text1.pack(padx = 100,pady = 5)
text1.mark_set("here",1.2)
text1.mark_set('there',1.5)
window.mainloop()
```

运行结果如图 11-50 所示。

图 11-49　代码 11-47. py 的运行结果

图 11-50　代码 11-48. py 的运行结果

【实例 11-49】　使用 Tkinter 库创建一个 GUI 程序,该程序包含一个 Text 控件、一个 Button 控件。在 Text 控件上插入一段文本,在 1.2 和 1.5 的位置设置索引。单击 Button 控件,让位置为 1.5 的索引失效,然后在索引为 1.2 位置的左侧插入单词 hello,在原索引 1.5 位置的右侧插入单词 welcome,代码如下:

```
# === 第 11 章 代码 11 - 49. py === #
from tkinter import *

def callback():
    text1.mark_unset('there')
    text1.mark_gravity('here',LEFT)
    text1.insert('here','hello')
    text1.insert('there','welcome')


window = Tk()
window.title("GUI 程序")
window.geometry("500x200")
```

```
bt1 = Button(window, text = '单击我', command = callback)
bt1.grid(row = 0, column = 0, padx = 5, pady = 5, sticky = N)
text1 = Text(window, width = 100, height = 100)
text1.insert(INSERT, '吾生也有涯,而知也无涯,以有涯随无涯,殆已.')
text1.grid(row = 0, column = 1, padx = 5, pady = 5, sticky = W)
text1.mark_set("here", 1.2)
text1.mark_set('there', 1.5)
window.mainloop()
```

运行结果如图 11-51 所示。

**注意**: 在运行代码 11-49.py 时会出现 _tkinter.TclError: bad text index "there", 这表明"there"标记已经失效,即说明 text1. mark_unset('there')解除了 Marks 标记。

图 11-51　代码 11-49.py 的运行结果

**3. Tags 用法**

Tags 也称为标签,通常用于改变 Text 控件中内容的样式和功能,可以用来修改文字的字体、尺寸、颜色。Tags 也可以将文本、嵌入的控件、图片与键盘、鼠标等事件相关联。除 user-defined tags(用户自定义的 Tags),还有一个预定义的 Tag,即 SET 或"set"。

在 Tkinter 库中,Text 对象中有多个与 Tags 相关的方法,具体见表 11-8。

表 11-8　Text 对象中与 Tags 相关的方法

| 表　达　式 | 说　　明 |
| --- | --- |
| Text.tag_add(name, "m.n") | 给指定的文本添加 Tags |
| Text.tag_config(name, parameter＝) | 给名称为 name 的 Tag 设置 Tags 的样式 |
| Text.tag_lower(name) | 降低名称为 name 的 Tag 的优先级 |
| Text.tag_raise(name) | 提高名称为 name 的 Tag 的优先级 |
| Text.tag_bind(name, event, command) | 给名称为 name 的 Tag 绑定事件 |

**【实例 11-50】** 使用 Tkinter 库创建一个 GUI 程序,该程序包含一个 Text 控件、一个 Button 控件。在 Text 控件上插入一段文本,在 1.1、1.3、1.12 的位置设置为 tag-1。单击 Button 控件,将 tag-1 的字体颜色改变为蓝色,代码如下:

```
# === 第11章 代码 11-50.py === #
from tkinter import *

def callback():
    text1.tag_config('tag-1', foreground = 'blue')

window = Tk()
window.title("GUI 程序")
window.geometry("500x200")
bt1 = Button(window, text = '改变颜色', command = callback)
bt1.pack()
```

```
text1 = Text(window,width = 200,height = 180)
text1.insert(INSERT,'吾生也有涯,而知也无涯,以有涯随无涯,殆已.')
text1.pack(padx = 100,pady = 5)
text1.tag_add('tag - 1','1.1','1.3','1.12')
window.mainloop()
```

运行结果如图 11-52 所示。

图 11-52　代码 11-50.py 的运行结果

在 Tkinter 库中,使用 Text 对象的 tag_config()方法可以设置 Tags 的样式,tag_config()方法可以使用的参数见表 11-9。

表 11-9　tag_config()方法使用的参数

| 参　　数 | 说　　明 |
|---|---|
| background | 用于指定 Tag 所描述内容的背景颜色。注意:该参数不能使用 bg 缩写 |
| bgstipple | 指定一个位图作为背景,并使用 background 选项指定颜色填充。只有当设置了 background 选项时该选项才会生效,默认的标准位图有 error、gray75、gray50、gray25、gray12、hourglass、info、questhead、question、warning |
| borderwidth | 指定文本框的宽度,默认值为 0,只有设置了 relief 参数,该参数才会起作用。注意:该参数不能使用 bw 缩写 |
| fgstipple | 指定一个位图作为前景色,默认的标准有 error、gray75、gray50、gray25、gray12、hourglass、info、questhead、question、warning |
| font | 指定 Tag 所描述内容使用的字体 |
| foreground | 指定 Tag 所描述内容的前景色,注意:该参数不能使用 fg 缩写 |
| justify | 设置文本的对齐方法,默认为 LEFT(左对齐),也可以设置 RIGHT(右对齐)、CENTER(居中)。注意:需要将 Tag 指向该行的第 1 个字符,该选项才能生效 |
| lmargin1 | 设置 Tag 指向的文本块的第 1 行的缩进,默认值为 0。注意:需要将 Tag 指向该行的第 1 个字符,该选项才能生效 |
| lmargin2 | 设置 Tag 指向的文本块除了第 1 行之外其他行的缩进,默认值为 0。注意:需要将 Tag 指向该行的第 1 个字符,该选项才能生效 |
| offset | 设置 Tag 指向的文本相对于基线的偏移距离。可以控制文本相对于基线是升高(正数值)还是降低(负数值),默认值为 0 |
| overstrike | 在 Tag 指定的文本范围画一条删除线,默认值为 False |
| relief | 指定 Tag 对应范围的文本的边框样式,可以使用的值有 SUNKEN、RAISED、GROOVE、RIDGE、FLAT,默认值为 FLAT(没有边框) |
| rmargin | 设置 Tag 指向的文本块右侧的缩进,默认值为 0 |

续表

| 参　数 | 说　明 |
|---|---|
| spacing1 | 设置 Tag 所描述的文本块中每行与上方的空白间隙,默认值为 0。注意:自动换行符不算 |
| spacing2 | 设置 Tag 所描述的文本块中自动换行的各行间的空白间隙,默认值为 0。注意:换行符"\n"不算 |
| spacing3 | 设置 Tag 所描述的文本块中每行与下方的空白间隙,默认值为 0。注意:自动换行符不算 |
| tabs | ①定制 Tag 所描述的文本块中 Tab 按键的功能<br>② 默认 Tab 被定义为 8 个字符的宽度<br>③ 还可以定制多个制表位:tabs＝('3c','5c','12c')表示前 3 个 Tab 的宽度分别为 3cm、5cm 和 12cm,接着的 Tab 按照最后两个的差值计算,即 19cm、26cm、33cm<br>④ 至此,应该注意到,它上边的'c'的含义是"厘米"而不是"字符",还可以选择的单位有"i"(英寸),"m"(毫米),"p"(DPI,大约是'1i'等于'72p')<br>⑤ 如果是一个整型值,则单位是像素 |
| underline | 该参数若设置为 True,则 Tag 所描述的范围内的文本将被画上下画线,默认值为 False |
| wrap | 设置当一行文本的长度超过 width 选项设置的宽度时,是否自动换行。该参数的值可以是 NONE(不自动换行)、CHAR(按字符自动换行)、WORD(按单词自动换行) |

如果对同一个范围的文本加上多个 Tags,并设置不同的参数,则新创建的 Tag 样式会覆盖比较旧的 Tag。

【实例 11-51】 使用 Tkinter 库创建一个 GUI 程序,该程序包含一个 Text 控件、一个 Button 控件。在 Text 控件上插入一段文本,并将该段文本设置为 tag1、tag2。单击 Button 控件,设置 tag1 样式,并设置 tag2 样式,查看哪个样式起作用。代码如下:

```
# === 第 11 章 代码 11 - 51.py === #
from tkinter import *

def callback():
    text1.tag_config('tag1',background = 'green',foreground = 'yellow')
    text1.tag_config('tag2',background = 'white',foreground = 'red')


window = Tk()
window.title("GUI 程序")
window.geometry("500x200")
bt1 = Button(window,text = '改变颜色',command = callback)
bt1.pack()
text1 = Text(window,width = 200,height = 180)
text1.insert(INSERT,'吾生也有涯,而知也无涯,以有涯随无涯,殆已.',('tag1','tag2'))
text1.pack(padx = 100,pady = 5)
window.mainloop()
```

运行结果如图 11-53 所示。

【实例 11-52】 使用 Tkinter 库创建一个 GUI 程序,该程序包含一个 Text 控件、一个 Button 控件。在 Text 控件上插入一段文本,并将该段文本设置为 tag1、tag2。单击 Button

控件，设置 tag1 样式，并设置 tag2 样式，然后降低 tag2 的优先级，代码如下：

```
# === 第 11 章 代码 11 - 52.py === #
from tkinter import *

def callback():
    text1.tag_config('tag1', background = 'green', foreground = 'yellow')
    text1.tag_config('tag2', background = 'white', foreground = 'red')
    text1.tag_lower('tag2')


window = Tk()
window.title("GUI 程序")
window.geometry("500x200")
bt1 = Button(window, text = '改变颜色', command = callback)
bt1.pack()
text1 = Text(window, width = 200, height = 180)
text1.insert(INSERT, '吾生也有涯, 而知也无涯, 以有涯随无涯, 殆已.', ('tag1', 'tag2'))
text1.pack(padx = 100, pady = 5)
window.mainloop()
```

运行结果如图 11-54 所示。

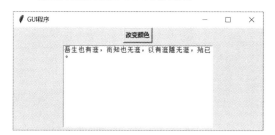

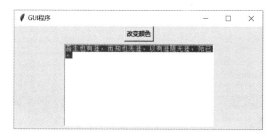

图 11-53　代码 11-51.py 的运行结果　　　　　图 11-54　代码 11-52.py 的运行结果

【实例 11-53】　使用 Tkinter 库创建一个 GUI 程序，该程序包含一个 Text 控件。在 Text 控件上插入一段文本，并将该段文本设置为 tag1。当单击这段文本时，字体会变成蓝色，并加下画线，代码如下：

```
# === 第 11 章 代码 11 - 53.py === #
from tkinter import *

def click(event):
    text1.tag_config('tag1', underline = TRUE, foreground = 'blue')


window = Tk()
window.title("GUI 程序")
window.geometry("500x200")
text1 = Text(window, width = 200, height = 180)
text1.insert(INSERT, '吾生也有涯, 而知也无涯, 以有涯随无涯, 殆已.', 'tag1')
text1.pack(padx = 100, pady = 5)
text1.tag_bind('tag1', "< Button - 1 >", click)
window.mainloop()
```

运行结果如图 11-55 所示。

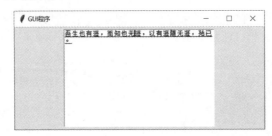

图 11-55　代码 11-53.py 的运行结果

## 11.3.16　Text 控件的典型应用

在 Tkinter 库中,Text 控件有多个典型应用,例如判断 Text 控件中的内容是否发生变化、对 Text 控件中的文本进行检索、撤销 Text 控件中的操作。

【实例 11-54】　使用 Tkinter 库创建一个 GUI 程序,该程序包含一个 Text 控件、一个 Button 控件。在 Text 控件上插入一段文本。当单击 Button 控件时,检测 Text 控件中的内容是否发生变化,代码如下:

```python
# === 第 11 章 代码 11 - 54.py === #
from tkinter import *
import hashlib

# 使用 Text 控件中文本的 md5 摘要判断内容是否有变化
def check():
    content = text1.get(1.0, END)
    if signal!= get_signal(content):
            print('注意:内容已被改动!')
    else:
            print('一切安好.')

def get_signal(content):
    m = hashlib.md5(content.encode())
    return m.digest()

window = Tk()
window.title("GUI 程序")
window.geometry("500x200")
bt1 = Button(window, text = '检测', command = check)
bt1.pack()
text1 = Text(window, width = 200, height = 180)
text1.insert(INSERT, '乘风破浪会有时,直挂云帆济沧海.')
text1.pack(padx = 100, pady = 5)
content = text1.get(1.0, END)
signal = get_signal(content)
window.mainloop()
```

运行结果如图 11-56 所示。

图 11-56　代码 11-54.py 的运行结果

在 Tkinter 库中，可以使用 Text 对象的 search() 方法搜索 Text 控件中的内容，并可以确定该内容的位置。

【实例 11-55】　使用 Tkinter 库创建一个 GUI 程序，该程序包含一个 Text 控件、一个 Button 控件。在 Text 控件上插入一段文本"道可道，非常道。名可名，非常名"。当单击 Button 控件时，搜索"可"并打印该字符的位置，代码如下：

```python
# === 第 11 章 代码 11 - 55.py === #
from tkinter import *

#将任何格式的索引号统一为元组(行,列)的格式输入
def get_index(text,index):
    return tuple(map(int,str.split(text.index(index),".")))

def check():
    start = 1.0
    while True:
        pos = text1.search('可',start,stopindex = END)
        if not pos:
            break
    print('已找到,位置是: ',get_index(text1,pos))
        start = pos + " + 1c"

window = Tk()
window.title("GUI 程序")
window.geometry("500x200")
bt1 = Button(window,text = '查找',command = check)
bt1.pack()
text1 = Text(window,width = 200,height = 180)
text1.insert(INSERT,'道可道,非常道.名可名,非常名.')
text1.pack(padx = 100,pady = 5)
window.mainloop()
```

运行结果如图 11-57 所示。

在 Tkinter 库中，Text 控件还支持恢复和撤销操作，需将 Text 控件的 undo 参数设置为 True，然后使用 Text 对象的 edit_undo() 方法实现撤销操作，使用 Text 对象的 edit_redo() 实

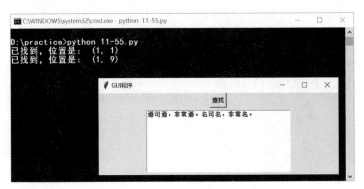

图 11-57 代码 11-55.py 的运行结果

现恢复操作。

【实例 11-56】 使用 Tkinter 库创建一个 GUI 程序,该程序包含一个 Text 控件、一个 Button 控件。在 Text 控件上插入一段文本"道可道,非常道。名可名,非常名"。当单击 Button 控件时,实现撤销操作,代码如下:

```python
# === 第 11 章 代码 11-56.py === #
from tkinter import *

def callback():
    text1.edit_undo()

window = Tk()
window.title("GUI 程序")
window.geometry("500x200")
bt1 = Button(window, text = '撤销', command = callback)
bt1.pack()
text1 = Text(window, width = 200, height = 180, undo = True)
text1.insert(INSERT, '道可道,非常道.名可名,非常名.')
text1.pack(padx = 100, pady = 5)
window.mainloop()
```

运行结果如图 11-58 所示。

在实际运行中会发现,单击代码 11-56.py 文件中的撤销按钮后,新输入的内容已经没有了。这是因为 Text 控件内部有一个栈专门用于记录每次变动,所以每次撤销操作就是一次弹栈操作,恢复操作就是再次压栈。

默认情况下,每次完整的操作都会放入栈中,但怎样算是一次完整的操作? 在

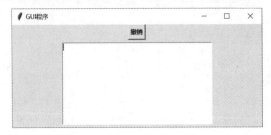

图 11-58 代码 11-56.py 的运行结果

Tkinter 库中,每次焦点切换、用户按 Enter 键、删除/插入操作的转换等之前的操作算是一次完整的操作,即在 Text 控件连续输入一段文本,一次撤销操作就会将所有内容删除。

如何将输入一个字符转换成一次完整的操作? 首先需要将 Text 控件的 autoseparators

参数设置为 False(因为这个选项是让 Tkinter 在人为一次完成的操作结束后自动插入分隔符),然后绑定键盘事件,每次有输入就用 edit_separator()方法人为插入一个分隔符。

【实例 11-57】　使用 Tkinter 库创建一个 GUI 程序,该程序包含一个 Text 控件、一个 Button 控件。在 Text 控件上插入一段文本"道可道,非常道。名可名,非常名"。当单击一次 Button 控件时,实现撤销一次操作,代码如下:

```python
# === 第 11 章 代码 11 - 57.py === #
from tkinter import *

def keyboard(event):
    text1.edit_separator()

def callback():
    text1.edit_undo()

window = Tk()
window.title("GUI 程序")
window.geometry("500x200")
bt1 = Button(window, text = '撤销', command = callback)
bt1.pack()
text1 = Text(window, width = 200, height = 180, autoseparators = False, undo = True, maxundo = 10)
text1.insert(INSERT, '道可道,非常道.名可名,非常名.')
text1.pack(padx = 100, pady = 5)
text1.bind('< Key >', keyboard)
window.mainloop()
```

运行结果如图 11-59 所示。

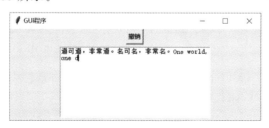

图 11-59　代码 11-57.py 的运行结果

# 11.4　事件操作

一个由 Tkinter 创建的 GUI 程序主要由主窗口的 mainloop()方法进行循环显示。在程序的窗口上,有各种各样的事件发生,例如用户的鼠标操作、键盘操作、窗口管理器的重绘事件。Tkinter 库提供了一个强大的机制可以让用户自由地处理事件。

## 11.4.1　事件绑定

在 Tkinter 库中,可以通过每个控件的 bind()方法绑定到具体的事件中。当被触发的事件满足某控件绑定的事件时,则会调动该控件下的回调函数。

【实例 11-58】 使用 Tkinter 库创建一个 GUI 程序,该程序包含一个 Frame 控件。当在 Frame 控件上单击鼠标时,捕获并打印单击鼠标的位置,代码如下:

```
# === 第 11 章 代码 11-58.py === #
from tkinter import *

def callback(event):
    print("单击位置: ",event.x,event.y)

window = Tk()
window.title("GUI 程序")
frame1 = Frame(window,width = 500,height = 200)
# 绑定鼠标单击事件
frame1.bind('< Button - 1 >',callback)
frame1.pack()
window.mainloop()
```

运行结果如图 11-60 所示。

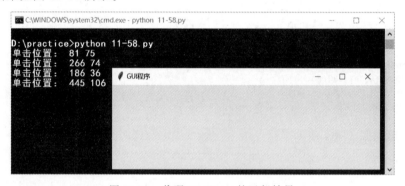

图 11-60 代码 11-58.py 的运行结果

【实例 11-59】 使用 Tkinter 库创建一个 GUI 程序,该程序包含一个 Frame 控件。当在 Frame 控件获取焦点时,捕获并打印键盘事件,代码如下:

```
# === 第 11 章 代码 11-59.py === #
from tkinter import *

def keyboard(event):
    print("键盘位置: ",repr(event.char))

window = Tk()
window.title("GUI 程序")
frame1 = Frame(window,width = 500,height = 200)
# 捕获键盘事件
frame1.bind('< Key >',keyboard)
# 当控件获得角度时,才能结束键盘事件,使用 focus_set()获得焦点
frame1.focus_set()
frame1.pack()
window.mainloop()
```

运行结果如图 11-61 所示。

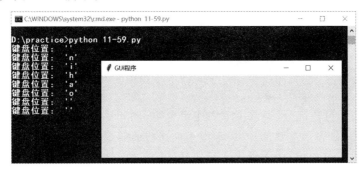

图 11-61  代码 11-59.py 的运行结果

【实例 11-60】  使用 Tkinter 库创建一个 GUI 程序,该程序包含一个 Frame 控件。当在 Frame 控件获取焦点时,捕获并打印鼠标在 Frame 控件上的运动轨迹,代码如下:

```python
# === 第 11 章 代码 11-60.py === #
from tkinter import *

def callback(event):
    print("当前位置: ",event.x,event.y)

window = Tk()
window.title("GUI 程序")
frame1 = Frame(window,width = 500,height = 200)
#绑定鼠标运动事件
frame1.bind('<Motion>',callback)
#获取焦点
frame1.focus_set()
frame1.pack()
window.mainloop()
```

运行结果如图 11-62 所示。

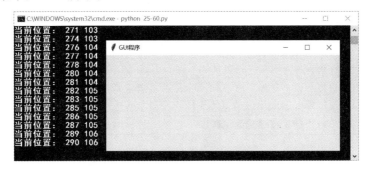

图 11-62  代码 11-60.py 的运行结果

## 11.4.2  事件序列

在 Tkinter 库中,用户使用事件序列的机制来定义事件,例如<Button-1>表示鼠标左键单击。用户使用控件的 bind()方法将具体的事件序列和自定义的函数或方法绑定。

事件序列是由字符串的形式定义,可以表示一个或多个相关联的事件。如果是多个事件,则对应的函数或方法只有在满足所有事件的前提下才会被调用。定义事件序列的语法格式如下:

```
< modifier - type - detail >
```

其中,modifier 表示可选部分,通常用于描述组合键,例如快捷键 Ctrl＋C、Ctrl＋V、Shift＋鼠标左键单击;type 表示主要部分,通常用于描述普通的事件类型,例如鼠标单击或键盘按键单击;detail 表示可选部分,通常用于描述具体的按键,例如 Button-3 表示鼠标右键。

### 1. Type

在事件序列中,type 常用的关键词和说明见表 11-10。

表 11-10　type 常用的关键词和说明

| type | 说　　明 |
| --- | --- |
| Activate | 当控件的状态从未激活到激活时触发该事件 |
| Button | 当用户单击鼠标按键时触发该事件,detail 部分指定具体的按键:<Button-1>表示鼠标左键、<Button-2>表示鼠标中键、<Button-3>表示鼠标右键、<Button-4>表示滚轮上滑(Linux)、<Button-5>表示滚轮下滑(Linux) |
| ButtonRelease | 当用户释放鼠标按键时触发该事件。通常情况下,该事件比 Button 事件好用,因为如果用户不小心按下鼠标,则用户可以在将鼠标移出控件时再释放鼠标,从而避免不小心触发事件 |
| Configure | 当控件的尺寸发生变化时触发该事件 |
| Deactivate | 当控件的状态从激活到未激活时触发该事件 |
| Destroy | 当控件被销毁时触发该事件 |
| Enter | 当鼠标指针进入控件时触发该事件。注意:不是用户按 Enter 键 |
| Expose | 当窗口或控件的某部分不再被覆盖时触发该事件 |
| FocusIn | 当控件获得焦点时触发该事件。用户可使用 Tab 键将焦点转移到该控件上(需要将该控件的 takefocus 参数设置为 True),也可以使用控件对象的 focus_set()方法使该控件获得焦点 |
| FocusOut | 当控件失去焦点时触发该事件 |
| KeyPress | 当用户按下键盘时触发该事件,detail 可以指定具体的按键,例如<KeyPress-Y>表示当大写字母 Y 被按下时触发该事件。KeyPress 可简写为 Key |
| KeyRelease | 当用户释放键盘按键时触发该事件 |
| Leave | 当鼠标指针离开控件时触发该事件 |
| Map | 当控件被映射时触发该事件,意思是在程序中显示该控件时,例如调用该控件的 grid()方法时 |
| Motion | 鼠标在控件内移动的整个过程中均触发该事件 |
| Mouse Wheel | 当鼠标滚轮滑动时触发该事件,目前该事件支持 Windows 和 Mac 系统,Linux 系统则可参考 Button |

续表

| type | 说　　明 |
|---|---|
| Unmap | 当控件被取消映射时触发该事件,意思是在程序中不再显示该控件时,例如调用该控件的 grid_remove()方法 |
| Visibility | 当控件至少有一部分在程序的界面中可见时触发该事件 |

### 2. modifier

在事件序列中,modifier 常用的关键词和说明见表 11-11。

**表 11-11　modifier 常用的关键词和说明**

| modifier | 说　　明 |
|---|---|
| Alt | 当按下 Alt 按键时 |
| Any | 表示任何类型的按键被按下时,例如< Any-KeyPress >表示当用户按下任何按键时触发事件 |
| Control | 当按下 Ctrl 按键时 |
| Double | 当后续两个事件被连续触发时,例如< Double-Button-1 >表示用户双击鼠标左键时触发事件 |
| Lock | 当打开大写字母锁定键时,即打开 CapsLock 按键时 |
| Shift | 当按下 Shift 按键时 |
| Triple | 与 Double 类似,当后续 3 个事件被连续触发时 |

## 11.4.3　Event 对象

在 Tkinter 库中,当控件触发事件并调用预定义的函数或方法时,会带着 Event 对象(作为参数)被调用。Event 对象的属性见表 11-12。

**表 11-12　Event 对象的属性**

| 属　　性 | 说　　明 |
|---|---|
| widget | 产生该事件的控件 |
| x,y | 当前的鼠标位置坐标,该坐标相对于窗口左上角,单位为像素 |
| x_root,y_root | 当前的鼠标位置坐标,该坐标相对于屏幕左上角,单位为像素 |
| char | 按键对应的字符(键盘事件专有的属性) |
| keysym | 按键名,具体见表 11-13(键盘事件专有的属性) |
| keycode | 按键名,具体见表 11-13(键盘事件专有的属性) |
| num | 按钮数字(鼠标事件专有的属性) |
| width,height | 控件的新尺寸(Configure 事件专有的属性) |
| type | 该事件类型 |

在实际应用中,不同的键盘标准对应相同的按键名(keysym)和不同的按键码(keycode),按键码对应美国标准的 Latin-1 字符集,键盘特殊按键的按键名和按键码见表 11-13。

**表 11-13  键盘特殊按键的按键名和按键码**

| 按键名（keysym） | 按键码（keycode） | 代表的按键 |
| --- | --- | --- |
| Alt_L | 64 | 左边的 Alt 按键 |
| Alt_R | 113 | 右边的 Alt 按键 |
| BackSpace | 22 | BackSpace 按键、退格键 |
| Cancel | 110 | break 按键 |
| Caps_Lock | 66 | CapsLock 按键、大写字母锁定键 |
| Control_L | 37 | 左边的 Ctrl 按键 |
| Control_R | 109 | 右边的 Ctrl 按键 |
| Delete | 107 | Delete 按键 |
| Down | 104 | ↓ 按键 |
| End | 103 | End 按键 |
| Escape | 9 | Esc 按键 |
| Execute | 111 | SysReq 按键 |
| F1 | 67 | F1 按键 |
| F2 | 68 | F2 按键 |
| F3 | 68 | F3 按键 |
| F4 | 70 | F4 按键 |
| F5 | 71 | F5 按键 |
| F6 | 72 | F6 按键 |
| F7 | 73 | F7 按键 |
| F8 | 74 | F8 按键 |
| F9 | 75 | F9 按键 |
| F10 | 76 | F10 按键 |
| F11 | 77 | F11 按键 |
| F12 | 78 | F12 按键 |
| Home | 97 | Home 按键 |
| Insert | 106 | Insert 按键 |
| Left | 100 | ← 按键 |
| Linefeed | 54 | Linefeed(Ctrl＋J) |
| KP_0 | 90 | 小键盘数字 0 |
| KP_1 | 87 | 小键盘数字 1 |
| KP_2 | 88 | 小键盘数字 2 |
| KP_3 | 89 | 小键盘数字 3 |
| KP_4 | 83 | 小键盘数字 4 |
| KP_5 | 84 | 小键盘数字 5 |
| KP_6 | 85 | 小键盘数字 6 |
| KP_7 | 79 | 小键盘数字 7 |
| KP_8 | 80 | 小键盘数字 8 |
| KP_9 | 81 | 小键盘数字 9 |
| KP_Add | 86 | 小键盘的＋按键 |

续表

| 按键名（keysym） | 按键码（keycode） | 代表的按键 |
|---|---|---|
| KP_Begin | 84 | 小键盘的中间按键（5） |
| KP_Decimal | 91 | 小键盘的点按键（.） |
| KP_Delete | 91 | 小键盘的删除键 |
| KP_Divide | 112 | 小键盘的/按键 |
| KP_Down | 88 | 小键盘的↓按键 |
| KP_End | 87 | 小键盘的 End 按键 |
| KP_Enter | 108 | 小键盘的 Enter 按键 |
| KP_Home | 79 | 小键盘的 Home 按键 |
| KP_Insert | 90 | 小键盘的 Insert 按键 |
| KP_Left | 83 | 小键盘的←按键 |
| KP_Multiply | 63 | 小键盘的 * 按键 |
| KP_Next | 89 | 小键盘的 PageDown 按键 |
| KP_Prior | 81 | 小键盘的 PageUp 按键 |
| KP_Right | 85 | 小键盘的→按键 |
| KP_Subtract | 82 | 小键盘的-按键 |
| KP_Up | 80 | 小键盘的↑按键 |
| Next | 105 | PageDown 按键 |
| Num_lock | 77 | NumLock 按键、数字锁定按键 |
| Pause | 110 | Pause 按键、暂停按键 |
| Print | 111 | PrintScreen 按键、打印屏幕按键 |
| Prior | 99 | PageUp 按键 |
| Return | 36 | Enter 按键、回车按键 |
| Right | 102 | →按键 |
| Scroll_Lock | 78 | ScrollLock 按键 |
| Shift_L | 50 | 左边的 Shift 按键 |
| Shift_R | 62 | 右边的 Shift 按键 |
| Tab | 23 | Tab 按键（制表按键） |
| Up | 98 | ↑按键 |

# 11.5　标准对话框

Tkinter 库提供了 3 种标准对话框模块，分别是消息对话框（messagebox）、文件对话框（filedialog）、颜色选择对话框（colorchooser）。这 3 个模块是独立的模块，需要引入才能使用。

## 11.5.1　消息对话框

在 Tkinter 库中，可以使用 messagebox 模块中的函数创建标准对话框，例如使用

messagebox.askokcancel()创建对话框的语法格式如下：

```
from tkinter import messagebox
messagebox.askokcancel(title,message,options)
```

其中，title 用于设置对话框标题栏的文本；message 用于设置对话框的主要文本内容，可以使用"\n"实现换行；options 可以设置 3 种参数，具体参数和说明见表 11-14。

表 11-14　options 可以设置的参数和说明

| 参　　数 | 说　　明 |
| --- | --- |
| default | (1) 设置默认按钮(按 Enter 键响应的按钮)<br>(2) 默认为第 1 个按钮(例如"确定""是""重试")<br>(3) 可以设置的值根据对话框函数的不同可以选择：CANCEL、IGNORE、OK、NO、RETRY、YES |
| icon | (1) 指定对话框显示的图标<br>(2) 可以指定的值有 ERROR、INFO、QUESTION、WARNING<br>(3) 注意：不能指定自己的图标 |
| parent | (1) 如果不指定该参数，则对话框默认显示在根窗口上<br>(2) 如果要将对话框显示在子窗口上，则可以设置 parent＝w |

【实例 11-61】　使用 Tkinter 库创建一个 GUI 程序，该程序包含一个 Button 控件。当单击 Button 控件时，显示消息对话框，代码如下：

```
# ===第 11 章 代码 11-61.py === #
from tkinter import messagebox
from tkinter import *

def callback():
    messagebox.askokcancel('对话框','确定要这样做?')

window = Tk()
window.title("GUI 程序")
window.geometry('500x200')
bt1 = Button(window,text = '单击我',command = callback)
bt1.grid(row = 0,column = 1,padx = 10,pady = 5)
window.mainloop()
```

运行结果如图 11-63 所示。

图 11-63　代码 11-61.py 的运行结果

在 Tkinter 库中，messagebox 模块中有多个函数可创建消息对话框，具体的函数和返回值见表 11-15。

表 11-15　messagebox 中的函数和返回值

| 使 用 函 数 | 返 回 值 |
| --- | --- |
| askokcancel(title,message,options) | 返回值为 True,表示用户单击了"确定"或"是"按钮；返回值为 False,表示用户单击了"取消"或"否"按钮 |
| askquestion(title,message,options) | 返回"yes"表示用户单击了"是"按钮；返回"no"表示用户单击了"否"按钮 |
| askretrycancel(title,message,options) | 返回值为 True,表示用户单击了"确定"或"是"按钮；返回值为 False,表示用户单击了"取消"或"否"按钮 |
| askyesno(title,message,options) | 返回值为 True,表示用户单击了"确定"或"是"按钮；返回值为 False,表示用户单击了"取消"或"否"按钮 |
| showerror(title,message,options) | 返回"ok"表示用户单击了"是"按钮 |
| showinfo(title,message,options) | 返回"ok"表示用户单击了"是"按钮 |
| showwarning(title,message,options) | 返回"ok"表示用户单击了"是"按钮 |

## 11.5.2　文件对话框

在 Tkinter 库中，可以使用 filedialog 模块中的函数创建文件对话框，例如使用函数 filedialog. askopenfilename()打开文件，使用函数 filedialog. asksaveasfilename()保存文件。使用这两个函数的语法格式如下：

```
from tkinter import filedialog
filedialog.askopenfilename(defaultextension,filetypes,initialdir,parent,title)      #打开文件
filedialog.asksaveasfilename(defaultextension,filetypes,initialdir,parent,title)    #保存文件
```

其中，这两个函数可供设置的参数是一样的，具体参数和说明见表 11-16。

表 11-16　filedialog. askopenfilename()的参数和说明

| 参　　数 | 说　　明 |
| --- | --- |
| defaultextension | 用于指定文件的后缀,例如设置 defaultextension＝". png",当用户打开一个名为"learn"的文件时,会给该文件名自动添加后缀"learn. png"。注意：如果用户输入的文件名包含后缀,则该参数不会生效 |
| filetypes | 用于指定筛选文件类型的下拉菜单参数,该参数由包含 2 个元素的元组构成的列表。每个元组由(类型名,后缀)构成,例如 filetypes＝[('PNG', '. png'), ('JPG', '. jpg'), ('GIF', '. gif')] |
| initialdir | 指定打开/保存文件的默认路径。默认路径是当前文件夹 |
| parent | 如果不指定该参数,则对话框默认显示在根窗口上；如果要将该窗口显示在子窗口上 w 上,则可以设置 parent＝w |
| title | 指定文件对话框的标题栏文本 |

函数 filedialog. askopenfilename()和 filedialog. asksaveasfilename()会根据用户的不

同选择返回不同的值。如果用户选择了一个文件,则返回值是该文件的完整路径;如果用户单击了"取消"按钮,则返回值是空字符串。

【实例 11-62】 使用 Tkinter 库创建一个 GUI 程序,该程序包含一个 Button 控件。当单击 Button 控件时,显示文件对话框,如果用户打开某文件,则打印该文件的路径,代码如下:

```python
# === 第 11 章 代码 11 - 62.py === #
from tkinter import filedialog
from tkinter import *

def callback():
    file_name = filedialog.askopenfilename()
    print(file_name)


window = Tk()
window.title("GUI 程序")
window.geometry('500x200')
bt1 = Button(window, text = '单击我', command = callback)
bt1.grid(row = 0, column = 1, padx = 10, pady = 5)
window.mainloop()
```

运行结果如图 11-64 和图 11-65 所示。

图 11-64　代码 11-62.py 创建的 GUI 程序

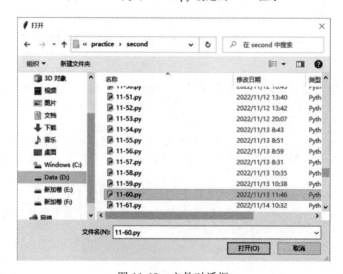

图 11-65　文件对话框

### 11.5.3 颜色选择对话框

在 Tkinter 库中,可以使用 colorchooser 模块中的函数创建颜色选择对话框,使用函数 colorchooser.askcolor()创建颜色对话框的语法格式如下:

```
from tkinter import colorchooser
colorchooser.askcolor(title,parent)
```

其中,title 用于指定颜色对话框的标题栏文本。parent 是可选参数,如果不指定该参数,则对话框显示在根窗口上;如果要将对话框显示在子窗口 w 上,则可以设置 parent＝w。

函数 colorchooser.askcolor()会根据用户的不同选择返回不同的值。如果用户选择了一种颜色并单击"确定"按钮,则返回值是包含两个元素的元组,第 1 个元素是选择的 RGB 颜色值,第 2 个元素是对应的十六进制颜色值。如果用户选择单击"取消"按钮,则返回值是(None,None)。

【实例 11-63】 使用 Tkinter 库创建一个 GUI 程序,该程序包含一个 Button 控件。当单击 Button 控件时,显示颜色选择对话框,如果用户选择某颜色并单击"确定"按钮,则打印包含颜色值的元组,代码如下:

```
# === 第 11 章 代码 11 - 63.py === #
from tkinter import colorchooser
from tkinter import *

def callback():
    file_name = colorchooser.askcolor()
    print(file_name)

window = Tk()
window.title("GUI 程序")
window.geometry('500x200')
bt1 = Button(window, text = '单击我', command = callback)
bt1.grid(row = 0, column = 1, padx = 10, pady = 5)
window.mainloop()
```

运行代码显示的颜色对话框如图 11-66 所示。

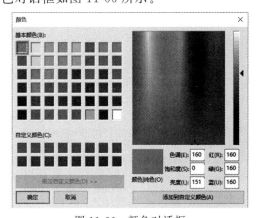

图 11-66 颜色对话框

## 11.6 使用面向对象的方法创建 GUI 程序

本章的实例都是使用面向过程的编程方法创建 GUI 程序,其实也可以使用面向对象的编程方法创建 GUI 程序。

【实例 11-64】 使用面向对象的编程方法创建一个 GUI 程序,该程序包含一个 Frame 控件和一个 Button 控件。当单击 Button 控件时,打印文本信息,代码如下:

```python
# === 第 11 章 代码 11 - 64.py === #
from tkinter import *

class App():
    def __init__(self,window):
            frame1 = Frame(window)
            frame1.pack()
            self.hello = Button(frame1,text = '你好',command = self.say_hello)
            self.hello.pack(padx = 10,pady = 5)

    def say_hello(self):
            print('好久不见,别来无恙!')

if __name__ == '__main__':
    window = Tk()
    window.geometry("500x200")
    app = App(window)
    window.mainloop()
```

运行结果如图 11-67 所示。

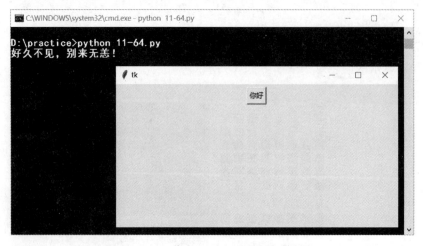

图 11-67  代码 11-64.py 的运行结果

## 11.7　小结

本章首先介绍了 GUI 程序的基本知识,然后列举了 Python 中可以创建 GUI 程序的开发框架。

本章介绍了使用 Tkinter 库创建 GUI 程序的方法、常用的控件、布局管理、控件的标准属性与特殊属性,其中 Text 控件的应用比较复杂。

本章介绍了 Tkinter 库中事件操作的方法,包括事件绑定、事件序列、event 对象。最后介绍了创建标准对话框的方法。

# 第 12 章

# 使用 wxPython 创建界面

在实际生活和工作中,很多软件有图形用户界面。优秀的用户界面设计,可以让用户直接使用软件,而不需要学习其操作知识。第 11 章主要介绍了使用 Python 的标准库 Tkinter 创建 GUI 程序。

在 Python 提供的 GUI 开发框架中,wxPython 是一款优秀的 GUI 图形库,可以允许程序员很方便地创建完整的、功能齐全的 GUI 程序。同时 wxPython 开发框架也具有非常优秀的跨平台能力,可以在不修改程序的情况下在多种平台上运行,支持 Windows、macOS 及大多数 UNIX 系统。

与 Tkinter 框架类似,程序员既可以使用面向过程的编程方法创建 GUI 程序,也可以使用面向对象的编程方法创建 GUI 程序。由于第 11 章主要采用面向过程的编程方法创建 GUI 程序,本章主要采用面向对象的编程方法创建 GUI 程序。

## 12.1　使用 wxPython 创建一个简单的 GUI 程序

wxPython 是一款优秀、功能丰富的跨平台 GUI 工具包,wxPython 是对成熟的跨平台 C++库 wxWidgets 的封装,由 Robin Dunn 和 Harri Pasanen 开发。wxPython 有自己的官网,程序员可登录其官方网址查看 wxPython 的文档。

### 12.1.1　安装 wxPython 框架

由于 wxPython 模块是第三方 GUI 工具包,所以需要安装此工具包。安装 GUI 工具包需要在 Windows 命令行窗口中输入的命令如下:

```
pip install wxPython - i https://pypi.tuna.tsinghua.edu.cn/simple
```

然后按 Enter 键,即可安装 wxPython 工具包,如图 12-1 所示。

### 12.1.2　创建一个简单的 GUI 程序

在应用 wxPython 库创建 GUI 程序前,需要了解最基础的两个对象:应用程序对象和顶级窗口对象。

图 12-1　安装 wxPython 工具包

应用程序对象由 wxPython 库中的应用程序类创建,该对象管理主事件循环,主事件循环是 wxPython 程序的动力。如果没有应用程序对象,则 wxPython 程序不能运行。

顶级窗口对象由 wxPython 库中的顶级窗口类创建,该对象管理着最重要的数据,控制并显示窗口。

应用程序对象、顶级窗口对象和应用程序的其他部分之间的关系如图 12-2 所示。

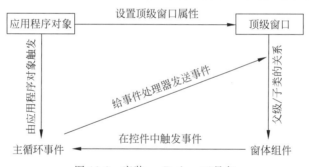

图 12-2　安装 wxPython 工具包

【实例 12-1】　应用 wxPython 库创建一个最简单的 GUI 程序,代码如下:

```
# === 第 12 章 代码 12 - 1. py === #
import wx

# 创建应用程序对象
app = wx. App()
# 创建顶级窗口对象
frame = wx. Frame(None, title = "wxPython", size = (500, 200))
# 显示窗口
frame. Show()
# 调用应用程序的主事件循环方法
app. MainLoop()
```

运行结果如图 12-3 所示。

除了可以应用代码 12-1.py 的方法创建 GUI 程序外,也可以通过创建和使用 wx.App(应用程序类)子类的方法创建 GUI 程序。使用这种方法需要执行以下步骤:

(1) 定义 wx.App 的子类,该子类继承了 wx.App 的属性和方法。

(2) 在定义该子类中创建一个 OnInit()方法。OnInit()方法会创建顶级窗口对象,并显示顶级窗口。

(3) 使用该子类创建一个对象,即创建这个类的一个实例。

(4) 调用该对象的 MainLoop()方法,该方法会将程序的控制权交给 wxPython 的窗口。

【实例 12-2】 应用 wxPython 库创建一个最简单的 GUI 程序,需使用创建 wx.App 子类的方法创建 GUI 程序,代码如下:

```python
# === 第 12 章 代码 12 - 2.py === #
import wx

class App(wx.App):
    def OnInit(self):
            frame = wx.Frame(parent = None, title = 'wxPython', size = (500, 200))
            frame.Show()
            return True

if __name__ == '__main__':
    app = App()
    app.MainLoop()
```

运行结果如图 12-4 所示。

图 12-3　代码 12-1.py 的运行结果

图 12-4　代码 12-2.py 的运行结果

## 12.1.3　使用 wx.Frame 框架

在 wxPython 中框架也称为窗口。该框架是一个容器,用户可以在屏幕上任意移动,可以对它进行放大或缩小处理,还可以对它添加按钮、文本、菜单等控件。

在 wxPython 中,wx.Frame 是所有窗口或框架的父类。可以使用 wx.Frame()函数创建一个顶级窗口并创建一个 Frame 对象,其语法格式如下:

```python
frame1 = wx.Frame(parent, id = - 1, title = '', pos = wx.DefaultPosition, size = wx.DefaultSize,
style = wx.DEFAULT_FRAME_STYLE, name = 'frame')
```

其中的参数及其说明见表 12-1。

表 12-1　wx. Frame()的参数和说明

| 参　　数 | 说　　明 |
| --- | --- |
| parent | 设置框架的父窗口,如果该窗口是顶级窗口,则这个值是 None |
| id | 设置新窗口的 wxPython ID 号,通常设置为−1,让 wxPython 自动生成一个新的 ID |
| title | 设置窗口的标题 |
| pos | 指定新窗口的位置,即该窗口左上角距离屏幕左上角的位置,参数值为 wx. Point 对象或元组。通常(0,0)表示屏幕的左上角。默认值为(−1,−1)表示让系统决定窗口的位置 |
| size | 指定新窗口的尺寸,参数值为 wx. Size 对象或元组。默认值为(−1,−1)表示让系统决定窗口的长和宽 |
| style | 指定窗口的类型的常量,可以使用或运算来组合它们 |
| name | 设置窗口的名字,可以使用该名字寻找该窗口 |

【实例 12-3】　应用 wxPython 库创建一个最简单的 GUI 程序,需使用创建 wx. Frame 子类的方法创建 GUI 程序,代码如下:

```
# === 第 12 章 代码 12 - 3.py === #
import wx

class MyFrame(wx.Frame):
    def __init__(self,parent,id):
        wx.Frame.__init__(self,parent,id,title = "MyFrame",pos = (110,110),size = (500,200))

if __name__ == '__main__':
    app = wx.App()
    frame = MyFrame(parent = None,id = - 1)
    frame.Show()
    app.MainLoop()
```

运行结果如图 12-5 所示。

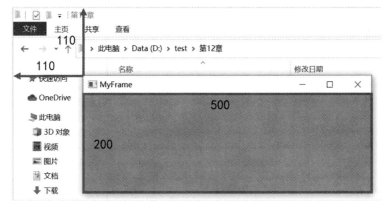

图 12-5　代码 12-3. py 的运行结果

## 12.2  常用控件

与 Tkinter 库类似,使用 wxPython 创建完窗口后可以为窗口添加一些控件。控件就是在程序界面上经常使用的按钮、文本、单选框、输入框等组件。

### 12.2.1  Panel 面板类

在 wxPython 中,Panel 类也称为面板类,用于创建 Panel 控件,该控件用于放置其他控件。可以使用 wx.Panel()函数创建 Panel 对象并创建 Panel 控件,其语法格式如下:

```
pan1 = wx.Panel(parent, id = -1, title = '', pos = wx.DefaultPosition, size = wx.DefaultSize, style
= wx.TAB_TRAVERSAL, name = 'panel')
```

其中,parent 表示该控件的父窗口;id 表示标识符,参数值为-1 表示可以自动创建一个唯一的标识;pos 用于设置该控件的位置,参数值为 wx.Point 对象或元组;size 用于设置该控件的长和宽,参数值为 wx.Size 对象或元组;style 用于设置控件的样式;name 用于设置控件的名称。

### 12.2.2  StaticText 文本类

在 wxPython 中,StaticText 类也称为静态文本类,用于创建 StaticText 控件,该控件用于在窗口上绘制纯文本。可以使用 wx.StaticText()函数创建 StaticText 对象并创建 StaticText 控件,其语法格式如下:

```
text1 = wx.StaticText(parent, id, label = , pos = wx.DefaultPosition, size = wx.DefaultSize, style
= 0, name = 'statictext')
```

其中,parent 表示该控件的父窗口;id 表示标识符,参数值为-1 表示可以自动创建一个唯一的标识;label 表示显示在静态控件中的文本内容;pos 用于设置该控件的位置,参数值为 wx.Point 对象或元组;size 用于设置该控件的长和宽,参数值为 wx.Size 对象或元组;name 用于设置控件的名称;style 用于设置静态文本控件的样式,其参数值及说明见表 12-2。

表 12-2  wx.StaticText()的样式及说明

| style | 说　　明 |
| --- | --- |
| wx.ALIGN_LEFT | 设置标签文本左对齐 |
| wx.ALIGN_RIGHT | 设置标签文本右对齐 |
| wx.ALIGN_CENTER | 设置标签文本居中对齐 |
| wx.ST_NO_AUTORESIZE | 防止自动调整标签大小 |
| wx.ST_ELLIPSIZE_START | 如果文本超过标签大小,则省略号出现在开头 |
| wx.ST_ELLIPSIZE_MIDDLE | 如果文本超过标签大小,则省略号出现在中间 |
| wx.ST_ELLIPSIZE_END | 如果文本超过标签大小,则省略号出现在末尾 |

在 wxPython 中，wx. StaticText 类常用的方法及说明见表 12-3。

表 12-3 wx. StaticText 类常用的方法及说明

| 方 法 | 说 明 |
|---|---|
| SetLabel() | 以编程的方式设置对象的标签文本 |
| GetLabel() | 返回对象的标签文本 |
| SetForeGroundColour() | 设置标签文本的颜色 |
| SetBackGroundColour() | 设置标签的背景 |
| Wrap() | 如果标签的尺寸不能容纳文字，则将标签的文字包裹起来 |

【**实例 12-4**】 应用 wxPython 库创建一个 GUI 程序，该程序包含 Panel 控件和 StaticText 控件，需要在窗口上显示一段文本，代码如下：

```python
# === 第 12 章 代码 12 - 4. py === #
import wx

class MyFrame(wx.Frame):
    def __init__(self, parent, id):
            # 应用了 Frame 类的构造函数或构造器
            wx.Frame.__init__(self, parent, id, title = "MyFrame", size = (500,200))
            panel = wx.Panel(self)
            title = wx.StaticText(panel, label = '回乡偶书二首——其一', pos = (100,20))
            wx.StaticText(panel, label = '少小离家老大回,', pos = (100,40))
            wx.StaticText(panel, label = '乡音无改鬓毛衰.', pos = (100,60))
            wx.StaticText(panel, label = '儿童相见不相识,', pos = (100,80))
            wx.StaticText(panel, label = '笑问客从何处来.', pos = (100,100))

if __name__ == '__main__':
    app = wx.App()
    frame = MyFrame(parent = None, id = - 1)
    frame.Show()
    app.MainLoop()
```

运行结果如图 12-6 所示。

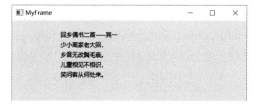

图 12-6 代码 12-4. py 的运行结果

在 wxPython 中，可以使用 wx. Font 类设置字体，创建字体对象，其构造函数的语法格式如下：

```python
font1 = wx.Font(pointSize, family, style, weight, underline = False, faceName = '', encoding = wx.FONTENCODING_DEFAULT)
```

其中,pointSize 表示字体的整数尺寸,单位为磅;family 用于指定一种字体而不需要该字体类型的实际名称;其参数值和说明见表 12-4。

表 12-4    family 的参数值和说明

| family | 说　　明 |
| --- | --- |
| wx. FONTFAMILY_DEFAULT | 选择默认字体 |
| wx. FONTFAMILY_DECORATIVE | 选择装饰字体 |
| wx. FONTFAMILY_ROMAN | 选择正式的衬线字体 |
| wx. FONTFAMILY_SCRIPT | 选择手写字体 |
| wx. FONTFAMILY_SWISS | 选择 sans-serif 字体 |
| wx. FONTFAMILY_MODERN | 选择固定间距字体 |
| wx. FONTFAMILY_TELETYPE | 选择电传打字体(等宽字体) |

其中,style 用于设置字体是否倾斜;其参数值和说明见表 12-5。

表 12-5    style 的参数值和说明

| style | 说　　明 |
| --- | --- |
| wx. FONTSTYLE_NORMAL | 字体不倾斜 |
| wx. FONTSTYLE_ITALIC | 字体以斜体样式倾斜 |
| wx. FONTSTYLE_SLANT | 字体以罗马风格倾斜 |

其中,weight 用于设置字体的醒目程度,其参数值和说明见表 12-6。

表 12-6    weight 的参数值和说明

| weight | 说　　明 |
| --- | --- |
| wx. FONTWEIGHT_NORMAL | 设置普通字体 |
| wx. FONTWEIGHT_LIGHT | 设置轻字体 |
| wx. FONTWEIGHT_BOLD | 设置粗字体 |

其中,underline 用于设置是否加下画线,参数值为 True 或 False,注意该参数仅在 Windows 系统下有效;faceName 用于指定字体名;encoding 用于设置编码方式,可以在几个编码中选择一个,通常情况下使用默认编码。

【实例 12-5】 应用 wxPython 库创建一个 GUI 程序,该程序包含 Panel 控件和 StaticText 控件,需要在窗口上显示一段文本,并设置开头文字的字体,代码如下:

```python
# === 第 12 章 代码 12 - 5.py === #
import wx

class MyFrame(wx.Frame):
    def __init__(self,parent,id):
        # 应用了 Frame 类的构造函数或构造器
        wx.Frame.__init__(self,parent,id,title = "MyFrame",size = (500,200))
        panel = wx.Panel(self)
        title = wx.StaticText(panel,label = '回乡偶书二首——其二',pos = (100,10))
        font = wx.Font(15,wx.DEFAULT,wx.FONTSTYLE_NORMAL,wx.NORMAL)
```

```
            title.SetFont(font)
            wx.StaticText(panel,label = '离别家乡岁月多,',pos = (100,40))
            wx.StaticText(panel,label = '近来人事半消磨.',pos = (100,60))
            wx.StaticText(panel,label = '唯有门前镜湖水,',pos = (100,80))
            wx.StaticText(panel,label = '春风不改旧时波.',pos = (100,100))

if __name__ == '__main__':
    app = wx.App()
    frame = MyFrame(parent = None,id = - 1)
    frame.Show()
    app.MainLoop()
```

运行结果如图 12-7 所示。

图 12-7　代码 12-5.py 的运行结果

## 12.2.3　TextCtrl 输入文本类

14min

在 wxPython 中,TextCtrl 类也称为输入文本类,用于创建输入框控件,该控件允许用户输入单行和多行文本。可以使用 wx.TextCtrl()函数创建 TextCtrl 对象并创建 TextCtrl 控件,其语法格式如下:

```
input1 = wx.TextCtrl(parent, id, value = , pos = wx.DefaultPosition, size = wx.DefaultSize, style
= 0, validator = wx.DefaultValidator, name = wx.TextCtrlNameStr)
```

其中,value 表示显示在该控件中的初始文本; validator 用于过滤数据以确保只能键入要接收的数据; style 用于设置单行 wx.TextCtrl 的样式,参数值和说明见表 12-7。

表 12-7　wx.TextCtrl()的样式和说明

| style | 说　　明 |
|---|---|
| wx.TE_CENTER | 控件中的文本居中 |
| wx.TE_LEFT | 控件中的文本左对齐 |
| wx.TE_NOHIDESEL | 文本始终高亮显示,只适用于 Windows 系统 |
| wx.TE_PASSWORD | 不显示所键入的文本,以星号(＊)代替显示 |
| wx.TE_PROCESS_ENTER | 如果使用该参数,则当用户在控件内按 Enter 键时,一个文本输入事件将被触发,否则按键事件由该文本控件或该窗口管理 |
| wx.TE_PROCESS_TAB | 如果使用该参数,则在按下 Tab 键时创建字符事件,意味着一个制表符被插入文本,否则 Tab 键由窗口管理,通常是控件间的切换 |
| wx.TE_READONLY | 文本控件为只读,用户不能修改其中的文本 |

续表

| style | 说　明 |
|---|---|
| wx. TE_RIGHT | 控件中的文本右对齐 |
| wx. TE_MULTILINE | 控件中允许多行显示 |

其他参数可见表 12-1。

在 wxPython 中,wx. TextCtrl 类常用的方法见表 12-8。

**表 12-8　wx. TextCtrl 类常用的方法**

| 方　法 | 说　明 |
|---|---|
| AppendText() | 将文本添加到控件的末尾 |
| Clear() | 清除内容 |
| GetValue() | 返回控件中的内容 |
| Replace() | 替换控件中的全部或部分文本 |
| SetEditable() | 使控件可编辑或只读 |
| SetMaxLength() | 设置控件可容纳的最大字符数 |
| SetValue() | 以编程的方式设置控件中的内容 |
| IsMultiLine() | 如果设置为 TE_MULTILINE,则返回值为 True |

【实例 12-6】　应用 wxPython 库创建一个 GUI 程序,该程序是一个包含用户名和密码的登录页面,需使用 wx. StaticText 类和 wx. TextCtrl 类,代码如下:

```python
# === 第 12 章 代码 12 - 6. py === #
import wx

class MyFrame(wx.Frame):
    def __init__(self, parent, id):
        # 应用了 Frame 类的构造函数或构造器
        wx.Frame.__init__(self, parent, id, title = "MyFrame", size = (500, 200))
        panel = wx.Panel(self)
        # 创建静态文本和输入框
        self.label_user = wx.StaticText(panel, label = '用户名:', pos = (100, 30))
        self.text_user = wx.TextCtrl(panel, pos = (150, 30), style = wx.TE_LEFT)
        self.label_pwd = wx.StaticText(panel, label = '密码:', pos = (100, 60))
        self.text_pwd = wx.TextCtrl(panel, pos = (150, 60), style = wx.TE_PASSWORD)

if __name__ == '__main__':
    app = wx.App()
    frame = MyFrame(parent = None, id = - 1)
    frame.Show()
    app.MainLoop()
```

运行结果如图 12-8 所示。

## 12.2.4　Button 按钮类

19min

在 wxPython 中,Button 类也称为按钮类,用于创建按钮控件,该控件可以捕获用户的

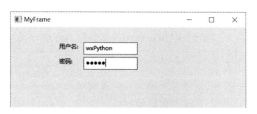

图 12-8 代码 12-6. py 的运行结果

单击事件,最明显的用途是将触发绑定到一个处理函数。可以使用 wx. Button()函数创建 Button 对象并创建 Button 控件,其语法格式如下:

bt1 = wx. Button(parent, id, label, pos, size, style = 0, validator, name)

其中,label 用于设置显示在按钮上的文本,其他参数与 wx. TextCtrl()的参数基本相同。

【实例 12-7】 应用 wxPython 库创建一个 GUI 程序,该程序是一个包含用户名和密码的登录页面,需使用 wx. StaticText 类、wx. TextCtrl 类、wx. Button 类,代码如下:

```python
# === 第12章 代码 12 - 7. py === #
import wx

class MyFrame(wx. Frame):
    def __init__(self, parent, id):
            # 应用了 Frame 类的构造函数或构造器
            wx. Frame. __init__(self, parent, id, title = "MyFrame", size = (500, 200))
            panel = wx. Panel(self)
            # 创建静态文本和输入框
            self. label_user = wx. StaticText(panel, label = '用户名:', pos = (100, 30))
            self. text_user = wx. TextCtrl(panel, pos = (150, 30), style = wx. TE_LEFT)
            self. label_pwd = wx. StaticText(panel, label = '密码:', pos = (100, 60))
            self. text_pwd = wx. TextCtrl(panel, pos = (150, 60), style = wx. TE_PASSWORD)
            # 创建按钮
            self. bt_confirm = wx. Button(panel, label = '登录', pos = (100, 90))
            self. bt_cancel = wx. Button(panel, label = '取消', pos = (185, 90))

if __name__ == '__main__':
    app = wx. App()
    frame = MyFrame(parent = None, id = - 1)
    frame. Show()
    app. MainLoop()
```

运行结果如图 12-9 所示。

图 12-9 代码 12-7. py 的运行结果

在 wxPython 中,可以使用的 wx. Button 类的常用的方法见表 12-9。

表 12-9　wx. Button 类常用的方法

| 方　　法 | 说　　明 |
|---|---|
| SetLabel() | 以编程的方式设置按钮的标题 |
| GetLabel() | 返回按钮的标题 |
| SetDefault() | 将按钮设置为默认顶层窗口,模拟单击事件为按 Enter 键 |
| Bind() | 绑定事件 |

在 wxPython 中,可以使用 wx. Button 类中的 Bind()方法绑定单击事件,事件绑定器为 wx. EVT_BUTTON。

【实例 12-8】　应用 wxPython 库创建一个 GUI 程序,该程序是一个包含用户名和密码的登录页面,需使用 wx. StaticText 类、wx. TextCtrl 类、wx. Button 类,如果单击"登录"按钮,则打印文本框中的内容,代码如下:

```python
# === 第 12 章 代码 12 - 8. py === #
import wx

class MyFrame(wx.Frame):
    def __init__(self, parent, id):
        # 应用了 Frame 类的构造函数或构造器
        wx.Frame.__init__(self, parent, id, title = "MyFrame", size = (500, 200))
        panel = wx.Panel(self)
        # 创建静态文本和输入框
        self.label_user = wx.StaticText(panel, label = '用户名:', pos = (100, 30))
        self.text_user = wx.TextCtrl(panel, pos = (150, 30), style = wx.TE_LEFT)
        self.label_pwd = wx.StaticText(panel, label = '密码:', pos = (100, 60))
        self.text_pwd = wx.TextCtrl(panel, pos = (150, 60), style = wx.TE_PASSWORD)
        # 创建按钮
        self.bt_confirm = wx.Button(panel, label = '登录', pos = (100, 90))
        self.bt_cancel = wx.Button(panel, label = '取消', pos = (185, 90))
        # 给登录按钮绑定事件
        self.bt_confirm.Bind(wx.EVT_BUTTON, self.Onclick)

    def Onclick(self, event):
        '''单击登录按钮,执行方法'''
        user = self.text_user.GetValue()
        password = self.text_pwd.GetValue()
        print('用户名为', user)
        print('密码为', password)

if __name__ == '__main__':
    app = wx.App()
    frame = MyFrame(parent = None, id = - 1)
    frame.Show()
    app.MainLoop()
```

运行结果如图 12-10 所示。

图 12-10 代码 12-8.py 的运行结果

## 12.2.5 RadioButton 单选按钮类

在 wxPython 中,RadioButton 类也称为单选按钮类,用于创建单选按钮控件,该控件通常表现为一组用户从多种可选按钮里选择一个选项。可以使用 wx.RadioButton() 函数创建 RadioButton 对象并创建 RadioButton 控件,其语法格式如下:

18min

```
rb1 = wx.RadioButton(parent, id, label, pos, size, style, validator, name)
```

其中,label 用于设置显示在按钮上的文本;style 参数仅用于每组按钮中的第 1 个按钮,该参数值是 wx.RB_GROUP,对于每组中的随后的按钮,参数值可设置为 wx.RB_SINGLE 或选择默认值。其他参数与 wx.TextCtrl() 的参数基本相同。

【实例 12-9】 应用 wxPython 库创建一个 GUI 程序,该程序包含一组单选按钮,代码如下:

```
# === 第 12 章 代码 12 - 9.py === #
import wx

class MyFrame(wx.Frame):
    def __init__(self, parent, id):
            #应用了 Frame 类的构造函数或构造器
            wx.Frame.__init__(self, parent, id, title = "MyFrame", size = (500, 200))
            panel = wx.Panel(self)
            #创建单选按钮
            self.rb1 = wx.RadioButton(panel, 1, label = '李白', pos = (100, 20), style = wx.RB_
GROUP)
            self.rb2 = wx.RadioButton(panel, 2, label = '杜甫', pos = (100, 40))
            self.rb3 = wx.RadioButton(panel, 3, label = '苏轼', pos = (100, 60))
            self.rb4 = wx.RadioButton(panel, 4, label = '李清照', pos = (100, 80))

if __name__ == '__main__':
    app = wx.App()
    frame = MyFrame(parent = None, id = -1)
    frame.Show()
    app.MainLoop()
```

运行结果如图 12-11 所示。

图 12-11　代码 12-9.py 的运行结果

在 wxPython 中，wx.RadioButton 类中常用的方法见表 12-10。

**表 12-10　wx.RadioButton 类中常用的方法**

| 方　　法 | 说　　明 |
|---|---|
| SetValue() | 以编程的方式选择或取消选择按钮 |
| GetValue() | 用于确定按钮是否被选中，如果按钮被选中，则返回值为 True，否则返回值为 False |
| GetLabel() | 用于获取控件的标签文本 |
| Bind() | 绑定事件 |

在 wxPython 中，当某一组单选按钮中的按钮被单击时，wx.RadioButton 事件绑定器 wx.EVT_RADIOBUTTON 会触发相关的处理程序。

【实例 12-10】　应用 wxPython 库创建一个 GUI 程序，该程序包含一组单选按钮。需设定按钮的选项，如果选择某按钮，则打印该按钮的标签文本，代码如下：

```
# === 第 12 章 代码 12 - 10.py === #
import wx

class MyFrame(wx.Frame):
    def __init__(self, parent, id):
        #应用了 Frame 类的构造函数或构造器
        wx.Frame.__init__(self, parent, id, title = "MyFrame", size = (500, 200))
        panel = wx.Panel(self)
        #创建单选框
        self.rb1 = wx.RadioButton(panel, 1, label = '李白', pos = (100, 20), style = wx.RB_GROUP)
        self.rb2 = wx.RadioButton(panel, 2, label = '杜甫', pos = (100, 40))
        self.rb3 = wx.RadioButton(panel, 3, label = '苏轼', pos = (100, 60))
        self.rb4 = wx.RadioButton(panel, 4, label = '李清照', pos = (100, 80))
        self.rb3.SetValue(True)
        self.Bind(wx.EVT_RADIOBUTTON, self.OnRadiogroup)

    def OnRadiogroup(self, event):
        '''选择按钮，执行方法'''
        rb = event.GetEventObject()
        choice = rb.GetLabel()
        print(choice)


if __name__ == '__main__':
    app = wx.App()
```

```
frame = MyFrame(parent = None,id = - 1)
frame.Show()
app.MainLoop()
```

运行结果如图 12-12 所示。

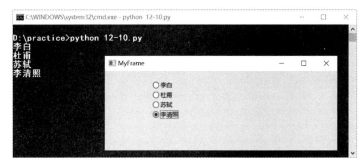

图 12-12　代码 12-10.py 的运行结果

## 12.2.6　RadioBox 类

在 wxPython 中,RadioBox 类用于创建一条边框和一组单选按钮,该控件中的按钮是相互排斥的。可以使用 wx.RadioBox()函数创建 RadioBox 对象并创建 RadioBox 控件,其语法格式如下:

```
rb1 = wx.RadioBox(parent, id, label, pos, size, style, choices = [ ], majorDimension, validator,
name)
```

其中,label 用于设置显示在边框上的文本;choices 用于设置单选按钮的标签文本,是列表类型的数据;style 用于设置单选按钮是按列(竖直方向)排列还是按行(水平方向)排列,若参数值为 wx.RA_SPECIFY_ROWS,则表示按行排列;若参数值为 wx.RA_SPECIFY_COLS,则表示按列排列;行或列的数目由 majorDimension 确定。其他参数与 wx.TextCtrl()的参数基本相同。

【实例 12-11】　应用 wxPython 库创建一个 GUI 程序,该程序包含一组单选按钮。需使用 wx.Radiobox 类,代码如下:

```
# === 第 12 章 代码 12 - 11.py === #
import wx

class MyFrame(wx.Frame):
    def __init__(self,parent,id):
            # 应用了 Frame 类的构造函数或构造器
            wx.Frame.__init__(self,parent,id,title = "GUI",size = (500,200))
            panel = wx.Panel(self)
            box_list = ['曹操','孙权','刘备','诸葛亮','陆逊','司马懿']
            self.rb = wx.RadioBox(panel,label = '历史人物',choices = box_list,pos = (60,20),
style = wx.RA_SPECIFY_ROWS,majorDimension = 1)
```

```
if __name__ == '__main__':
    app = wx.App()
    frame = MyFrame(parent = None, id = -1)
    frame.Show()
    app.MainLoop()
```

运行结果如图 12-13 所示。

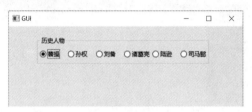

图 12-13　代码 12-11.py 的运行结果

在 wxPython 中, wx.RadioBox 类常用的方法见表 12-11。

表 12-11　wx.RadioBox 类常用的方法

| 方　　法 | 说　　明 | 方　　法 | 说　　明 |
| --- | --- | --- | --- |
| GetSelection() | 返回所选项的索引 | SetString() | 将标签分配给所选项 |
| SetSelection() | 以编程的方式选择项目 | Show() | 显示或隐藏给定索引的项目 |
| GetString() | 返回所选项的标签 | GetStringSelection() | 获取选择按钮的标签文本 |

在 wxPython 中, 与 wx.RadioBox 对象关联的事件绑定器是 wx.EVT_RADIOBOX, 关联的事件处理程序可以识别按钮的选择并处理它。

【实例 12-12】　应用 wxPython 库创建一个 GUI 程序, 该程序包含一组单选按钮。需使用 wx.Radiobox 类, 如果选中某按钮, 则打印该按钮的标签文本, 代码如下:

```
# === 第12章 代码 12-12.py === #
import wx

class MyFrame(wx.Frame):
    def __init__(self, parent, id):
            # 应用了 Frame 类的构造函数或构造器
            wx.Frame.__init__(self, parent, id, title = "GUI", size = (500,200))
            panel = wx.Panel(self)
            box_list = ['曹操','孙权','刘备','诸葛亮','陆逊','司马懿']
            self.rb = wx.RadioBox(panel, label = '历史人物', choices = box_list, pos = (60,20),
style = wx.RA_SPECIFY_ROWS, majorDimension = 1)
            self.rb.Bind(wx.EVT_RADIOBOX, self.onRadioBox)

    def onRadioBox(self, event):
            str1 = self.rb.GetStringSelection()
            print(str1)
```

```
if __name__ == '__main__':
    app = wx.App()
    frame = MyFrame(parent = None,id = -1)
    frame.Show()
    app.MainLoop()
```

运行结果如图 12-14 所示。

图 12-14　代码 12-12.py 的运行结果

## 12.2.7　CheckBox 类

在 wxPython 中,CheckBox 类用于创建复选框按钮,即创建一组多选按钮。可以使用 wx.CheckBox()函数创建 CheckBox 对象并创建 CheckBox 控件,其语法格式如下:

```
ch1 = wx.CheckBox(parent,id,label,pos,size,style,validator,name)
```

其中,label 用于设置复选框按钮的文本;style 用于设置样式,其参数值和说明见表 12-12。

表 12-12　wx.CheckBox()的样式和说明

| style | 说　　明 |
| --- | --- |
| wx.CHK_2STATE | 创建两种状态复选框 |
| wx.CHK_3STATE | 创建三态复选框 |
| wx.ALIGN_RIGHT | 把一个盒子标签放在复选框的左侧 |

其他参数与 wx.TextCtrl()的参数基本相同。

【实例 12-13】　应用 wxPython 库创建一个 GUI 程序,该程序包含一组复选按钮,代码如下:

```
# === 第 12 章 代码 12 - 13.py === #
import wx

class MyFrame(wx.Frame):
    def __init__(self,parent,id):
        #应用了 Frame 类的构造函数或构造器
```

```
                wx.Frame.__init__(self,parent,id,title = "GUI",size = (500,200))
                panel = wx.Panel(self)
                self.ch1 = wx.CheckBox(panel,label = '普朗克',pos = (100,20))
                self.ch2 = wx.CheckBox(panel,label = '孙悟空',pos = (100,40))
                self.ch3 = wx.CheckBox(panel,label = '爱因斯坦',pos = (100,60))
                self.ch4 = wx.CheckBox(panel,label = '海森堡',pos = (100,80))
                self.ch5 = wx.CheckBox(panel,label = '薛定谔',pos = (100,100))


if __name__ == '__main__':
    app = wx.App()
    frame = MyFrame(parent = None, id = - 1)
    frame.Show()
    app.MainLoop()
```

运行结果如图 12-15 所示。

在 wxPython 中,与 wx.CheckBox 对象关联的事件绑定是 wx.EVT_CHECKBOX,关联的事件处理程序可以识别按钮的选择并处理它。可以使用 wx.CheckBox 对象的 GetLabel() 方法获取选中的按钮的标签文本。该对象还有两个重要的方法:使用 GetState()方法确定某

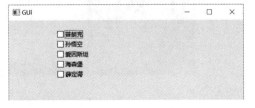

图 12-15　代码 12-13.py 的运行结果

按钮是否被选中,如果该按钮被选中,则返回值为 True,否则返回值为 False。使用 SetValue()可设置某按钮的选中状态。

【实例 12-14】　应用 wxPython 库创建一个 GUI 程序,该程序包含一组复选按钮,如果选中某按钮,则打印该按钮的标签文本,代码如下:

```
# === 第 12 章 代码 12 - 14.py === #
import wx

class MyFrame(wx.Frame):
    def __init__(self,parent,id):
            #应用了 Frame 类的构造函数或构造器
            wx.Frame.__init__(self,parent,id,title = "GUI",size = (500,200))
            panel = wx.Panel(self)
            self.ch1 = wx.CheckBox(panel,label = '普朗克',pos = (100,20))
            self.ch2 = wx.CheckBox(panel,label = '孙悟空',pos = (100,40))
            self.ch3 = wx.CheckBox(panel,label = '爱因斯坦',pos = (100,60))
            self.ch4 = wx.CheckBox(panel,label = '海森堡',pos = (100,80))
            self.ch5 = wx.CheckBox(panel,label = '薛定谔',pos = (100,100))
            self.Bind(wx.EVT_CHECKBOX, self.OnChecked)

    def OnChecked(self,event):
            cb = event.GetEventObject()
            print(cb.GetLabel())
```

```
if __name__ == '__main__':
    app = wx.App()
    frame = MyFrame(parent = None, id = - 1)
    frame.Show()
    app.MainLoop()
```

运行结果如图 12-16 所示。

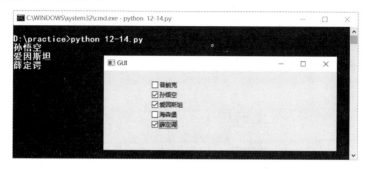

图 12-16　代码 12-14.py 的运行结果

## 12.2.8　ComboBox 类

在 wxPython 中，ComboBox 类用于创建项目选择列表，该控件可以配置为下拉列表或永久性显示。可以使用 wx.ComboBox()函数创建 ComboBox 对象并创建 ComboBox 控件，其语法格式如下：

```
cb1 = wx.ComboBox(parent, id, value, pos, size, style, validator, name)
```

其中，value 用于设置显示在组合框中文本框的文本；style 用于设置样式，其参数与说明见表 12-13。

表 12-13　wx.Combobox()的样式及说明

| style | 说　　明 | style | 说　　明 |
|---|---|---|---|
| wx.CB_SIMPLE | 组合框与永久显示的列表 | wx.CB_READONLY | 选择的项目不可编辑 |
| wx.CB_DROPDOWN | 组合框与下拉列表 | wx.CB_SORT | 列表项目按字母顺序排列 |

【实例 12-15】　应用 wxPython 库创建一个 GUI 程序，该程序包含项目选择列表，代码如下：

```
# === 第 12 章 代码 12 - 15.py === #
import wx

class MyFrame(wx.Frame):
    def __init__(self, parent, id):
        #应用了 Frame 类的构造函数或构造器
        wx.Frame.__init__(self, parent, id, title = "GUI", size = (500, 200))
```

```
                panel = wx.Panel(self)
                str1 = ['C语言','Python','Java','C++']
                self.combo = wx.ComboBox(panel,value = 'Python',choices = str1,pos = (100,20))


    if __name__ == '__main__':
        app = wx.App()
        frame = MyFrame(parent = None,id = -1)
        frame.Show()
        app.MainLoop()
```

运行结果如图 12-17 所示。

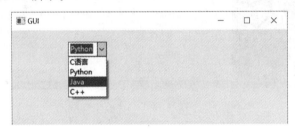

图 12-17    代码 12-15.py 的运行结果

在 wxPython 中,wx.ComboBox 类常用的方法见表 12-14。

表 12-14    wx.ComboBox 类常用的方法

| 方    法 | 说    明 |
|---|---|
| GetCurrentSelection() | 返回被选中的项目 |
| SetSelection() | 将给定索引处的项目设置为选中状态 |
| GetString() | 返回给定索引处的项目关联的字符串 |
| SetString() | 设置某索引处关联项目的文本 |
| SetValue() | 设置一个字符串作为组合框文本并显示在编辑字段中 |
| GetValue() | 返回组合框的文本内容 |
| FindString() | 搜索列表中给定的字符串 |
| GetStringSelection() | 获取当前所选项目的文本 |

在 wxPython 中,wx.ComboBox 类可绑定的事件见表 12-15。

表 12-15    wx.ComboBox 类可绑定的事件

| 绑定事件 | 说    明 |
|---|---|
| wx.EVT_COMBOBOX | 当项目列表被选择 |
| wx.EVT_TEXT | 当组合框的文本发生变化 |
| wx.EVT_COMBOBOX_DROPDOWN | 目前下拉列表 |
| wx.EVT_COMBOBOX_CLOSEUP | 当列表折叠起来 |

【实例 12-16】    应用 wxPython 库创建一个 GUI 程序,该程序包含项目选择列表,如果选中某项目,则打印该项目名称,代码如下:

```
# === 第 12 章 代码 12 - 16.py === #
import wx

class MyFrame(wx.Frame):
    def __init__(self,parent,id):
            # 应用了 Frame 类的构造函数或构造器
            wx.Frame.__init__(self,parent,id,title = "GUI",size = (500,200))
            panel = wx.Panel(self)
            str1 = ['C 语言', 'Python', 'Java', 'C++']
            self.combo = wx.ComboBox(panel,choices = str1,pos = (100,20))
            self.combo.Bind(wx.EVT_COMBOBOX, self.OnCombo)

    def OnCombo(self,event):
            str2 = self.combo.GetValue()
            print(str2)


if __name__ == '__main__':
    app = wx.App()
    frame = MyFrame(parent = None, id = -1)
    frame.Show()
    app.MainLoop()
```

运行结果如图 12-18 所示。

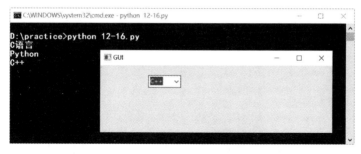

图 12-18　代码 12-16.py 的运行结果

## 12.2.9　Choice 类

在 wxPython 中,Choice 类用于创建选择列表,该选择列表只能读取,并永久显示。可以使用 wx.Choice()函数创建 Choice 对象并创建 Choice 控件,其语法格式如下:

```
cb1 = wx.Choice(parent,id,pos,size,style,validator,name)
```

其中,style 用于设置样式,只有一个样式 wx.CB_SORT。

【实例 12-17】　应用 wxPython 库创建一个 GUI 程序,该程序包含只读选择列表,代码如下:

```
# === 第 12 章 代码 12 - 17.py === #
import wx
```

```
class MyFrame(wx.Frame):
    def __init__(self,parent,id):
            #应用了Frame类的构造函数或构造器
            wx.Frame.__init__(self,parent,id,title = "GUI",size = (500,200))
            panel = wx.Panel(self)
            str1 = ['C 语言', 'Python', 'Java', 'C++']
            self.cho = wx.Choice(panel,choices = str1,pos = (100,20))


if __name__ == '__main__':
    app = wx.App()
    frame = MyFrame(parent = None,id = -1)
    frame.Show()
    app.MainLoop()
```

运行结果如图 12-19 所示。

在 wxPython 中,wx.Choice 类的方法可参考 wx.ComboBox 类的方法,wx.Choice 类的绑定事件为 wx.EVT_CHOICE,表示选择列表的某个项目。

图 12-19　代码 12-17.py 的运行结果

【实例 12-18】　应用 wxPython 库创建一个 GUI 程序,该程序包含只读选择列表,如果选中列表的某项目,则打印项目名称,代码如下:

```
# === 第 12 章 代码 12-18.py === #
import wx

class MyFrame(wx.Frame):
    def __init__(self,parent,id):
            #应用了Frame类的构造函数或构造器
            wx.Frame.__init__(self,parent,id,title = "GUI",size = (500,200))
            panel = wx.Panel(self)
            str1 = ['C 语言', 'Python', 'Java', 'C++']
            self.cho = wx.Choice(panel,choices = str1,pos = (100,20))
            self.cho.Bind(wx.EVT_CHOICE, self.OnChoice)

    def OnChoice(self,event):
            str2 = self.cho.GetStringSelection()
            print(str2)


if __name__ == '__main__':
    app = wx.App()
    frame = MyFrame(parent = None,id = -1)
    frame.Show()
    app.MainLoop()
```

运行结果如图 12-20 所示。

图 12-20　代码 12-18.py 的运行结果

## 12.2.10　Gauge 类

在 wxPython 中,Gauge 类用于创建进度条控件,进度条控件也称为测量仪控件。该控件显示为垂直或水平的条形,以图形的方式显示递增量。可以使用 wx.Gauge()函数创建 Gauge 对象并创建 Gauge 控件,其语法格式如下:

```
gu1 = wx.Gauge(parent,id,range,size,style,validator,name)
```

其中,range 用于设置进度条的最大值,如果忽略此参数,则表示此模式为不确定模式。在确定模式下,进度条控件会定时更新并显示已完成任务的百分比;在不确定模式下,则需调用 wx.Gauge 类的 Pulse()方法进行更新。参数 style 用于设置进度条控件的样式,参数值及说明见表 12-16。

表 12-16　wx.Gauge 的样式及说明

| style | 说　　明 |
| --- | --- |
| wx.GA_HORIZONTAL | 进度条横向布局 |
| wx.GA_VERTICAL | 进度条垂直布局 |
| wx.GA_SMOOTH | 平滑的进度条使用 1 像素宽度的更新步骤 |
| wx.GA_TEXT | 显示当前值的百分比形式 |

【实例 12-19】　应用 wxPython 库创建一个 GUI 程序,该程序包含 1 个进度条控件,代码如下:

```
# === 第12章 代码12-19.py === #
import wx

class MyFrame(wx.Frame):
    def __init__(self,parent,id):
        #应用了 Frame 类的构造函数或构造器
        wx.Frame.__init__(self,parent,id,title = "GUI",size = (500,200))
        panel = wx.Panel(self)
        self.gau = wx.Gauge(panel,range = 20,size = (250,25),pos = (50,20),style = wx.GA_
HORIZONTAL)
```

```
if __name__ == '__main__':
    app = wx.App()
    frame = MyFrame(parent = None, id = - 1)
    frame.Show()
    app.MainLoop()
```

运行结果如图 12-21 所示。

图 12-21　代码 12-19.py 的运行结果

在 wxPython 中,wx. Gauge 类常用的方法见表 12-17。

表 12-17　wx. Gauge 类常用的方法

| 方　　法 | 说　　明 | 方　　法 | 说　　明 |
|---|---|---|---|
| GetRange() | 返回进度条控件的最大值 | SetValue() | 设置进度条控件的当前值 |
| SetRange() | 设置进度条控件的最大值 | Pulse() | 在不确定模式下,更新进度条控件 |
| GetValue() | 返回进度条控件的当前值 | | |

【实例 12-20】　应用 wxPython 库创建一个 GUI 程序,该程序包含 1 个进度条控件、1 个按钮控件,如果单击按钮,则更新进度条;如果更新完成,则打印 end,代码如下:

```
# === 第 12 章 代码 12 - 20.py === #
import wx
import time

class MyFrame(wx. Frame):
    def __init__(self, parent, id):
        # 应用了 Frame 类的构造函数或构造器
        wx. Frame.__init__(self, parent, id, title = "GUI", size = (500, 200))
        panel = wx. Panel(self)
        self.count = 0
        self.gau = wx. Gauge(panel, range = 20, size = (260, 26), pos = (50, 20), style = wx. GA_
HORIZONTAL)
        self.btn1 = wx. Button(panel, label = '开始', pos = (140, 60))
        self.Bind(wx. EVT_BUTTON, self.OnStart, self.btn1)

    def OnStart(self, event):
        while True:
            time.sleep(1)
            self.count = self.count + 1
            self.gau. SetValue(self.count)
            if self.count >= 20:
```

```
                    print('end')
                    return


if __name__ == '__main__':
    app = wx.App()
    frame = MyFrame(parent = None, id = -1)
    frame.Show()
    app.MainLoop()
```

运行结果如图 12-22 所示。

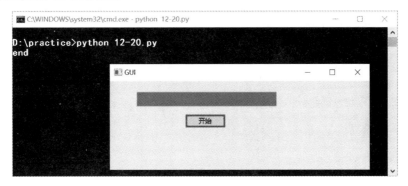

图 12-22　代码 12-20.py 的运行结果

## 12.2.11　Slider 类

在 wxPython 中,Slider 类用于创建滑块控件。滑块控件呈现一个槽在一个句柄移动。这是一个典型的小工具,用来控制有界值。在沟槽的句柄位置相当于控件的上限和下限之间的整数。可以使用 wx.Slider() 函数创建 Slider 对象并创建 Slider 控件,其语法格式如下:

```
sder1 = wx.Slider(parent, value, minValue, maxValue, size, style, validator, name)
```

其中,range 用于设置滑块控件的起始值；minValue 用于设置滑块的最小值；maxValue 用于设置滑块的最大值；参数 style 用于设置滑块控件的样式,其参数值及说明见表 12-18。

表 12-18　wx.Slider 的样式及说明

| style | 说　明 |
|---|---|
| wx.SL_HORIZONTAL | 水平滑块 |
| wx.SL_VERTICAL | 垂直滑块 |
| wx.SL_AUTOTICKS | 在滑块中显示 tickmarks |
| wx.SL_LABELS | 显示最小值、最大值、当前值 |
| wx.SL_MIN_MAX_LABELS | 显示最小值、最大值 |
| wx.SL_VALUE_LABEL | 只显示当前值 |

【**实例 12-21**】 应用 wxPython 库创建一个 GUI 程序,该程序包含 1 个滑块控件,代码如下:

```
# === 第 12 章 代码 12 - 21.py === #
import wx

class MyFrame(wx.Frame):
    def __init__(self,parent,id):
            # 应用了 Frame 类的构造函数或构造器
            wx.Frame.__init__(self,parent,id,title = "GUI",size = (500,200))
            panel = wx.Panel(self)
            self.sld = wx.Slider(panel,value = 10,minValue = 1,maxValue = 100,size = (200,20),pos
= (50,20),style = wx.SL_HORIZONTAL|wx.SL_LABELS)


if __name__ == '__main__':
    app = wx.App()
    frame = MyFrame(parent = None,id = - 1)
    frame.Show()
    app.MainLoop()
```

运行结果如图 12-23 所示。

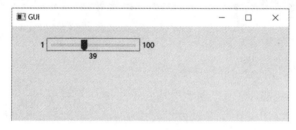

图 12-23 代码 12-21.py 的运行结果

在 wxPython 中,wx.Slider 类常用的方法见表 12-19 所示。

表 12-19 wx.Slider 类常用的方法

| 方 法 | 说 明 |
| --- | --- |
| GetMin() | 返回滑块控件的最小值 |
| GetMax() | 返回滑块控件的最大值 |
| GetValue() | 返回滑块控件的当前值 |
| SetMin() | 设置滑块控件的最小值 |
| SetMax() | 设置滑块控件的最大值 |
| SetRange() | 设置滑块控件的最小值、最大值 |
| SetValue() | 设置滑块控件的当前值 |
| SetTick() | 在给定的位置显示刻度线 |
| SetTickFreq() | 设置最小值和最大值之间的刻度间隔 |

在 wxPython 中,wx.Slider 类的绑定事件及说明见表 12-20。

表 12-20　wx.Slider 类的绑定事件及说明

| 绑 定 事 件 | 说 　 明 |
|---|---|
| wx.EVT_SCROLL | 处理滚动事件 |
| wx.EVT_SLIDER | 当滑块位置发生变化时,或移动句柄时 |

【实例 12-22】　应用 wxPython 库创建一个 GUI 程序,该程序包含 1 个滑块控件、1 个 StaticText 控件。当移动滑块时,StaticText 控件中的文本字体大小会随着滑块的移动发生变化,代码如下:

```
# === 第 12 章 代码 12 - 22.py === #
import wx

class MyFrame(wx.Frame):
    def __init__(self,parent,id):
            # 应用了 Frame 类的构造函数或构造器
            wx.Frame.__init__(self,parent,id,title = "GUI",size = (500,200))
            panel = wx.Panel(self)
            self.sld = wx.Slider(panel,value = 10,minValue = 1,maxValue = 100,size = (200,
20),pos = (50,20),style = wx.SL_HORIZONTAL|wx.SL_LABELS)
            self.txt = wx.StaticText(panel,label = 'Python',size = (200,20),pos = (50,80),
style = wx.ALIGN_CENTER)
            self.sld.Bind(wx.EVT_SLIDER, self.OnSliderScroll)

    def OnSliderScroll(self,event):
            obj = event.GetEventObject()
            val = obj.GetValue()
            font = self.txt.GetFont()
            font.SetFractionalPointSize(val)
            self.txt.SetFont(font)


if __name__ == '__main__':
    app = wx.App()
    frame = MyFrame(parent = None,id = - 1)
    frame.Show()
    app.MainLoop()
```

运行结果如图 12-24 所示。

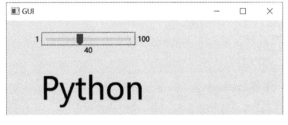

图 12-24　代码 12-22.py 的运行结果

### 12.2.12　MenuBar、Menu 类

在 wxPython 中,MenuBar 类用于创建菜单栏控件。可以使用 wx.MenuBar()函数创建 MenuBar 对象并创建 MenuBar 控件,其语法格式如下:

```
menubar = wx.MenuBar(style = 0)
```

其中,参数 style 用于设置菜单栏控件的样式,保持默认即可。

在 wxPython 中,wx.MenuBar 类常用的方法及说明见表 12-21。

表 12-21　wx.MenuBar 类常用的方法及说明

| 方　　法 | 说　　明 | 方　　法 | 说　　明 |
|---|---|---|---|
| Append() | 将菜单对象添加到工具栏 | Enable() | 启用或禁用菜单 |
| Check() | 选择或取消选中菜单 | Remove() | 去除工具栏中的菜单 |

在 wxPython 中,Menu 类用于创建菜单控件。可以使用 wx.Menu()函数创建 Menu 对象并创建 Menu 控件,其语法格式如下:

```
menu = wx.Menu(title, style = 0)
```

其中,参数 title 用于设置菜单的标题;style 用于设置菜单控件的样式,保持默认即可。

在 wxPython 中,wx.Menu 类常用的方法及说明见表 12-22。

表 12-22　wx.Menu 类常用的方法及说明

| 方　　法 | 说　　明 | 方　　法 | 说　　明 |
|---|---|---|---|
| Append() | 给菜单对象增加一个菜单项 | InsertRadioItem() | 在给定的位置插入单选项 |
| AppendMenu() | 添加一个子菜单 | InsertCheckItem() | 在给定的位置插入新的检查项 |
| AppendRadioItem() | 添加可选选项 | InsertSeparator() | 插入分隔行 |
| AppendCheckItem() | 添加一个可检查的菜单项 | Remove() | 从菜单中删除一个选项 |
| AppendSeparator() | 添加一个分隔线 | GetMenuItems() | 返回菜单项列表 |
| Insert() | 在给定的位置插入一个新菜单 | | |

【实例 12-23】　应用 wxPython 库创建一个 GUI 程序,该程序有 1 个菜单栏,对应 3 个菜单选项,代码如下:

```python
# === 第 12 章 代码 12 - 23.py === #
import wx

class MyFrame(wx.Frame):
    def __init__(self, parent, id):
        # 应用了 Frame 类的构造函数或构造器
        wx.Frame.__init__(self, parent, id, title = "GUI", size = (500, 200))
        panel = wx.Panel(self)
```

```
            self._menubar()

    def _menubar(self):
            menubar = wx.MenuBar()  # 创建菜单栏
            '''文件菜单'''
            filemenu = wx.Menu()
            menubar.Append(filemenu,'文件')
            filemenu.Append(1,'新建')
            filemenu.Append(2,'打开')
            filemenu.Append(3,'保存')
            filemenu.Append(4,'退出')
            '''编辑菜单'''
            editmenu = wx.Menu()
            menubar.Append(editmenu,'编辑')
            editmenu.Append(5,'复制')
            editmenu.Append(6,'粘贴')
            editmenu.Append(7,'剪切')
            editmenu.Append(8,'撤销')
            '''帮助菜单'''
            helpmenu = wx.Menu()
            menubar.Append(helpmenu,'帮助')
            helpmenu.Append(9,'关于我们')
            helpmenu.Append(10,'查看帮助')
            self.SetMenuBar(menubar)


if __name__ == '__main__':
    app = wx.App()
    frame = MyFrame(parent = None, id = -1)
    frame.Show()
    app.MainLoop()
```

运行结果如图 12-25 所示。

在 wxPython 中,wx.Menu 类绑定了选择菜单事件 wx.EVT_MENU。

【实例 12-24】 应用 wxPython 库创建一个 GUI 程序,该程序有 1 个菜单栏,对应 3 个菜单选项。当选中第 1 个菜单选项中的子选项时,打印该子选项的标题,代码如下:

图 12-25 代码 12-23.py 的运行结果

```
# === 第 12 章 代码 12 - 24.py === #
import wx

class MyFrame(wx.Frame):
    def __init__(self,parent,id):
            # 应用了 Frame 类的构造函数或构造器
            wx.Frame.__init__(self,parent,id,title = "GUI",size = (500,200))
            panel = wx.Panel(self)
            self._menubar()
```

```python
    def _menubar(self):
        menubar = wx.MenuBar()                    # 创建菜单栏
        '''文件菜单'''
        filemenu = wx.Menu()
        menubar.Append(filemenu,'文件')
        filemenu.Append(1,'新建')
        filemenu.Append(2,'打开')
        filemenu.Append(3,'保存')
        filemenu.Append(4,'退出')
        '''编辑菜单'''
        editmenu = wx.Menu()
        menubar.Append(editmenu,'编辑')
        editmenu.Append(5,'复制')
        editmenu.Append(6,'粘贴')
        editmenu.Append(7,'剪切')
        editmenu.Append(8,'撤销')
        '''帮助菜单'''
        helpmenu = wx.Menu()
        menubar.Append(helpmenu,'帮助')
        helpmenu.Append(9,'关于我们')
        helpmenu.Append(10,'查看帮助')
        self.SetMenuBar(menubar)
        self.Bind(wx.EVT_MENU, self.menuhandler)

    def menuhandler(self,event):
        num = event.GetId()
        if num == 1:
            print('新建')
        elif num == 2:
            print('打开')
        elif num == 3:
            print('保存')
        elif num == 4:
            print('退出')


if __name__ == '__main__':
    app = wx.App()
    frame = MyFrame(parent = None,id = -1)
    frame.Show()
    app.MainLoop()
```

运行结果如图 12-26 所示。

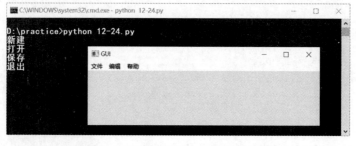

图 12-26　代码 12-24.py 的运行结果

## 12.2.13　ToolBar 类

在 wxPython 中,ToolBar 类用于创建工具栏控件。可以使用 wx.ToolBar()函数创建 ToolBar 对象并创建 ToolBar 控件,其语法格式如下:

```
toolbar = wx.ToolBar(parent, id, pos, size, style, name)
```

其中,参数 style 用于设置工具栏控件的样式,其参数值及说明见表 12-23。

表 12-23　wx.ToolBar 类的样式及说明

| 样　　式 | 说　　明 |
|---|---|
| wx.TB_FLAT | 设置工具栏的平面效果 |
| wx.TB_HORIZONTAL | 设置水平布局(默认值) |
| wx.TB_VERTICAL | 设置垂直布局 |
| wx.TB_DEFAULT_STYLE | 结合 wx.TB_FLAT 和 wx.TB_HORIZONTAL |
| wx.TB_DOCKABLE | 使工具栏浮点可停靠 |
| wx.TB_NO_TOOLTIPS | 当鼠标悬停在工具栏上时,不显示简短帮助工具 |
| wx.TB_NOICONS | 指定工具栏按钮没有图标,默认它们是显示的 |
| wx.TB_TEXT | 显示在工具栏按钮上的文本,默认情况下,只有图标显示 |

在 wxPython 中,wx.ToolBar 类常用的方法及说明见表 12-24。

表 12-24　wx.ToolBar 类常用的方法及说明

| 方　　法 | 说　　明 |
|---|---|
| AddTool(parent, id, bitmap) | 将工具按钮添加到工具栏,工具的类型由各种参数指定 |
| AddRadioTool(parent, id, bitmap) | 添加互斥组按钮 |
| AddCheckTool() | 将一个切换按钮添加到工具栏 |
| AddLabelTool() | 使用图标和标签来添加工具栏 |
| AddSeparator() | 添加一个分隔符来表示工具按钮组 |
| AddControl() | 将任一工具添加到工具栏,例如 wx.Button、wx.ComboBox |
| ClearTools() | 删除所有在工具栏上的按钮 |
| RemoveTool() | 指定工具按钮移除工具栏 |
| Realize() | 工具按钮增加调用 |

由于工具栏上的按钮默认由图标显示,所以需要使用 wx.Bitmap(name, type)调用图片并创建图片对象。

【实例 12-25】　应用 wxPython 库创建一个 GUI 程序,该程序有 1 个菜单栏、1 个工具栏。工具栏上有 4 个工具按钮,需使用图标显示按钮,代码如下:

```python
# === 第12章 代码 12-25.py === #
import wx

class MyFrame(wx.Frame):
    def __init__(self, parent, id):
```

```
                    #应用了 Frame 类的构造函数或构造器
                    wx.Frame.__init__(self,parent,id,title = "GUI",size = (600,300))
                    panel = wx.Panel(self)
                    self._toolbar()

              def _toolbar(self):
                    menubar = wx.MenuBar()           #创建菜单栏
                    menu = wx.Menu()                 #创建菜单
                    menubar.Append(menu,"File")      #添加菜单
                    self.SetMenuBar(menubar)         #设置菜单栏
                    #创建工具栏
                    tb = wx.ToolBar(self,size = (300,20))
                    bitmap1 = wx.Bitmap('D:\\test\\new.PNG',wx.BITMAP_TYPE_PNG)
                    bitmap2 = wx.Bitmap('D:\\test\\open.png',wx.BITMAP_TYPE_PNG)
                    bitmap3 = wx.Bitmap('D:\\test\\save.PNG',wx.BITMAP_TYPE_PNG)
                    bitmap4 = wx.Bitmap('D:\\test\\exit.png',wx.BITMAP_TYPE_PNG)
                    tb.AddRadioTool(101,'新建',bitmap1)
                    tb.AddRadioTool(102,'打开',bitmap2)
                    tb.AddRadioTool(103,'保存',bitmap3)
                    tb.AddRadioTool(104,'退出',bitmap4)
                    tb.Realize()


        if __name__ == '__main__':
            app = wx.App()
            frame = MyFrame(parent = None,id = -1)
            frame.Show()
            app.MainLoop()
```

运行结果如图 12-27 所示。

在 wxPython 中,工具栏上的按钮绑定了 EVT_TOOL 事件。如果要使用工具栏上的按钮,则需要激活工具栏对象。

【实例 12-26】 应用 wxPython 库创建一个 GUI 程序,该程序有 1 个菜单栏、1 个工具栏。工具栏上有 4 个工具按钮,需使用图标显示按钮。如果单击工具栏上的按钮,则打印该按钮对应的 id,代码如下:

图 12-27   代码 12-25.py 的运行结果

```
# === 第 12 章 代码 12-26.py === #
import wx

class MyFrame(wx.Frame):
    def __init__(self,parent,id):
            #应用了 Frame 类的构造函数或构造器
            wx.Frame.__init__(self,parent,id,title = "GUI",size = (600,300))
            panel = wx.Panel(self)
```

```
                self._toolbar()

    def _toolbar(self):
            menubar = wx.MenuBar()            # 创建菜单栏
            menu = wx.Menu()                  # 创建菜单
            menubar.Append(menu,"File")       # 添加菜单
            self.SetMenuBar(menubar)          # 设置菜单栏
            # 创建并激活工具栏
            tb = wx.ToolBar(self, -1)
            self.ToolBar = tb
            # 添加工具栏按钮
            bitmap1 = wx.Bitmap('D:\\test\\new.PNG',wx.BITMAP_TYPE_PNG)
            bitmap2 = wx.Bitmap('D:\\test\\open.png',wx.BITMAP_TYPE_PNG)
            bitmap3 = wx.Bitmap('D:\\test\\save.PNG',wx.BITMAP_TYPE_PNG)
            bitmap4 = wx.Bitmap('D:\\test\\exit.png',wx.BITMAP_TYPE_PNG)
            tb.AddRadioTool(101,'新建',bitmap1)
            tb.AddRadioTool(102,'打开',bitmap2)
            tb.AddRadioTool(103,'保存',bitmap3)
            tb.AddRadioTool(104,'退出',bitmap4)
            tb.Bind(wx.EVT_TOOL, self.Onright)
            tb.Realize()

    def Onright(self,event):
            str1 = event.GetId()
            print(str1)


if __name__ == '__main__':
    app = wx.App()
    frame = MyFrame(parent = None,id = -1)
    frame.Show()
    app.MainLoop()
```

运行结果如图 12-28 所示。

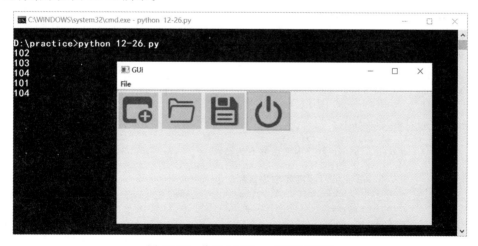

图 12-28 代码 12-26.py 的运行结果

### 12.2.14 Notebook 类

在 wxPython 中,Notebook 类用于创建一个或多个选项卡(也称为页面)。每个选项卡都有一个显示控件布局的面板,用户可以通过单击相应的选项卡标题在页面之间切换。可以使用 wx.Notebook()函数创建 Notebook 对象并创建 Notebook 控件,其语法格式如下:

```
Notebook = wx.Notebook(parent, id, pos, size, style, name)
```

其中,参数 style 用于设置选项卡控件的样式,其参数值及说明见表 12-25。

**表 12-25  wx.Notebook 类的样式及说明**

| 样 式 | 说 明 | 样 式 | 说 明 |
|---|---|---|---|
| wx.NB_TOP | 在顶部放置标签 | wx.NB_RIGHT | 在右侧放置标签 |
| wx.NB_BOTTOM | 将标签置于页面下方而不是页面上方 | wx.NB_FIXEDWIDTH | 所有选项卡的高度都相同 |
| | | wx.NB_MULTILINE | 可以有多行标签 |
| wx.NB_LEFT | 在左侧放置标签 | | |

在 wxPython 中,wx.Notebook 类常用的方法及说明见表 12-26。

**表 12-26  wx.Notebook 类常用的方法及说明**

| 方 法 | 说 明 |
|---|---|
| OnSelChange() | 更改页面选择时调用的处理程序函数 |
| SetPadding() | 设置每个页面的图标和标签周围的空间量(以像素为单位) |
| GetSelection() | 返回当前选定的页面 |
| SetSelection() | 将选择设置为给定页面,返回之前的选择 |
| AddPage() | 添加新页面 |
| DeletePage() | 删除给定索引的页面 |
| InsertPage() | 在给定索引处插入新选项卡 |
| RemovePage() | 删除页面 |

【实例 12-27】 应用 wxPython 库创建一个 GUI 程序,该程序有两个选项卡页面,每个选项卡页面上有一组 RadioBox 控件,代码如下:

```python
# === 第 12 章 代码 12 - 27.py === #
import wx

class MyFrame(wx.Frame):
    def __init__(self, parent, id):
        #应用了 Frame 类的构造函数或构造器
        wx.Frame.__init__(self, parent, id, title = "GUI", size = (500, 200))
        #创建 Notebook 控件,并添加页面
        nb = wx.Notebook(self, - 1, style = wx.NB_TOP)
        first = wx.Panel(nb)
        second = wx.Panel(nb)
        nb.AddPage(first, '文学名著')
        nb.AddPage(second, '历史人物')
```

```
                    #给第 1 个页面添加 RadioBox 控件
                    list1 = ['三国演义','水浒传','远大前程','红楼梦','西游记']
                    self.rb = wx.RadioBox(first,label = '小说',choices = list1,pos = (30,20),style =
wx.RA_SPECIFY_ROWS,majorDimension = 1)
                    #给第 2 个页面添加 RadioBox 控件
                    list2 = ['曹操','孙权','刘备','诸葛亮','陆逊','司马懿']
                    self.rb = wx.RadioBox(second,label = '人物',choices = list2,pos = (30,20),style =
wx.RA_SPECIFY_ROWS,majorDimension = 1)


if __name__ == '__main__':
    app = wx.App()
    frame = MyFrame(parent = None,id = -1)
    frame.Show()
    app.MainLoop()
```

运行结果如图 12-29 所示。

图 12-29　代码 12-27.py 的运行结果

在 wxPython 中，wx.Notebook 类有两种绑定事件，具体见表 12-27。

表 12-27　wx.Notebook 类的绑定事件

| 绑 定 事 件 | 说　　明 |
| --- | --- |
| EVT_NOTEBOOK_PAGE_CHANGED | 页面选择已更改 |
| EVT_NOTEBOOK_PAGE_CHANGING | 页面选择即将更改 |

【实例 12-28】　应用 wxPython 库创建一个 GUI 程序，该程序有两个选项卡页面，每个选项卡页面上有一组 RadioBox 控件。当选择不同的选项卡页面时，打印选项卡的索引，代码如下：

```
# === 第 12 章 代码 12 - 28.py === #
import wx

class MyFrame(wx.Frame):
    def __init__(self,parent,id):
            #应用了 Frame 类的构造函数或构造器
            wx.Frame.__init__(self,parent,id,title = "GUI",size = (500,200))
            nb = wx.Notebook(self, - 1,style = wx.NB_TOP)
            first = wx.Panel(nb)
            second = wx.Panel(nb)
            nb.AddPage(first,'文学名著')
            nb.AddPage(second,'历史人物')
```

```
            list1 = ['三国演义','水浒传','远大前程','红楼梦','西游记']
            self.rb = wx.RadioBox(first,label = '小说',choices = list1,pos = (30,20),style =
wx.RA_SPECIFY_ROWS,majorDimension = 1)
            list2 = ['曹操','孙权','刘备','诸葛亮','陆逊','司马懿']
            self.rb = wx.RadioBox(second,label = '人物',choices = list2,pos = (30,20),style =
wx.RA_SPECIFY_ROWS,majorDimension = 1)
            #绑定事件
            nb.Bind(wx.EVT_NOTEBOOK_PAGE_CHANGED, self.Onchange)

    def Onchange(self,event):
            str1 = event.GetSelection()
            print(str1)


if __name__ == '__main__':
    app = wx.App()
    frame = MyFrame(parent = None,id = -1)
    frame.Show()
    app.MainLoop()
```

运行结果如图 12-30 所示。

图 12-30　代码 12-28.py 的运行结果

## 12.2.15　ListBox 类

在 wxPython 中,ListBox 类用于创建可垂直滚动的字符串列表,默认情况下,列表中的单个项目是可选的,也可以自定义为多选。可以使用 wx.ListBox() 函数创建 ListBox 对象并创建 ListBox 控件,其语法格式如下:

```
listbox = wx.ListBox(parent,id,choices = [],pos,size,style, validator,name)
```

其中,参数 style 用于设置字符串列表控件的样式,其参数值及说明见表 12-28。

表 12-28　wx.ListBox 类的样式及说明

| 样　　式 | 说　　明 |
| --- | --- |
| wx.LB_SINGLE | 单选列表 |
| wx.LB_MULTIPLE | 多选列表,用户可以打开或关闭多个项目 |

续表

| 样　式 | 说　明 |
|---|---|
| wx. LB_EXTENDED | 扩展选择列表,用户可以使用 Shift、Ctrl、鼠标、光标移动键来扩展选择 |
| wx. LB_HSCROLL | 如果内容太宽,则创建水平滚动条 |
| wx. LB_ALWAYS_SB | 始终显示垂直滚动条 |
| wx. LB_NEEDED_SB | 仅在需要时才创建垂直滚动条 |
| wx. LB_SORT | 列表框内容按字母顺序排列 |

在 wxPython 中,wx. ListBox 类常用的方法及说明见表 12-29。

表 12-29　wx. ListBox 类常用的方法及说明

| 方　法 | 说　明 |
|---|---|
| DeSelect() | 取消选择列表框中的项目 |
| InsertItem() | 在指定的位置插入给定的字符串 |
| SetFirstItem() | 将给定索引处的字符串设置为列表的第 1 个字符串 |
| IsSorted() | 如果使用 wx. LB_SORT 样式,则返回值为 True |
| GetString() | 返回给定索引处的字符串 |
| SetString() | 设置给定索引处项目的标签 |

【实例 12-29】　应用 wxPython 库创建一个 GUI 程序,该程序包含 1 个垂直滚动的字符串列表框,代码如下:

```python
# === 第 12 章 代码 12 - 29.py === #
import wx

class MyFrame(wx. Frame):
    def __init__(self,parent,id):
        # 应用了 Frame 类的构造函数或构造器
        wx. Frame. __init__(self,parent,id,title = "GUI",size = (500,200))
        panel = wx. Panel(self)
        str1 = ['C 语言', 'Python', 'Java', 'C++', 'PHP', 'JavaScript']
        self. lst1 = wx. ListBox(panel,choices = str1,size = (70,55),pos = (100,20))


if __name__ == '__main__':
    app = wx. App()
    frame = MyFrame(parent = None,id = - 1)
    frame. Show()
    app. MainLoop()
```

运行结果如图 12-31 所示。

图 12-31　代码 12-29. py 的运行结果

在 wxPython 中,wx.ListBox 类有两种绑定事件,具体见表 12-30。

表 12-30　wx.ListBox 类的绑定事件

| 绑 定 事 件 | 说　　明 |
|---|---|
| EVT_LISTBOX | 当选择列表中的项目或以编程的方式更改选择项目时,触发此事件 |
| EVT_LISTBOX_DCLICK | 当双击列表框上的项目时,触发此事件 |

【实例 12-30】　应用 wxPython 库创建一个 GUI 程序,该程序包含 1 个垂直滚动的字符串列表框。如果选择列表框中的项目,则打印该项目的文本标签,代码如下:

```python
# === 第 12 章 代码 12 - 30.py === #
import wx

class MyFrame(wx.Frame):
    def __init__(self, parent, id):
        # 应用了 Frame 类的构造函数或构造器
        wx.Frame.__init__(self, parent, id, title = "GUI", size = (500, 200))
        panel = wx.Panel(self)
        str1 = ['C 语言', 'Python', 'Java', 'C++', 'PHP', 'JavaScript']
        self.lst1 = wx.ListBox(panel, choices = str1, size = (70, 55), pos = (100, 20))
        self.Bind(wx.EVT_LISTBOX, self.onListBox)

    def onListBox(self, event):
        str2 = event.GetString()
        print(str2)


if __name__ == '__main__':
    app = wx.App()
    frame = MyFrame(parent = None, id = - 1)
    frame.Show()
    app.MainLoop()
```

运行结果如图 12-32 所示。

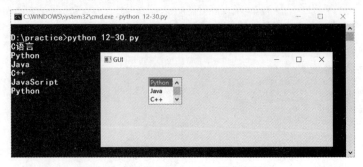

图 12-32　代码 12-30.py 的运行结果

## 12.2.16　ListCtrl 类

在 wxPython 中,ListCtrl 类用于创建一个高度增强的列表显示和选择控件,该控件可以包含多列显示。可以在报表模式、列表模式或图标模式下显示多个列的列表。可以使用 wx.ListCtrl()函数创建 ListCtrl 对象并创建 ListCtrl 控件,其语法格式如下:

```
listCtrl = wx.ListCtrl(parent,id,choices = [],pos,size,style, validator,name)
```

其中,参数 style 用于设置字符串列表控件的样式,其参数值及说明见表 12-31。

表 12-31　wx.ListCtrl 类的样式及说明

| 样　式 | 说　明 |
|---|---|
| wx.LC_LIST | 多列列表视图,带有可选的小图标,列自动计算 |
| wx.LC_REPORT | 单列或多列报表视图,带有可选标头 |
| wx.LC_VIRTUAL | 该应用程序按需要提供项目文本,只能与 wx.LC_REPORT 一起使用 |
| wx.LC_ICON | 大图标视图,带有可选标签 |
| wx.LC_SMALL_ICON | 小图标视图,带有可选标签 |
| wx.LC_ALIGN_LEFT | 图标左对齐 |
| wx.LC_EDIT_LABELS | 标签是可编辑的,编辑开始时将通知应用程序 |
| wx.LC_NO_HEADER | 报告模式下没有标题 |
| wx.LC_SORT_ASCENDING | 按升序排序 |
| wx.LC_SORT_DESCENDING | 按降序排序 |
| wx.LC_HRULES | 在报告模式下,在行之间按水平规则绘制 |
| wx.LC_VRULES | 在报告模式下,在列之间按垂直规则绘制 |

在 wxPython 中,wx.ListCtrl 类常用的方法及说明见表 12-32。

表 12-32　wx.ListCtrl 类常用的方法

| 方　法 | 说　明 |
|---|---|
| InsertColumn() | 插入列 |
| InsertItem() | 插入项目 |
| SetItem() | 添加项目 |

**【实例 12-31】**　应用 wxPython 库创建一个 GUI 程序,该程序包含一个报表模式下的列表显示控件,该控件包含 3 列列表,代码如下:

```
# === 第 12 章 代码 12 - 31.py === #
import wx

class MyFrame(wx.Frame):
    def __init__(self,parent,id):
            # 应用了 Frame 类的构造函数或构造器
            wx.Frame.__init__(self,parent,id,title = "GUI",size = (500,200))
            panel = wx.Panel(self)
            self.Ctrl = wx.ListCtrl(panel, -1,style = wx.LC_REPORT)
            self.Ctrl.InsertColumn(0, '序号', width = 100)
            self.Ctrl.InsertColumn(1, '姓名', wx.LIST_FORMAT_RIGHT, 100)
            self.Ctrl.InsertColumn(2, '年龄', wx.LIST_FORMAT_RIGHT, 100)
```

```
if __name__ == '__main__':
    app = wx.App()
    frame = MyFrame(parent = None, id = -1)
    frame.Show()
    app.MainLoop()
```

运行结果如图 12-33 所示。

【实例 12-32】 应用 wxPython 库创建一个 GUI 程序,该程序包含一个报表模式下的列表显示控件,该控件包含 3 列列表。向列表中插入 3 行数据,代码如下:

```
# === 第 12 章 代码 12-32.py === #
import wx
import sys

class MyFrame(wx.Frame):
    def __init__(self, parent, id):
            # 应用了 Frame 类的构造函数或构造器
            wx.Frame.__init__(self, parent, id, title = "GUI", size = (500, 200))
            panel = wx.Panel(self)
            self.Ctrl = wx.ListCtrl(panel, -1, style = wx.LC_REPORT)
            self.Ctrl.InsertColumn(0, '序号', width = 100)
            self.Ctrl.InsertColumn(1, '姓名', wx.LIST_FORMAT_RIGHT, 100)
            self.Ctrl.InsertColumn(2, '年龄', wx.LIST_FORMAT_RIGHT, 100)
            stars = [('001', '孙悟空', '500'), ('002', '唐僧', '20'), ('003', '贾宝玉', '20')]
            index = 0
            for i in stars:
                    self.Ctrl.InsertItem(index, i[0])
                    self.Ctrl.SetItem(index, 1, i[1])
                    self.Ctrl.SetItem(index, 2, i[2])
                    index = index + 1


if __name__ == '__main__':
    app = wx.App()
    frame = MyFrame(parent = None, id = -1)
    frame.Show()
    app.MainLoop()
```

运行结果如图 12-34 所示。

图 12-33 代码 12-31.py 的运行结果

图 12-34 代码 12-32.py 的运行结果

## 12.2.17　SplitterWindow 类

在 wxPython 中,SplitterWindow 类用于创建分离控制器控件,该控件可以包含两个子窗口,子窗口的大小可以通过拖动它们之间的边界来动态更改。可以使用 wx. SplitterWindow( ) 函数创建 SplitterWindow 对象并创建 SplitterWindow 控件,其语法格式如下:

```
splitter = wx. SplitterWindow(parent, id, pos, size, style, name)
```

其中,参数 style 用于设置分离控制器的样式,其参数值及说明见表 12-33。

表 12-33　wx. SplitterWindow 类的样式及说明

| style | 说　　明 |
| --- | --- |
| wx. SP_3D | 绘制 3D 效果边框和窗扇 |
| wx. SP_THIN_SASH | 绘制一条薄腰带 |
| wx. SP_3DSASH | 绘制 3D 效果窗扇(默认样式的一部分) |
| wx. SP_BORDER | 绘制标准边框 |
| wx. SP_NOBORDER | 没有边框(默认值) |
| wx. SP_PERMIT_UNSPLIT | 始终允许未分割,即使最小窗格大小不是零 |

在 wxPython 中,wx. SplitterWindow 类的绑定事件见表 12-34。

表 12-34　wx. SplitterWindow 类的绑定事件

| 绑 定 事 件 | 说　　明 |
| --- | --- |
| EVT_SPLITTER_SASH_POS_CHANGING | 窗扇位置正在被改变 |
| EVT_SPLITTER_SASH_POS_CHANGED | 窗扇位置发生了变化 |
| EVT_SPLITTER_UNSPLIT | 拆分器刚刚未拆分 |
| EVT_SPLITTER_DCLICK | 双击窗扇。默认行为是在发生双击窗扇时取消分割窗口 |

【实例 12-33】　应用 wxPython 库创建一个 GUI 程序,该程序包含 1 个分离控制器,可以通过拖动调节两个子窗口的大小,代码如下:

```python
# === 第 12 章 代码 12 - 33.py === #
import wx

class MyFrame(wx.Frame):
    def __init__(self, parent, id):
        #应用了 Frame 类的构造函数或构造器
        wx.Frame.__init__(self, parent, id, title = "GUI", size = (500, 200))
        #创建分离控制器
        splitter = wx.SplitterWindow(self, - 1)
        #创建两个画板
        first = wx.Panel(splitter, size = (200, 200), pos = (0, 0), id = - 1)
        second = wx.Panel(splitter, size = (200, 200), pos = (250, 0), id = - 1)
        #给两个画板添加控件
        list1 = ['三国演义', '水浒传', '远大前程', '红楼梦', '西游记']
```

```
        self.rb = wx.RadioBox(first,label = '小说',choices = list1,pos = (30,20),style =
wx.RA_SPECIFY_ROWS,majorDimension = 1)
        self.text = wx.TextCtrl(second,id = -1,value = 'Python',style = wx.EXPAND|wx.TE_
MULTILINE)
        splitter.SplitVertically(first, second)


if __name__ == '__main__':
    app = wx.App()
    frame = MyFrame(parent = None,id = -1)
    frame.Show()
    app.MainLoop()
```

运行结果如图 12-35 所示。

图 12-35  代码 12-33.py 的运行结果

【实例 12-34】  应用 wxPython 库创建一个 GUI 程序,该程序包含 1 个分离控制器,可以通过拖动调节两个子窗口的大小。当拖动窗口时,打印字符串信息,代码如下:

```
# === 第 12 章 代码 12 - 34.py === #
import wx

class MyFrame(wx.Frame):
    def __init__(self,parent,id):
        #应用了 Frame 类的构造函数或构造器
        wx.Frame.__init__(self,parent,id,title = "GUI",size = (500,200))
        #创建分离控制器
        splitter = wx.SplitterWindow(self, -1)
        #创建两个画板
        first = wx.Panel(splitter,size = (200,200),pos = (0,0),id = -1)
        second = wx.Panel(splitter,size = (200,200),pos = (250,0),id = -1)
        #给两个画板添加控件
        list1 = ['三国演义','水浒传','远大前程','红楼梦','西游记']
        self.rb = wx.RadioBox(first,label = '小说',choices = list1,pos = (30,20),style =
wx.RA_SPECIFY_ROWS,majorDimension = 1)
        self.text = wx.TextCtrl(second,id = -1,value = 'Python',style = wx.EXPAND|wx.TE_
MULTILINE)
        splitter.SplitVertically(first, second)
        splitter.Bind(wx.EVT_SPLITTER_SASH_POS_CHANGED, self.Onchange)

    def Onchange(self,event):
        print('子窗口大小发生变化')
```

```
if __name__ == '__main__':
    app = wx.App()
    frame = MyFrame(parent = None, id = - 1)
    frame.Show()
    app.MainLoop()
```

运行结果如图 12-36 所示。

图 12-36 代码 12-34.py 的运行结果

## 12.2.18 HtmlWindow 类

在 wxPython 中,SplitterWindow 类用于创建 HTML 查看器,可以用于解析和显示 HTML 内容。可以使用 wx.htmlWindow() 函数创建 HtmlWindow 对象并创建 HtmlWindow 控件,其语法格式如下:

```
import wx.html
html = wx.html.htmlWindow(parent, id, pos, size, style, name)
```

其中,参数 style 用于设置 HTML 查看器的样式,其参数值及说明见表 12-35。

表 12-35 wx.htmlWindow 类的样式及说明

| 样 式 | 说 明 |
| --- | --- |
| wx.HW_SCROLLBAR_NEVER | 永远不显示滚动条,即使页面大于窗口也不显示 |
| wx.HW_SCROLLBAR_AUTO | 仅当页面大小超出窗口大小时才显示滚动条 |
| wx.HW_NO_SELECTION | 不允许用户选择文本 |

在 wxPython 中,HtmlWindow 类常用的方法及说明见表 12-36 所示。

表 12-36 wx.htmlWindow 类常用的方法及说明

| 方 法 | 说 明 |
| --- | --- |
| AddToPage() | 将 HTML 片段添加到当前显示的文本并刷新窗口 |
| HistoryBack() | 返回之前访问过的页面 |
| HistoryForward() | 转到历史记录的下一页 |
| LoadPage() | 加载 HTML 文件 |

续表

| 方 法 | 说 明 |
|---|---|
| OnLinkClicked() | 单击超链接时调用 |
| SetPage() | 将标记为 HTML 的文本设置为页面内容 |

在 wxPython 中,HtmlWindow 类的绑定事件见表 12-37 所示。

表 12-37 wx. htmlWindow 类的绑定事件

| 绑 定 事 件 | 说 明 |
|---|---|
| EVT_HTML_CELL_CLICKED | 单击了一个 wxHtmlCell |
| EVT_HTML_CELL_HOVER | 鼠标经过 wxHtmlCell |
| EVT_HTML_LINK_CLICKED | 单击包含超链接的 wxHtmlCell |

【实例 12-35】 应用 wxPython 库创建一个 GUI 程序,该程序包含 HTML 查看器,输入一个 HTML 文件,可以解析并显示该文件,代码如下:

```python
# === 第12章 代码12-35.py === #
import wx
import wx.html

class MyFrame(wx.Frame):
    def __init__(self, parent, id):
        # 应用了 Frame 类的构造函数或构造器
        wx.Frame.__init__(self, parent, id, title = "GUI", size = (500,200))
        html = wx.html.htmlWindow(self)
        if "gtk2" in wx.PlatformInfo:
            html.SetStandardFonts()
        # 创建一个输入文本对话框
        dlg = wx.TextEntryDialog(self, '输入1个HTML文件的地址', 'HTMLWindow')
        # 如果单击确定
        if dlg.ShowModal() == wx.ID_OK:
            html.LoadPage(dlg.GetValue())


if __name__ == '__main__':
    app = wx.App()
    frame = MyFrame(parent = None, id = -1)
    frame.Show()
    app.MainLoop()
```

运行结果如图 12-37 和图 12-38 所示。

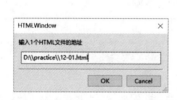

图 12-37 代码 12-35. py 的运行结果(1)    图 12-38 代码 12-35. py 的运行结果(2)

# 12.3 布局管理

在前面的实例中,通过参数 pos 将控件布置在 panel 画板上。使用这种方式很容易理解,但控件的几何位置是绝对位置,即当调整窗口大小时,该控件相对于左上角的位置保持不变。这样的界面比较生硬,也不美观。

在 wxPython 中,有一种更灵活、更智能的布局方式——Sizer,也称为尺寸器。Sizer 是一种自动布局一组窗口控件的算法。Sizer 被附加到一个容器,通常是一个框架或面板。在父容器中创建的子窗口控件必须被添加到 Sizer。当 Sizer 被添加到容器时,Sizer 就可以管理它包含的控件布局。

在 wxPython 中,有 5 个 Sizer,具体见表 12-38。

表 12-38　wxPython 中的 Sizer

| Sizer 名称 | 说　　明 |
| --- | --- |
| BoxSizer | 该布局允许控件以行或列的方式排列,即在水平线或垂直线上布局控件。通常用于嵌套的样式,可用于几何任何类型的布局 |
| GridSizer | 该布局呈现二维网格。控件以从左到右和从上到下的顺序添加到网格槽中 |
| FlexGridSizer | 对 GridSizer 稍微做了些改变,当窗口控件有不同的尺寸时,有更好的结果 |
| GridBagSizer | GridSizer 中最灵活的成员,使网格中的窗口控件可以随意放置 |
| StaticBoxSizer | StaticBoxSizer 将 BoxSizer 放入静态框中,提供了盒子周围的边框及顶部的标签 |

## 12.3.1 BoxSizer 布局

BoxSizer 是 wxPython 中最简单、最灵活的 Sizer 布局。一个 BoxSizer 是一个垂直列或水平行,窗口的控件从左至右或从上到下布置在一条线上,而且不同的 Sizer 之间可以相互嵌套,这可以让用户在不同行或不同列放置不同数量的控件。

由于每个 BoxSizer 都是一个独立的实体,因此控件布局有了很大的灵活性。可以使用 wx. BoxSizer()创建尺寸器,其语法格式如下:

```
sizer1 = wx.BoxSizer(wx.VERTICAL)          # 创建垂直排列的尺寸器
sizer2 = wx.BoxSizer(wx.HORIZONTAL)        # 创建水平排列的尺寸器(默认值)
```

可以使用 wx. BoxSizer 类的 Add()方法将控件加入尺寸器,其语法格式如下:

```
BoxSizer.Add(control,proportion,flag,border)
```

其中,control 表示要添加的控件;proportion 表示所添加控件在定义的定位方式占据的空间,如果值为 0,则表示控件不会随着窗口或其他控件大小的变化而变化;如果值大于 0,则表示控件会随着窗口或其他控件大小的变化而变化。

其中,border 用于设置添加控件的边距,就是在控件之间添加一些像素的空白;flag 参数与 border 参数结合使用可以指定边距宽度,flag 包含对齐标志、边距标志、行为标志,其参数值和说明见表 12-39。

表 12-39   flag 的参数值

| flag | 说　　明 |
|------|---------|
| wx. LEFT | 左边距 |
| wx. RIGHT | 右边距 |
| wx. BOTTOM | 底边距 |
| wx. TOP | 上边距 |
| wx. ALL | 上下左右 4 个边距 |
| wx. ALIGN_LEFT | 左边对齐 |
| wx. ALIGN_RIGHT | 右边对齐 |
| wx. ALIGN_TOP | 顶部对齐 |
| wx. ALIGN_BOTTOM | 底边对齐 |
| wx. ALIGN_CENTER_VERTICAL | 垂直对齐 |
| wx. ALIGN_CENTER_HORIZONTAL | 水平对齐 |
| wx. ALIGN_CENTER | 居中对齐 |
| wx. EXPAND | 控件将展开以填充尺寸器提供给它的空间 |
| wx. SHAPED | 与 wx. EXPAND 类似,但保持控件的宽高比 |
| wx. FIXED_MINSIZE | 不要让物品小于其初始最小尺寸 |
| wx. RESERVE_SPACE_EVEN_IF_HIDDEN | 在隐藏控件时,不允许尺寸器回收控件的空间 |

可以通过竖线(|)操作符联合使用这些标志,例如 wx. LEFT|wx. TOP。另外,flag 参数与 proportion 参数结合,可指定控件本身的对齐方式。

【实例 12-36】　应用 wxPython 库创建一个 GUI 程序,该程序包含 BoxSizer 尺寸器。在布局器中,添加一个 StaticText 控件,要求居中显示,代码如下:

```
# === 第 12 章 代码 12 - 36. py === #
import wx

class MyFrame(wx. Frame):
    def __init__(self, parent, id):
            # 应用了 Frame 类的构造函数或构造器
            wx. Frame. __init__(self, parent, id, title = "GUI", size = (500, 200))
            panel = wx. Panel(self)
            self. title = wx. StaticText(panel, label = "请输入用户名和密码")
            vsizer = wx. BoxSizer(wx. VERTICAL)
            vsizer. Add(self. title, proportion = 0, flag = wx. BOTTOM|wx. TOP|wx. ALIGN_CENTER, border
= 15)
            panel. SetSizer(vsizer)


if __name__ == '__main__':
    app = wx. App()
    frame = MyFrame(parent = None, id = - 1)
    frame. Show()
    app. MainLoop()
```

运行结果如图 12-39 所示。

图 12-39　代码 12-36.py 的运行结果

在 wxPython 中,wx.BoxSizer 类的其他常用方法见表 12-40。

表 12-40　wx.BoxSizer 的其他常用方法

| 方　　法 | 说　　明 |
|---|---|
| SetOrientation() | 设置方向 |
| AddSpacer() | 添加不可伸展的空间 |
| AddStrechSpacer() | 添加可伸缩空间,以便调整窗口大小,将按比例影响控件大小 |
| Clear() | 从尺寸器中移除控件 |
| Detach() | 从尺寸器中删除控件而不会破坏 |
| Insert() | 在指定位置插入子控件 |

【实例 12-37】　应用 wxPython 库创建一个 GUI 程序,该程序是一个登录窗口,需使用嵌套的 BoxSizer 布局,代码如下:

```
# === 第 12 章 代码 12 - 37.py === #
import wx

class MyFrame(wx.Frame):
    def __init__(self,parent,id):
            #应用了 Frame 类的构造函数或构造器
            wx.Frame.__init__(self,parent,id,title = "MyFrame",size = (500,200))
            panel = wx.Panel(self)
            self.title = wx.StaticText(panel,label = '请输入用户名和密码')
            #创建静态文本和输入框
            self.label_user = wx.StaticText(panel,label = '用户名:')
            self.text_user = wx.TextCtrl(panel,style = wx.TE_LEFT)
            self.label_pwd = wx.StaticText(panel,label = '密 码:')
            self.text_pwd = wx.TextCtrl(panel,style = wx.TE_PASSWORD)
            #创建按钮
            self.bt_confirm = wx.Button(panel,label = '登录')
            self.bt_cancel = wx.Button(panel,label = '取消')
            #添加尺寸器,尺寸器中的控件水平排列
            hsizer_u = wx.BoxSizer(wx.HORIZONTAL)
            hsizer_u.Add(self.label_user,proportion = 0,flag = wx.ALL,border = 5)
            hsizer_u.Add(self.text_user,proportion = 0,flag = wx.ALL,border = 5)

            hsizer_p = wx.BoxSizer(wx.HORIZONTAL)
            hsizer_p.Add(self.label_pwd,proportion = 0,flag = wx.ALL,border = 5)
            hsizer_p.Add(self.text_pwd,proportion = 0,flag = wx.ALL,border = 5)
```

```
        hsizer_c = wx.BoxSizer(wx.HORIZONTAL)
        hsizer_c.Add(self.bt_confirm, proportion = 0, flag = wx.ALL, border = 5)
        hsizer_c.Add(self.bt_cancel, proportion = 0, flag = wx.ALL, border = 5)
        # 添加尺寸器,尺寸器中的控件垂直排列
        vsizer = wx.BoxSizer(wx.VERTICAL)
        vsizer.Add(self.title, proportion = 0, flag = wx.BOTTOM|wx.TOP|wx.ALIGN_CENTER,
border = 10)
        vsizer.Add(hsizer_u, proportion = 0, flag = wx.EXPAND|wx.LEFT|wx.RIGHT, border = 90)
        vsizer.Add(hsizer_p, proportion = 0, flag = wx.EXPAND|wx.LEFT|wx.RIGHT, border = 90)
        vsizer.Add(hsizer_c, proportion = 0, flag = wx.EXPAND|wx.LEFT|wx.RIGHT, border = 90)
        panel.SetSizer(vsizer)


if __name__ == '__main__':
    app = wx.App()
    frame = MyFrame(parent = None, id = -1)
    frame.Show()
    app.MainLoop()
```

运行结果如图 12-40 所示。

图 12-40　代码 12-37.py 的运行结果

## 12.3.2　GridSizer 布局

GridSizer 尺寸器呈现的是二维网格,控件以从左到右、从上到下的顺序添加到网格槽中。可以使用 wx.GridSizer()创建尺寸器,其语法格式如下:

```
gs1 = wx.GridSizer(rows, columns, vgap, hgap)
```

其中,rows 表示行数;columns 表示列数;vgap 表示垂直间距;hgap 表示水平间距。

可以使用 wx.GridSizer 类的 Add()方法将控件加入尺寸器,其语法格式如下:

```
GridSizer.Add(control, proportion, flag, border)
```

参数的具体含义可参考 BoxSizer.Add()的参数。

在 wxPython 中,GridSizer 类常用的方法见表 12-41。

表 12-41　wx.GridSizer 类常用的方法

| 方　　法 | 说　　明 |
|---|---|
| Add() | 在下一个可用的网格槽中添加一个控件 |
| AddMany() | 添加控件列表中的每个控件 |

续表

| 方　　法 | 说　　明 |
|---|---|
| SetRows() | 设置尺寸器中的行数 |
| GetRows() | 返回尺寸器中的行数 |
| SetCols() | 设置尺寸器中的列数 |
| GetCols() | 返回尺寸器中的列数 |
| SetVGap() | 设置单元格之间的垂直间隙(单位为像素) |
| GetVGap() | 返回单元格之间的垂直间隙(单位为像素) |
| SetHGap() | 设置单元格之间的水平间隙(单位为像素) |
| GetHGap() | 返回单元格之间的水平间隙(单位为像素) |

【实例12-38】　应用 wxPython 库创建一个 GUI 程序,该程序包含 16 个 Button 控件,需使用 GridSizer 布局,代码如下:

```
# === 第 12 章 代码 12 - 38.py === #
import wx

class MyFrame(wx.Frame):
    def __init__(self,parent,id):
            # 应用了 Frame 类的构造函数或构造器
            wx.Frame.__init__(self,parent,id,title = "GUI",size = (500,200))
            panel = wx.Panel(self)
            # 创建尺寸器
            gs = wx.GridSizer(4,4,5,5)
            # 给尺寸器添加控件
            for i in range(1,17):
                    btn = "按钮" + str(i)
                    gs.Add(wx.Button(panel,label = btn),0,wx.EXPAND)
                    panel.SetSizer(gs)


if __name__ == '__main__':
    app = wx.App()
    frame = MyFrame(parent = None,id = - 1)
    frame.Show()
    app.MainLoop()
```

运行结果如图 12-41 所示。

图 12-41　代码 12-38.py 的运行结果

### 12.3.3 FlexGridSizer 布局

FlexGridSizer 尺寸器呈现的是二维网格,控件以从左到右、从上到下的顺序添加到网格槽中,然而,该尺寸器的网格对布置的控件提供了更多的灵活性,虽然同一行或同一列中的所有控件具有相同的高度或宽度,但每个单元格的大小与 GridSizer 中的不一样。可以使用 wx.FlexGridSizer()创建尺寸器,其语法格式如下:

```
gs1 = wx.FlexGridSizer(rows,columns,vgap,hgap)
```

其中,rows 表示行数;columns 表示列数;vgap 表示垂直间距;hgap 表示水平间距。

可以使用 wx.FlexGridSizer 类的 Add()方法将控件加入尺寸器,其语法格式如下:

```
FlexGridSizer.Add(control,proportion,flag,border)
```

参数的具体含义可参考 BoxSizer.Add()的参数。

在 wxPython 中,FlexGridSizer 类除了具有表 12-41 的方法,还有其他常用方法,具体见表 12-42。

表 12-42　wx.FlexGridSizer 类的其他常用方法

| 方　　法 | 说　　明 |
| --- | --- |
| AddGrowableRow() | 如果有额外的控件可用,则扩展指定索引列的宽度 |
| AddGrowableCol() | 如果有额外的控件可用,则扩展指定索引行的宽度 |
| SetFlexibleDirection() | 指定尺寸器的灵活性,可能影响行、列或者两者 |

【实例 12-39】　应用 wxPython 库创建一个 GUI 程序,该程序是一个论文的简单输入界面,包括标题、作者、摘要。需使用 FlexGridSizer 布局,代码如下:

```python
# === 第 12 章 代码 12 - 39.py === #
import wx

class MyFrame(wx.Frame):
    def __init__(self,parent,id):
        #应用了 Frame 类的构造函数或构造器
        wx.Frame.__init__(self,parent,id,title = "GUI",size = (500,200))
        panel = wx.Panel(self)
        #创建 BoxSizer 尺寸器
        hbox = wx.BoxSizer(wx.HORIZONTAL)
        #创建 FlexGridSizer 尺寸器
        fgs = wx.FlexGridSizer(3,2,10,10)
        #创建 StaticText 控件
        title = wx.StaticText(panel,label = "标题")
        author = wx.StaticText(panel,label = "作者")
        digest = wx.StaticText(panel,label = "摘要")
        #创建 TextCtrl 控件
        tc1 = wx.TextCtrl(panel)
        tc2 = wx.TextCtrl(panel)
        tc3 = wx.TextCtrl(panel, style = wx.TE_MULTILINE)
```

```
                #创建控件列表
                list1 = [(title),(tc1,1, wx.EXPAND),(author),(tc2,1,wx.EXPAND),(digest, 1, wx.
        EXPAND), (tc3, 1, wx.EXPAND)]
                #添加控件列表
                fgs.AddMany(list1)
                fgs.AddGrowableRow(2, 1)
                fgs.AddGrowableCol(1, 1)
                hbox.Add(fgs, proportion = 2, flag = wx.ALL|wx.EXPAND, border = 15)
                panel.SetSizer(hbox)


        if __name__ == '__main__':
            app = wx.App()
            frame = MyFrame(parent = None, id = -1)
            frame.Show()
            app.MainLoop()
```

运行结果如图 12-42 所示。

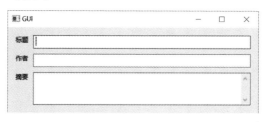

图 12-42　代码 12-39.py 的运行结果

## 12.3.4　GridBagSizer 布局

GridBagSizer 是一款多功能的尺寸器。它提供了比 FlexGridSizer 更多的功能。控件可以添加到网格中的特定单元格。另外，某个控件可以在水平或垂直方向上占用多个单元格。同一行中的静态文本和多行文本控件可以具有不同的宽度和高度。可以使用 wx.GridBagSizer()创建尺寸器，其语法格式如下：

```
gbs = wx.GridBagSizer(vgap,hgap)
```

其中，vgap 表示垂直间距；hgap 表示水平间距。

可以使用 wx.GridBagSizer 类的 Add()方法将控件加入尺寸器，其语法格式如下：

```
GridBagSizer.Add(control,pos,span,flag,border)
```

其中，pos 表示控件在网格中的位置，参数值是包含两个元素的元组；span 用来设置 TextCtrl 控件的宽度，可以跨越多个列，参数值是包含两个元素的元组；其他参数的具体含义可参考 BoxSizer.Add()的参数。

如果使用 GridBagSizer 布局，则需要通过确定位置、跨度和间隙来精心地规划控件的布局。

在 wxPython 中，wx. GridBagSizer 类常用的方法见表 12-43。

表 12-43　wx. GridBagSizer 类的常用方法

| 方　　法 | 说　　明 |
|---|---|
| Add() | 在网格中的指定位置添加给定的控件 |
| GetItemPosition() | 返回网格中某控件的位置 |
| SetItemPosition() | 将控件放置在网格中的指定位置 |
| GetItemSpan() | 返回控件在某行或某列的跨越数目 |
| SetItemSpan() | 指定某控件的跨行或列的数目 |

【实例 12-40】　应用 wxPython 库创建一个 GUI 程序，该程序是客户信息输入界面，包括姓名、地址、年龄、电话、描述。需使用 GridBagSizer 布局，代码如下：

```python
# === 第 12 章 代码 12 - 40. py === #
import wx

class MyFrame(wx. Frame):
    def __init__(self, parent, id):
        # 应用了 Frame 类的构造函数或构造器
        wx. Frame. __init__(self, parent, id, title = "GUI", size = (600, 400))
        panel = wx. Panel(self)
        # 创建尺寸器
        sizer = wx. GridBagSizer(0, 0)
        # 创建第 1 行的控件
        name = wx. StaticText(panel, label = "姓名：")
        sizer. Add(name, pos = (0, 0), flag = wx. ALL, border = 10)
        tc1 = wx. TextCtrl(panel)
        sizer. Add(tc1, pos = (0, 1), span = (1, 2), flag = wx. EXPAND | wx. ALL, border = 10)
        # 创建第 2 行的控件
        address = wx. StaticText(panel, label = "地址：")
        sizer. Add(address, pos = (1, 0), flag = wx. ALL, border = 10)
        tc2 = wx. TextCtrl(panel, style = wx. TE_MULTILINE)
        sizer. Add(tc2, pos = (1, 1), span = (1, 3), flag = wx. EXPAND | wx. ALL, border = 10)
        # 创建第 3 行的控件
        age = wx. StaticText(panel, label = "年龄：")
        sizer. Add(age, pos = (2, 0), flag = wx. ALL, border = 10)
        tc3 = wx. TextCtrl(panel)
        sizer. Add(tc3, pos = (2, 1), flag = wx. ALL, border = 10)
        phone = wx. StaticText(panel, label = "电话：")
        sizer. Add(phone, pos = (2, 2), flag = wx. ALIGN_CENTER | wx. ALL, border = 10)
        tc4 = wx. TextCtrl(panel)
        sizer. Add(tc4, pos = (2, 3), flag = wx. EXPAND | wx. ALL, border = 10)
        # 创建第 4 行的控件
        descript = wx. StaticText(panel, label = "描述：")
        sizer. Add(descript, pos = (3, 0), flag = wx. ALL, border = 10)
        tc5 = wx. TextCtrl(panel, style = wx. TE_MULTILINE)
        sizer. Add(tc5, pos = (3, 1), span = (1, 3), flag = wx. EXPAND | wx. ALL, border = 10)
        sizer. AddGrowableRow(3)
        # 创建第 5 行的控件
        buttonOk = wx. Button(panel, label = "确定")
```

```
            buttonClose = wx.Button(panel,label = "关闭")
            sizer.Add(buttonOk,pos = (4,2),flag = wx.ALL,border = 10)
            sizer.Add(buttonClose,pos = (4,3),flag = wx.ALL,border = 10)
            panel.SetSizerAndFit(sizer)


if __name__ == '__main__':
    app = wx.App()
    frame = MyFrame(parent = None,id = -1)
    frame.Show()
    app.MainLoop()
```

运行结果如图 12-43 所示。

图 12-43　代码 12-40.py 的运行结果

## 12.3.5　StaticBoxSizer 布局

StaticBoxSizer 布局用于将 BoxSizer 尺寸器放入静态框中,提供了盒子周围的边框及顶部的标签。创建 StaticBoxSizer 的步骤如下:

(1) 创建一个 wx.StaticBox 对象。

(2) 使用 wx.StaticBox 作为参数创建一个 wx.StaticBoxSizer 对象。

(3) 创建控件并添加 wx.StaticBoxSizer 对象。

(4) 将其设置为框架的 Sizer。

【实例 12-41】 应用 wxPython 库创建一个 GUI 程序,该程序是用户登录界面。需使用边框将输入信息或按钮括起来,需使用 StaticBoxSizer 布局和 BoxSizer 布局,代码如下:

```
# === 第 12 章 代码 12 - 41.py === #
import wx

class MyFrame(wx.Frame):
    def __init__(self,parent,id):
            # 应用了 Frame 类的构造函数或构造器
            wx.Frame.__init__(self,parent,id,title = "GUI",size = (600,300))
```

```python
        panel = wx.Panel(self)
        # 创建 BoxSizer 尺寸器
        vbox = wx.BoxSizer(wx.VERTICAL)
        # 创建 StaticBox 对象
        info = wx.StaticBox(panel, -1, '输入信息')
        # 创建 StaticBoxSizer 尺寸器
        infoSizer = wx.StaticBoxSizer(info, wx.VERTICAL)
        # 创建控件
        infobox = wx.BoxSizer(wx.HORIZONTAL)
        name = wx.StaticText(panel, -1, "用户名: ")
        tc1 = wx.TextCtrl(panel, -1, style = wx.ALIGN_LEFT)
        pwd = wx.StaticText(panel, -1, "密码: ")
        tc2 = wx.TextCtrl(panel, -1, style = wx.ALIGN_LEFT)
        # 添加控件
        infobox.Add(name, 0, wx.ALL | wx.CENTER, 5)
        infobox.Add(tc1, 0, wx.ALL | wx.CENTER, 5)
        infobox.Add(pwd, 0, wx.ALL | wx.CENTER, 5)
        infobox.Add(tc2, 0, wx.ALL | wx.CENTER, 5)
        infoSizer.Add(infobox, 0, wx.ALL | wx.CENTER, 10)
        # 创建 StaticBox 对象
        btn = wx.StaticBox(panel, -1, '按钮: ')
        # 创建 StaticBoxSizer 尺寸器
        sboxSizer = wx.StaticBoxSizer(btn, wx.VERTICAL)
        # 创建 BoxSizer 尺寸器
        hbox = wx.BoxSizer(wx.HORIZONTAL)
        okButton = wx.Button(panel, -1, '确定')
        hbox.Add(okButton, 0, wx.ALL | wx.LEFT, 10)
        cancelButton = wx.Button(panel, -1, '取消')
        hbox.Add(cancelButton, 0, wx.ALL | wx.LEFT, 10)
        sboxSizer.Add(hbox, 0, wx.ALL | wx.LEFT, 10)
        # 向 BoxSizer 尺寸器中添加 StaticBoxSizer 尺寸器
        vbox.Add(infoSizer, 0, wx.ALL | wx.CENTER, 5)
        vbox.Add(sboxSizer, 0, wx.ALL | wx.CENTER, 5)
        panel.SetSizer(vbox)


if __name__ == '__main__':
    app = wx.App()
    frame = MyFrame(parent = None, id = -1)
    frame.Show()
    app.MainLoop()
```

运行结果如图 12-44 所示。

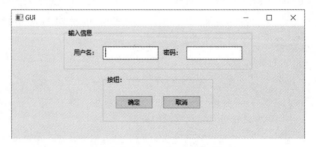

图 12-44　代码 12-41.py 的运行结果

## 12.4　事件处理

在 GUI 程序中,当有事件发生时,需要让程序注意到这些事件并且做出反应。这需要将函数绑定到涉及事件可能发生的控件上。当事件发生时,函数就会被调用。为按钮 button1 绑定事件,代码如下:

```
button1.Bind(wx.EVT_BUTTON,OnclickSubmit)
```

其中,wx.EVT_BUTTON 表示事件类型为按钮类型;OnclickSubmit 表示函数名或方法名,当事件发生时执行该方法。

在 wxPython 中有很多 EVT 开头的事件类型,例如 wx.EVT_MOTION 表示用户移动鼠标;wx.ENTER_WINDOW 表示鼠标进入一个窗口控件;wx.LEAVE_WINDOW 表示鼠标离开一个窗口控件;wx.EVT_MOUSEWHEEL 表示被绑定到鼠标滚轮的活动。

【实例 12-42】　应用 wxPython 库创建一个 GUI 程序,该程序是用户登录界面。如果单击"登录"按钮,则打印用户名和密码,如果单击"取消"按钮,则清空输入框,代码如下:

```
# === 第 12 章 代码 12 - 42.py === #
import wx

class MyFrame(wx.Frame):
    def __init__(self,parent,id):
            # 应用了 Frame 类的构造函数或构造器
            wx.Frame.__init__(self,parent,id,title = "MyFrame",size = (500,200))
            panel = wx.Panel(self)
            # 创建静态文本和输入框
            self.label_user = wx.StaticText(panel,label = '用户名:',pos = (100,30))
            self.text_user = wx.TextCtrl(panel,pos = (150,30),style = wx.TE_LEFT)
            self.label_pwd = wx.StaticText(panel,label = '密码:',pos = (100,60))
            self.text_pwd = wx.TextCtrl(panel,pos = (150,60),style = wx.TE_PASSWORD)
            # 创建按钮
            self.bt_confirm = wx.Button(panel,label = '登录',pos = (100,90))
            self.bt_cancel = wx.Button(panel,label = '取消',pos = (185,90))
            # 给登录按钮绑定事件
            self.bt_confirm.Bind(wx.EVT_BUTTON,self.OnclickSubmit)
            self.bt_cancel.Bind(wx.EVT_BUTTON,self.OnclickCancel)

    def OnclickSubmit(self,event):
            '''单击登录按钮,执行方法'''
            user = self.text_user.GetValue()
            password = self.text_pwd.GetValue()
            print('用户名为',user)
            print('密码为',password)

    def OnclickCancel(self,event):
            '''单击取消按钮,执行方法'''
            self.text_user.SetValue('')
```

```
                    self.text_pwd.SetValue('')


if __name__ == '__main__':
    app = wx.App()
    frame = MyFrame(parent = None, id = - 1)
    frame.Show()
    app.MainLoop()
```

运行结果如图 12-45 所示。

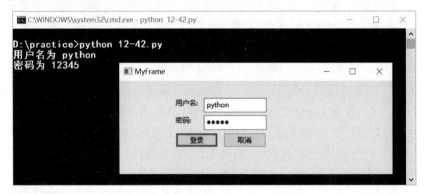

图 12-45　代码 12-42. py 的运行结果

## 12.5　对话框

在 wxPython 中,可以使用 Dialog 类自定义对话框,也可以使用 MessageDialog 类创建消息对话框,使用 TextEntryDialog 类创建输入对话框,使用 FileDialog 类创建文件对话框,使用 FontDialog 创建字体对话框。

### 12.5.1　Dialog 类

在 wxPython 中,Dialog 类比较像 Frame 类,它通常用作父框架顶部的弹出窗口。Dialog 的目标是从用户收集一些数据并将其发送到父框架。对话框可以是模态的(它阻止父框架)或无模式(可以绕过对话框)。可以使用 Dialog 对象的 ShowModal()方法以模态方式显示对话框,而使用 Show()方法使其无模式。

可以使用 wx. Dialog()函数创建 Dialog 对象并创建 Dialog 对话框,其语法格式如下:

```
dia = wx. Dialog(parent, id, title, pos, style)
```

其中,style 表示对话框窗口的样式,默认样式仅显示窗口标题栏的关闭图标,style 的参数值和说明见表 12-44。

表 12-44　style 的参数值和说明

| style | 说　明 |
|---|---|
| wx. CAPTION | 在对话框上添加标题 |
| wx. DEFAULT_DIALOG_STYLE | 相当于 wx. CAPTION 和 wx. CLOSE_BOX、wx. SYSTEM_MENU 的组合 |
| wx. RESIZE_BORDER | 在窗口周围显示可调整大小的框架 |
| wx. SYSTEM_MENU | 显示系统菜单 |
| wx. CLOSE_BOX | 在框架上显示关闭图标 |
| wx. MAXIMIZE_BOX | 在对话框中显示最大化图标 |
| wx. MINIMIZE_BOX | 在对话框中显示最小化图标 |
| wx. STAY_ON_TOP | 确保对话框保持在其他窗口之上 |
| wx. DIALOG_NO_PARENT | 阻止创建单独的窗口,不推荐使用模态对话框 |

在 wxPython 中,wx. Dialog 类常用的方法见表 12-45。

表 12-45　wx. Dialog 类常用的方法

| style | 说　明 |
|---|---|
| DoOk( ) | 单击对话框上的"确定"按钮时调用 |
| ShowModal( ) | 以模态方式显示对话框 |
| ShowWindowModal( ) | 对话框仅对顶级父窗口是模态的 |
| EndModal( ) | 结束传递 ShowModal( )调用值的模态对话框 |
| Show( ) | 以无模态方式显示对话框 |

在 wxPython 中,wx. Dialog 类绑定的事件见表 12-46。

表 12-46　wx. Dialog 类绑定的事件

| 绑 定 事 件 | 说　明 |
|---|---|
| EVT_CLOSE | 当关闭对话框时,包括用户关闭或以编程的方式关闭对话框 |
| EVT_INIT_DIALOG | 初始化对话框时 |

【实例 12-43】　应用 wxPython 库创建一个 GUI 程序,该程序包含一个按钮,当单击该按钮时,显示对话框,代码如下:

```
# === 第 12 章 代码 12 - 43.py === #
import wx

class MyDialog(wx.Dialog):
    def __init__(self,parent,title,style):
        super(MyDialog,self).__init__(parent,title = title,size = (240,130),style =
style)
        panel = wx.Panel(self)
        self.btn = wx.Button(panel,wx.ID_OK,label = '确定?',size = (50,20),pos = (30,10))

class MyFrame(wx.Frame):
    def __init__(self,parent,id):
        #应用了 Frame 类的构造函数或构造器
        wx.Frame.__init__(self,parent,id,title = "GUI",size = (500,200))
```

```
                panel = wx.Panel(self)
                btn1 = wx.Button(panel, label = "按钮1", pos = (75,20))
                btn1.Bind(wx.EVT_BUTTON, self.Onclick1)

        def Onclick1(self, event):
            '''单击按钮1,执行方法'''
            dlg = MyDialog(self, '对话框', style = wx.DEFAULT_DIALOG_STYLE|wx.MAXIMIZE_BOX)
            dlg.ShowModal()


if __name__ == '__main__':
    app = wx.App()
    frame = MyFrame(parent = None, id = -1)
    frame.Show()
    app.MainLoop()
```

运行结果如图 12-46 所示。

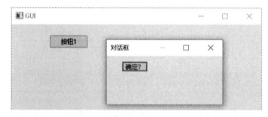

图 12-46　代码 12-43. py 的运行结果

## 12.5.2　MessageDialog 类

在 wxPython 中,可以使用 wx. MessageDialog()函数创建 MessageDialog 对象并创建消息对话框,其语法格式如下:

```
dia = wx.MessageDialog(parent, message, caption, style, pos)
```

其中,message 用于设置要显示的文本;caption 用于设置标题栏上的标题;style 用于设置对话框的样式和对话框中按钮的样式,其中关于按钮的参数值和说明见表 12-47。

表 12-47　消息对话框中按钮的样式

| style | 说　明 | style | 说　明 |
|---|---|---|---|
| wx. OK | 显示"确定"按钮 | wx. ICON_EXCLAMATION | 显示警报图标 |
| wx. CANCEL | 显示"取消"按钮 | wx. ICON_ERROR | 显示错误图标 |
| wx. YES_NO | 显示"是""否"按钮 | wx. ICON_HAND | 显示错误图标 |
| wx. YES_DEFAULT | 默认为"是"按钮 | wx. ICON_INFORMATION | 显示信息图标 |
| wx. NO_DEFAULT | 默认情况下没有按钮 | wx. ICON_QUESTION | 显示问题图标 |

【实例 12-44】　应用 wxPython 库创建一个 GUI 程序,该程序包含一个按钮,当单击按钮时,显示消息对话框,代码如下:

```
# === 第 12 章 代码 12-44.py === #
import wx

class MyFrame(wx.Frame):
    def __init__(self,parent,id):
                # 应用了 Frame 类的构造函数或构造器
                wx.Frame.__init__(self,parent,id,title = "GUI",size = (500,200))
                panel = wx.Panel(self)
                btn1 = wx.Button(panel,label = "按钮 1",pos = (75,20))
                btn1.Bind(wx.EVT_BUTTON, self.Onclick1)

    def Onclick1(self,event):
                '''单击按钮 1,执行方法'''
                dlg = wx.MessageDialog(self, '欢迎你', 'Hello', wx.OK | wx.CANCEL | wx.ICON_
INFORMATION)
                dlg.ShowModal()


if __name__ == '__main__':
    app = wx.App()
    frame = MyFrame(parent = None,id = -1)
    frame.Show()
    app.MainLoop()
```

运行结果如图 12-47 所示。

图 12-47　代码 12-44.py 的运行结果

## 12.5.3　TextEntryDialog 类

在 wxPython 中,可用 TextEntryDialog 对象显示一个对话框,该对话框包含一个文本字段、一个文本输入框(TextEntry 控件)、具有预定义的样式的两个按钮。

可以使用 wx.TextEntryDialog()函数创建 TextEntryDialog 对象并创建输入对话框,其语法格式如下:

```
dlg = wx.TextEntryDialog(parent,id,message,caption,value,style,pos)
```

其中,message 用于设置要显示的文本;caption 用于设置标题栏上的标题;value 用于设置输入框中的默认文本;style 用于设置对话框的样式和对话框中输入框的样式,输入框的样式可设置为显示密码字符(wx.TE_PASSWORD)或显示为多行(wx.TE_MULTILINE)。

【实例 12-45】　应用 wxPython 库创建一个 GUI 程序,该程序包含一个按钮,当单击按

钮时,显示输入对话框,代码如下:

```
♯ === 第12章 代码12-45.py === ♯
import wx

class MyFrame(wx.Frame):
    def __init__(self,parent,id):
            ♯应用了Frame类的构造函数或构造器
            wx.Frame.__init__(self,parent,id,title="GUI",size=(500,200))
            panel = wx.Panel(self)
            btn1 = wx.Button(panel,label="单击我",pos=(75,10))
            btn1.Bind(wx.EVT_BUTTON, self.Onclick1)

    def Onclick1(self,event):
            '''单击按钮,执行方法'''
            dlg = wx.TextEntryDialog(self, '请输入你的名字','输入对话框','默认')
            if dlg.ShowModal() == wx.ID_OK:
                    print(dlg.GetValue())
            dlg.Destroy()


if __name__ == '__main__':
    app = wx.App()
    frame = MyFrame(parent = None,id = -1)
    frame.Show()
    app.MainLoop()
```

运行结果如图12-48所示。

图 12-48 代码 12-45.py 的运行结果

## 12.5.4 FileDialog 类

在 wxPython 中,FileDialog 对象表示文件选择器对话框,该对话框可以使用户能够浏览文件系统并选择要打开或保存的文件。文件选择器对话框的外观是基于操作系统的。

可以使用 wx.FileDialog() 函数创建 FileDialog 对象并创建输入文件选择器对话框,其语法格式如下:

```
dlg = wx.FileDialog(parent,message,DefaultDir,DefaultFile,wildcard,style,pos,size)
```

其中,message 用于设置要显示的文本;DefaultDir 用于设置初始目录;DefaultFile 用于设置初始文件;wildcard 表示由通配符参数表示的文件过滤器;style 用于设置文件对话框选择器的样式,其参数值和说明见表 12-48。

表 12-48 文件对话框选择器的样式

| style | 说　　明 |
|---|---|
| wx. FD_DEFAULT_STYLE | 打开对话框,对话框的默认按钮是打开,相当于 wx. FD_OPEN |
| wx. FD_OPEN | 打开对话框,对话框的默认按钮是打开 |
| wx. FD_SAVE | 保存对话框,对话框的默认按钮是保存 |
| wx. FD_OVERWRITE_PROMPT | 仅限保存对话框,提示是否确认覆盖文件 |
| wx. FD_MULTIPLE | 仅限打开对话框,允许选择多个文件 |
| wx. FD_CHANGE_DIR | 将当前工作目录更改为用户选择的文件所在的目录 |

在 wxPython 中,FileDialog 类常用的方法见表 12-49。

表 12-49 FileDialog 类常用的方法

| 方　　法 | 说　　明 |
|---|---|
| GetDirectory() | 返回默认目录 |
| GetFileName() | 返回默认文件名 |
| GetPath() | 返回所选文件的完整路径 |
| SetDirectory() | 设置默认目录 |
| SetFileName() | 设置默认文件 |
| SetPath() | 设置默认路径 |
| ShowModal() | 显示对话框,如果用户单击"确定"按钮,则返回 wx. ID_OK,否则返回 wx. ID_CANCEL |

【实例 12-46】 应用 wxPython 库创建一个 GUI 程序,该程序包含一个按钮、一个 TextCtrl 控件。当单击按钮时,显示文件选择器对话框;选中文件后单击"确定"按钮, TextCtrl 控件中显示文本,代码如下:

```python
# === 第 12 章 代码 12 - 46.py === #
import wx
import os

class MyFrame(wx.Frame):
    def __init__(self, parent, id):
        # 应用了 Frame 类的构造函数或构造器
        wx.Frame.__init__(self, parent, id, title = "GUI", size = (500, 200))
        panel = wx.Panel(self)
        btn1 = wx.Button(panel, label = "单击我", pos = (75, 10))
        btn1.Bind(wx.EVT_BUTTON, self.Onclick1)
        self.text1 = wx.TextCtrl(panel, pos = (75, 40), size = (300, 100), style = wx.TE_MULTILINE)

    def Onclick1(self, event):
        '''单击按钮,执行方法'''
        wildcard = "Text Files ( * .txt)| * .txt"
        dlg = wx.FileDialog(self, "Choose a file", os.getcwd(), "", wildcard, wx.FD_OPEN)
        if dlg.ShowModal() == wx.ID_OK:
```

```
                            f = open(dlg.GetPath(), 'r')
                            with f:
                                    data = f.read()
                                    self.text1.SetValue(data)
                                    print(data)
                    dlg.Destroy()

if __name__ == '__main__':
    app = wx.App()
    frame = MyFrame(parent = None, id = -1)
    frame.Show()
    app.MainLoop()
```

运行结果如图 12-49 和图 12-50 所示。

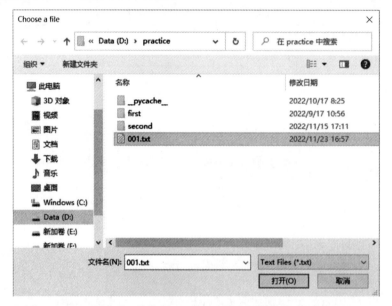

图 12-49　代码 12-46.py 的运行结果(1)

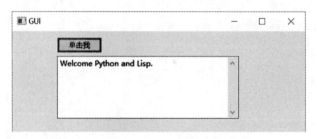

图 12-50　代码 12-46.py 的运行结果(2)

---

**注意**：12-46.py 运行的程序只能识别英文字母,不能识别中文字符。

---

## 12.5.5　FontDialog 类

在 wxPython 中,FontDialog 对象表示字体选择器对话框,该对话框可以使用户能够浏览并选择字体。文件选择器对话框的外观是基于操作系统的。如果用户选择字体并单击"确定"按钮,则将返回所选字体的属性,如名称、大小、质量等。

可以使用 wx.FontDialog()函数创建 FontDialog 对象并创建输入文件选择器对话框,其语法格式如下:

```
dlg = wx.FontDialog(parent,data)
```

其中,data 表示 wx.FontData 对象,可以使用函数 wx.FontData()创建。

可以使用 FontDialog 类的 GetFontData()方法获取字体的各种属性参数。

【实例 12-47】　应用 wxPython 库创建一个 GUI 程序,该程序包含一个按钮、一个 StaticText 控件。当单击按钮时,显示字体选择器对话框并设置 StaticText 控件中文本的字体,代码如下:

```python
# === 第 12 章 代码 12 - 47.py === #
import wx

class MyFrame(wx.Frame):
    def __init__(self,parent,id):
            # 应用了 Frame 类的构造函数或构造器
            wx.Frame.__init__(self,parent,id,title = "GUI",size = (500,200))
            panel = wx.Panel(self)
            btn1 = wx.Button(panel,label = "单击我", pos = (210,10))
            btn1.Bind(wx.EVT_BUTTON, self.Onclick1)
            self.text1 = wx.StaticText(panel,label = "Python",pos = (210,50))

    def Onclick1(self,event):
            '''单击按钮,执行方法'''
            dlg = wx.FontDialog(self,wx.FontData())
            if dlg.ShowModal() == wx.ID_OK:
                    data = dlg.GetFontData()
                    font = data.GetChosenFont()
                    self.text1.SetFont(font)
            dlg.Destroy()

if __name__ == '__main__':
    app = wx.App()
    frame = MyFrame(parent = None,id = - 1)
    frame.Show()
    app.MainLoop()
```

运行结果如图 12-51 和图 12-52 所示。

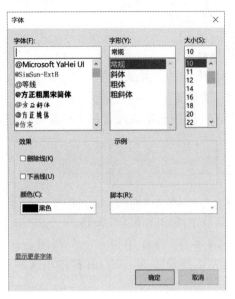

图 12-51　代码 12-47.py 的运行结果(1)　　　　图 12-52　代码 12-47.py 的运行结果(2)

## 12.6　wxPython 的其他应用

在 wxPython 中,可以绘制图形,创建多文档界面,对控件进行拖放。

### 12.6.1　绘制图形

在 wxPython 中,wx.DC 是一个抽象类,它的派生类可以在不同的设备上渲染图形和文字。具体的派生类见表 12-50。

表 12-50　wx.DC 类的派生类

| 派　生　类 | 说　　　明 |
| --- | --- |
| wx.ScreenDC | 在屏幕上描绘图形和文字,而不是在一个窗口上 |
| wx.ClientDC | 在窗口(不包括边框等装饰的部分)的客户区域描绘图形和文字,窗口不需要绑定 wx.EVT_PAINT 事件 |
| wx.PaintDC | 在窗口(不包括边框等装饰的部分)的客户区域描绘图形和文字,窗口需要绑定 wx.EVT_PAINT 事件 |
| wx.WindowDC | 在窗口(包括边框等装饰部分)中描绘图形和文字 |

在 wxPython 中,可以使用函数 wx.PaintDC()创建 PaintDC 对象,其语法格式如下:

```
paint1 = wx.PaintDC(window)
```

其中,window 表示窗口或框架。

在 wxPython 中,wx.DC 派生类常用的方法见表 12-51。

表 12-51　wx. DC 派生类的常用方法

| 方　　法 | 说　　明 | 方　　法 | 说　　明 |
|---|---|---|---|
| DrawRectangle() | 按照指定的尺寸绘制矩形 | DrawLine() | 在两个 wx. Point 对象之间绘制线 |
| DrawCircle() | 按照指定的半径和圆心绘制圆 | DrawBitmap() | 在指定的位置绘制图像 |
| DrawEllipse() | 按照指定的长轴和短轴绘制一个椭圆 | DrawText() | 在指定的位置绘制给定的文本 |

**【实例 12-48】**　应用 wxPython 库创建一个 GUI 程序,在该程序的窗口区域显示一张图像并在左上角位置绘制文字,需使用 wx. PaintDC 类,代码如下:

```
# === 第 12 章 代码 12 - 48.py === #
import wx

class MyFrame(wx.Frame):
    def __init__(self, parent, id):
        # 应用了 Frame 类的构造函数或构造器
        wx.Frame.__init__(self, parent, id, title = "GUI", size = (500, 220))
        self.Bind(wx.EVT_PAINT, self.OnPaint)

    def OnPaint(self, event):
        dc = wx.PaintDC(self)
        # 设置背景颜色
        brush = wx.Brush("white")
        dc.SetBackground(brush)
        dc.Clear()
        # 显示图像
        dc.DrawBitmap(wx.Bitmap("D:\\test\\cat3.png"), 100, 0, True)
        # 绘制文字
        font = wx.Font(18, wx.ROMAN, wx.ITALIC, wx.NORMAL)
        dc.SetFont(font)
        dc.DrawText("我思故我在", 10, 10)


if __name__ == '__main__':
    app = wx.App()
    frame = MyFrame(parent = None, id = - 1)
    frame.Show()
    app.MainLoop()
```

运行结果如图 12-53 所示。

图 12-53　代码 12-48. py 的运行结果

如果要在窗口上绘制图形,则肯定需要颜色、画笔、背景等素材。

在 wxPython 中,使用 wx.Colour() 函数创建颜色对象,其语法格式如下:

```
color1 = wx.Colour(r,g,b)
```

其中,r、g、b 的参数值为 0～255 的整数值。

在 wxPython 中,使用 wx.Pen() 函数创建画笔对象,其语法格式如下:

```
pen1 = wx.Pen(colour, width = 1, style = wx.PENSTYLE_SOLID)
```

其中,colour 表示颜色;width 表示线宽;style 表示画笔的样式。

在 wxPython 中,使用 wx.Brush() 函数创建刷子对象,刷子对象用于设置图形的背景,其语法格式如下:

```
pen1 = wx.Brush(colour, style = wx.BRUSHSTYLE_SOLID)
```

其中,colour 表示颜色;style 表示刷子的样式。

---

**注意**:在 wxPython 中,颜色对象、画笔对象、刷子对象有很多预定义的样式,有兴趣的读者可查看 wxPython 的开发文档。

---

【**实例 12-49**】 应用 wxPython 库创建一个 GUI 程序,在该程序的窗口区域绘制线段、椭圆、圆、矩形,需使用 wx.PaintDC 类,代码如下:

```
# === 第 12 章 代码 12-49.py === #
import wx

class MyFrame(wx.Frame):
    def __init__(self,parent,id):
            # 应用了 Frame 类的构造函数或构造器
            wx.Frame.__init__(self,parent,id,title = "GUI",size = (600,300))
            self.Bind(wx.EVT_PAINT, self.OnPaint)

    def OnPaint(self,event):
            dc = wx.PaintDC(self)
            brush = wx.Brush("white")
            dc.SetBackground(brush)
            dc.Clear()
            # 绘制圆
            color = wx.Colour(255,0,0)
            b = wx.Brush(color)
            dc.SetBrush(b)
            dc.DrawCircle(300,125,50)
            # 绘制椭圆
            dc.SetBrush(wx.Brush(wx.Colour(0,255,255)))
            dc.DrawEllipse(50,125,150,80)
            # 绘制线段
            pen = wx.Pen(wx.Colour(0,0,255))
            dc.SetPen(pen)
            dc.DrawLine(100,50,400,50)
```

```
            #绘制矩形
            dc.SetBrush(wx.Brush(wx.Colour(0,255,0),wx.HORIZONTAL_HATCH))
                dc.DrawRectangle(400,125,100,70)


if __name__ == '__main__':
    app = wx.App()
    frame = MyFrame(parent = None, id = - 1)
    frame.Show()
    app.MainLoop()
```

运行结果如图 12-54 所示。

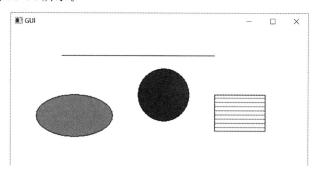

图 12-54　代码 12-49.py 的运行结果

## 12.6.2　多文档界面

一个典型的 GUI 程序可以创建多个窗口。在 wxPython 中,可以使用 wx.MDIParentFrame 类创建容器对象,该容器可以充当多个子窗口的容器。每个子窗口使用 wx.MDIChildFrame 类创建,子窗口位于父窗口的 MDIClientWindow 区域。

【实例 12-50】　应用 wxPython 库创建一个 GUI 程序,该程序是一个多文档界面,当单击菜单栏中的新建时会创建子窗口,代码如下:

```
# === 第 12 章 代码 12 - 50.py === #
import wx

class MyFrame(wx.MDIParentFrame):
    def __init__(self):
        #应用了 Frame 类的构造函数或构造器
        wx.MDIParentFrame.__init__(self,None, - 1,title = "GUI",size = (500,200))
        #创建菜单栏
        menubar = wx.MenuBar()
        #创建菜单
        menu = wx.Menu()
        menu.Append(100, "&New Window")
        menu.Append(101, "&Exit")
        menubar.Append(menu, "&File")
        self.SetMenuBar(menubar)
        #绑定事件
```

```
                    self.Bind(wx.EVT_MENU, self.OnNewWindow, id = 100)
                    self.Bind(wx.EVT_MENU, self.OnExit, id = 101)

            def OnExit(self, event):
                    self.Close(True)

            def OnNewWindow(self, event):
                    '''执行方法,创建子窗口'''
                    win = wx.MDIChildFrame(self, -1, "子窗口")
                    win.Show(True)


    if __name__ == '__main__':
        app = wx.App()
        frame = MyFrame()
        frame.Show()
        app.MainLoop()
```

运行结果如图 12-55 所示。

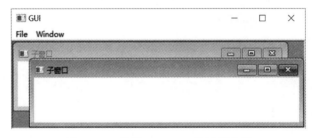

图 12-55 代码 12-50.py 的运行结果

## 12.6.3 拖放事件

在 wxPython 中,可以将一个数据对象从一个窗口拖放到另一个窗口。需要使用预定义的拖放目标类: wx.TextDropTarget 类或 wx.FileDropTarget 类,其操作步骤如下:
(1) 启动拖放数据的目标对象。
(2) 获取要拖放的数据对象。
(3) 创建 wx.DropSource 对象。
(4) 执行拖放操作。

【实例 12-51】 应用 wxPython 库创建一个 GUI 程序,该程序包含两个 ListCtrl 控件,将数据从第 1 个 ListCtrl 控件拖放到第 2 个 ListCtrl 控件中,代码如下:

```
# === 第 12 章 代码 12-51.py === #
import wx

class MyTarget(wx.TextDropTarget):
    def __init__(self, object):
```

```
                wx.TextDropTarget.__init__(self)
                self.object = object

        def OnDropText(self,x,y,data):
                self.object.InsertItem(0, data)
                return True


class MyFrame(wx.Frame):
    def __init__(self, parent,id):
                super(MyFrame, self).__init__(parent,id,title = 'GUI',size = (500,300))
                panel = wx.Panel(self)
                # 两个 ListCtrl 控件水平放置,使用 BoxSizer 布局
                box = wx.BoxSizer(wx.HORIZONTAL)
                languages = ['C','C++','Java','Python','Perl','JavaScript','PHP','Ruby','C#','Lisp']
                self.lst1 = wx.ListCtrl(panel, -1,style = wx.LC_LIST)
                self.lst2 = wx.ListCtrl(panel, -1,style = wx.LC_LIST)
                for item in languages:
                   self.lst1.InsertItem(0,item)
                # 启动拖放数据的目标对象
                dt = MyTarget(self.lst2)
                self.lst2.SetDropTarget(dt)
                # 绑定拖放事件
                wx.EVT_LIST_BEGIN_DRAG(self, self.lst1.GetId(), self.OnDragInit)
                # 设置 BoxSizer 布局
                box.Add(self.lst1,0,wx.EXPAND)
                box.Add(self.lst2, 1, wx.EXPAND)
                panel.SetSizer(box)
                panel.Fit()


    def OnDragInit(self, event):
                # 获取拖放的数据
                text = self.lst1.GetItemText(event.GetIndex())
                tobj = wx.TextDataObject(text)
                # 创建 DropSource,并施行拖放操作
                src = wx.DropSource(self.lst1)
                src.SetData(tobj)
                src.DoDragDrop(True)
                # 在原控件中删除拖放的数据
                self.lst1.DeleteItem(event.GetIndex())


if __name__ == '__main__':
    app = wx.App()
    frame = MyFrame(parent = None, id = -1)
    frame.Show()
    app.MainLoop()
```

运行结果如图 12-56 所示。

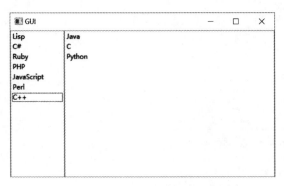

图 12-56　代码 12-51.py 的运行结果

## 12.7　小结

本章介绍了使用 wxPython 创建 GUI 程序的方法及常用的控件和布局管理。

本章介绍了 wxPython 中事件绑定的方法,并介绍了创建各种对话框的方法。最后介绍了绘制图形、创建多文档界面、处理拖放事件的方法。

本章主要采用面向对象的编程思想,如果要进一步学习 wxPython 的知识,则需要查看 wxPython 的开发文档。

其他应用篇

# 第 13 章

# Python 的其他应用

Python 不仅能解决小问题,也能处理大问题。大问题是有门槛的问题,需要比较多的预备知识,例如使用 Python 搭建一个动态网站,不仅需要 Python 知识,也要了解网站的构成、客户的需求,以及 HTML、CSS、JavaScript、数据库等知识。

## 13.1 创建网站

网站也称为 Web 应用程序。如果从零开始创建一个网站,则不得不反复解决一些类似的问题。这样的做法对于开发一个项目来讲,不仅浪费时间和精力,而且违反良好编程的原则之一———DRY(不要重复自己)。

在实际的 Web 应用程序开发中,可以通过 Web 框架解决这些问题,从而提高开发效率。Web 框架的全称为 Web 应用框架(Web Application Framework),用来支持网络应用程序、网络服务的开发。Web 框架可以使用任何编程语言编写,Web 框架会提供以下功能: ①管理路由;②访问数据库;③管理会话和 Cookies;④创建模板来显示 HTML 网页; ⑤促进代码的重用。

Python 提供了丰富的 Web 框架,比较流行的有以下几种。

1. Flask

Flask 是一款轻量级的 Web 开发框架,它是基于 Werkzeug 工具箱编写的 Web 开发框架,主要面向需求简单、项目周期短的 Web 应用。Flask 比较灵活,其设计哲学是只完成基本的功能,其他的功能则依靠第三方插件来完成,从而实现了模块的高度化定制。Flask 常用的插件见表 13-1。

表 13-1　Flask 常用的插件

| 插　　件 | 说　　明 | 插　　件 | 说　　明 |
|---|---|---|---|
| flask-SQLalchemy | 操作数据库 | flask-script | 插入脚本 |
| flask-migrate | 管理迁移数据库 | flask-login | 认证用户状态 |
| flask-mail | 邮件操作 | flask-Bootstrap | 集成前端 Twitter Bootstrap 框架 |
| flask-wtf | 表单操作,基于 wtform | | |

续表

| 插　件 | 说　　明 | 插　件 | 说　　明 |
|---|---|---|---|
| flask-moment | 本地化日期和时间 | flask-uploads | 文件上传功能 |
| flask-restful | 提高 REST API | flask-cloudy | 文件上传,支持上传到各种云环境 |
| flask-bcrypt | 提高加密功能 |  |  |
| flask-cache | 提高与缓存相关的功能 | flask-user | 提供了完整的与用户相关的功能 |
| flask-httpauth | 一个简单的 HttpAuth 插件 |  |  |

Flask 的两个主要核心应用是 Werkzeug 和模板引擎 Jinja,除此以外,别的插件都可以自由组装。

Flask 的优点是:项目和结构配置简单,组件可以自由拆装;比较适合小项目或临时项目。其缺点是:组件高度自定义带来各种组件之间的兼容问题严重,不适合大型应用。

### 2. Django

Django 是一款质量级的 Web 开发框架。如果说 Flask 是小而精的 Web 开发框架,那么 Django 则是大而全的 Web 开发框架。

Django 遵循了 MVC 的开发模式,并将这种模式命名为 MTV。M 表示 Model,即数据模型,用于后端数据库模型的定义和处理;T 表示 Templates,即模板,用于前端显示信息;V 表示 View,用于接收客户端请求、处理 Model、渲染信息返回给客户端。

Django 的优点是提供了一站式的解决方案和非常齐备的官方文档,各种组件集成高度成熟,用户模型配置齐全,权限认证体系健全,ORM 数据库管理功能简单方便,自带后台管理功能。Django 的缺点是:配置相对复杂,系统组件耦合度高,替换内置功能比较占用时间,如果应用 Django 框架开发简单的 Web 应用,则会有杀鸡用牛刀的效果。

### 3. Tornado

Tornado 是一款非阻塞式的 Web 开发框架,自带了 WSGI(Web 应用和多种服务器之间的标准 Python 接口)处理的相关功能。由于 Tornado 是一款异步非阻塞式的 Web 服务器,反应速度比较快,每秒可以处理数以千计的连接。Tornado 与 Flask 类似,除了基本的 Web 处理功能和模板之外,其他功能的组件需要自行安装。

Tornado 的优点是:短小精悍、性能比较好、不依赖于 Python 多进程/多线程、支持 WebSocket。Tornado 的缺点是过于精简,适用于纯接口化服务或者小型网站应用。

### 4. Bottle

Bottle 是一款轻量级的 Web 开发框架。该框架只有一个文件,代码只使用 Python 标准库,不需要第三方库。Bottle 具有路径映射、模板、简单的数据库访问等组件。如果程序员要创建一个最轻量级的 WSGI(Python Web Server Gateway Interface)服务,则 Bottle 是一个很好的选择,可以用最快的速度创建一个 Web 服务。

## 13.2　数据分析

数据分析是利用计算机科学、统计学相结合的统计分析方法对大量数据进行分析，从中提取有价值的信息并形成结论进行展示的过程。大数据来源包括 Excel、数据库、网页及收集的数据。

数据分析的本质是通过总结数据的规律，解决业务问题，从而帮助实际工作者做出判断和决策。数据分析的流程是：①业务需求；②数据获取；③数据处理；④数据分析；⑤数据可视化。数据分析一般得到一个指标统计量结果，如总和、平均值、中位数，这些指标数据都需要与业务结合后再进行解读，从而发挥出数据的价值与作用。

数据分析主要包括以下 3 点内容：现状分析（分析已经发生了什么）、原因分析（分析为什么会出现这种状况）、预测分析（定量地预测未来会发生什么）

针对具体的业务需求，也可以先做假设，然后通过数据分析来判断假设是否正确，即大胆假设，然后通过数据分析小心求证。

数据分析的方法主要包括对比分析、分组分析、交叉分析、回归分析。针对数据分析的应用场景，Python 语言可以灵活地处理这些问题。Python 语言中的数据分析三剑客（Pandas、NumPy、Matplotlib）和其他模块可以实现 Excel 难以实现的功能。

## 13.3　数字图像与视频处理

人类拥有视觉能力，并使用计算机进行数字图像与视频处理。使用计算机可以进行的数字图像处理包括以下几部分。

（1）模式识别：根据图像中抽取的统计特征和结构信息，把图像分门别类，例如文字识别、指纹识别、人脸识别。

（2）图像处理：利用处理技术将图像转换成具有某些特性的另一张图像，例如通过增强技术提高图像的细节，或移除图像中的噪声以恢复图像。

（3）图像理解：计算机程序不仅能描述图像，而且能解释图像代表的景物，从而对图像代表的内容进行辨识。

（4）场景重建：根据二维图像、一段视频，为图像或视频中的场景建立一个计算机模型或三维模型。

（5）运动检测：根据序列图像对物体的运动进行检测，例如跟踪运动的物体。

Python 是一门集成度很高的编程语言，Python 可以使用 OpenCV 对数字图像和视频进行处理。OpenCV 是一个开源的计算机视觉库，被广泛地应用在安保、工业检测、医学影像、卫星地图等系统中。OpenCV 常用的模块见表 13-2。

表 13-2　OpenCV 常用的模块

| 模　　块 | 说　　明 |
|---|---|
| Core | 包括 OpenCV 的基本结构和基本操作 |
| Improc | 包括基本的图像转换、滤波、卷积操作 |
| Highgui | 包括可以用于显示图像或者进行简单输入的用户交互方法 |
| Video | 包括读取、写入视频流的方法 |
| Calib3d | 包括校准单个、双目、多个相机的算法 |
| Feature2d | 包括用于检测、描述、匹配特征点的算法 |
| Objdetect | 包括检测特定目标的算法 |
| ML | 包括大量的机器学习算法 |
| Flann | 包括一些不会直接使用的算法,这些算法可供其他模块使用 |
| GPU | 包括在 CUDA GPU 上实现优化的方法 |
| Photo | 包括计算机摄影学的方法 |
| Stitching | 这是一个精巧的图像拼接流程 |

# 13.4　人工智能与机器学习

人工智能是旨在模仿人类思维和处理信息的任何软件或流程。人工智能包括广泛的技术和领域,如计算机视觉、自然语言处理(NLP)、自动驾驶、机器人技术、机器学习。

机器学习是人工智能的一个子集,它是一种让计算机设备在没有人为干预的情况下学习提供给数据集的信息技术。机器学习算法可以随着时间的推移从数据中学习,从而提高整个机器学习模型的准确性和效率。另一种看待它的方式是,机器学习是人工智能在执行人工智能功能时所经历的过程。

随着人工智能技术的发展与普及,Python 超越了许多其他编程语言,成为机器学习领域中最热门最常用的编程语言之一。根据 http://builtwith.com 的数据显示,45％的科技公司倾向于使用 Python 作为人工智能与机器学习领域的编程语言。有许多原因致使 Python 在众多开发者中如此受追捧,其中一个重要原因是 Python 拥有大量与机器学习相关的开源框架及工具库。Python 与机器学习相关的框架见表 13-3。

表 13-3　Python 与机器学习相关的框架

| 框　　架 | 说　　明 |
|---|---|
| TensorFlow | TensorFlow 框架由谷歌大脑团队开发,主要用于深度学习,绝大多数的谷歌机器学习在使用该框架。TensorFlow 把神经网络运算抽象成运算图,一个运算图中包含大量张量运算,而张量实际上就是 $N$ 维数据的集合,并行运算是 TensorFlow 的主要优势之一,可以通过代码设计分配 CPU、GPU 计算资源,实现并行化的图运算 |
| Theano | Theano 是一个用于多维数组计算的 Python 运算框架,用于定义、优化、求值数学表达式,比较适合做机器学习。Theano 的工作原理与 TensorFlow 相似,也可用于分布式并行环境 |

续表

| 框 架 | 说 明 |
| --- | --- |
| Keras | Keras 是 Python 中比较流行的深度学习库,Keras 提供了非常简明的机制表达神经网络结构,提供了比较多优秀的工具用于神经网络模型的编译、数据处理、网络结构的可视化。Theano 本质上是对 TensorFlow、Theano 等框架的进一步封装,以提供统一的 API 来简化神经网络的构建与训练 |
| PyTorch | PyTorch 是比较大的深度学习库,允许开发人员通过加速 GPU 执行张量计算、创建动态计算图,并自动计算梯度。PyTorch 提供了丰富的 API,用于解决与神经网络相关的应用问题 |
| LightGBM | LightGBM(Light Gradient Boosting Machine)是微软开源的一款实现 GBDT 算法的框架,支持高效率的并行训练,用于解决 GBDT 处理海量数据时遇到的问题,让 GBDT 更好更快地用于工业实践。LightGBM 的特点是高度可扩展、支持分布式、更低的内存消耗、更快的处理速度、优化的梯度增强实现 |
| Scikits-Learn | Scikits-Learn 简称为 sk-learn,是一款基于 NumPy 与 SciPy 的机器学习库,用于处理复杂数据,包含了大量用于实现传统机器学习和数据挖掘任务的算法,例如数据降维、分类、回归、聚类、模式选择、交叉验证 |
| XGBoost | XGBoost 是一个优化的分布式梯度增强库,是在 Boosting 框架下实现机器学习算法。XGBoost 提供了并行树提升,可以快速准确地解决数据科学问题,可以在分布式环境(Hadoop、SGE、MPI)上运行,其特点是高效、灵活、便携 |
| Eli5 | 如果在机器学习任务中遇到模型的预测结果不准确,则可使用 Python 构建的 Eli5 机器学习库帮助处理这个问题。Eli5 为现有的机器学习框架提供了若干内置的支持,例如模型数据可视化、模型调试、算法跟踪。Eli5 支持 XGBoost、LightGBM、sk-learn 等机器学习框架 |

# 13.5 小结

本章介绍了可用于 Python 解决的大问题,包括开发网站、数据分析、数字图像和视频处理、人工智能与机器学习。针对这些有门槛的问题,Python 提供了相应的开发框架。

# 图 书 推 荐

| 书 名 | 作 者 |
| --- | --- |
| 深度探索 Vue.js——原理剖析与实战应用 | 张云鹏 |
| 剑指大前端全栈工程师 | 贾志杰、史广、赵东彦 |
| Flink 原理深入与编程实战——Scala＋Java(微课视频版) | 辛立伟 |
| Spark 原理深入与编程实战(微课视频版) | 辛立伟、张帆、张会娟 |
| HarmonyOS 应用开发实战(JavaScript 版) | 徐礼文 |
| HarmonyOS 原子化服务卡片原理与实战 | 李洋 |
| 鸿蒙操作系统开发入门经典 | 徐礼文 |
| 鸿蒙应用程序开发 | 董昱 |
| 鸿蒙操作系统应用开发实践 | 陈美汝、郑森文、武延军、吴敬征 |
| HarmonyOS 移动应用开发 | 刘安战、余雨萍、李勇军 等 |
| HarmonyOS App 开发从 0 到 1 | 张诏添、李凯杰 |
| HarmonyOS 从入门到精通 40 例 | 戈帅 |
| JavaScript 基础语法详解 | 张旭乾 |
| 华为方舟编译器之美——基于开源代码的架构分析与实现 | 史宁宁 |
| Android Runtime 源码解析 | 史宁宁 |
| 鲲鹏架构入门与实战 | 张磊 |
| 鲲鹏开发套件应用快速入门 | 张磊 |
| 华为 HCIA 路由与交换技术实战 | 江礼教 |
| openEuler 操作系统管理入门 | 陈争艳、刘安战、贾玉祥 等 |
| 恶意代码逆向分析基础详解 | 刘晓阳 |
| 深度探索 Go 语言——对象模型与 runtime 的原理、特性及应用 | 封幼林 |
| 深入理解 Go 语言 | 刘丹冰 |
| 深度探索 Flutter——企业应用开发实战 | 赵龙 |
| Flutter 组件精讲与实战 | 赵龙 |
| Flutter 组件详解与实战 | ［加］王浩然(Bradley Wang) |
| Flutter 跨平台移动开发实战 | 董运成 |
| Dart 语言实战——基于 Flutter 框架的程序开发(第 2 版) | 亢少军 |
| Dart 语言实战——基于 Angular 框架的 Web 开发 | 刘仕文 |
| IntelliJ IDEA 软件开发与应用 | 乔国辉 |
| Vue＋Spring Boot 前后端分离开发实战 | 贾志杰 |
| Vue.js 快速入门与深入实战 | 杨世文 |
| Vue.js 企业开发实战 | 千锋教育高教产品研发部 |
| Python 从入门到全栈开发 | 钱超 |
| Python 全栈开发——基础入门 | 夏正东 |
| Python 全栈开发——高阶编程 | 夏正东 |
| Python 全栈开发——数据分析 | 夏正东 |
| Python 游戏编程项目开发实战 | 李志远 |
| Python 人工智能——原理、实践及应用 | 杨博雄 主编,于营、肖衡、潘玉霞、高华玲、梁志勇 副主编 |
| Python 深度学习 | 王志立 |
| Python 预测分析与机器学习 | 王沁晨 |
| Python 异步编程实战——基于 AIO 的全栈开发技术 | 陈少佳 |
| Python 数据分析实战——从 Excel 轻松入门 Pandas | 曾贤志 |
| Python 概率统计 | 李爽 |

| 书　名 | 作　者 |
|---|---|
| Python 数据分析从 0 到 1 | 邓立文、俞心宇、牛瑶 |
| FFmpeg 入门详解——音视频原理及应用 | 梅会东 |
| FFmpeg 入门详解——SDK 二次开发与直播美颜原理及应用 | 梅会东 |
| FFmpeg 入门详解——流媒体直播原理及应用 | 梅会东 |
| FFmpeg 入门详解——命令行与音视频特效原理及应用 | 梅会东 |
| Python Web 数据分析可视化——基于 Django 框架的开发实战 | 韩伟、赵盼 |
| Python 玩转数学问题——轻松学习 NumPy、SciPy 和 Matplotlib | 张骞 |
| Pandas 通关实战 | 黄福星 |
| 深入浅出 Power Query M 语言 | 黄福星 |
| 深入浅出 DAX——Excel Power Pivot 和 Power BI 高效数据分析 | 黄福星 |
| 云原生开发实践 | 高尚衡 |
| 云计算管理配置与实战 | 杨昌家 |
| 虚拟化 KVM 极速入门 | 陈涛 |
| 虚拟化 KVM 进阶实践 | 陈涛 |
| 边缘计算 | 方娟、陆帅冰 |
| 物联网——嵌入式开发实战 | 连志安 |
| 动手学推荐系统——基于 PyTorch 的算法实现(微课视频版) | 於方仁 |
| 人工智能算法——原理、技巧及应用 | 韩龙、张娜、汝洪芳 |
| 跟我一起学机器学习 | 王成、黄晓辉 |
| 深度强化学习理论与实践 | 龙强、章胜 |
| 自然语言处理——原理、方法与应用 | 王志立、雷鹏斌、吴宇凡 |
| TensorFlow 计算机视觉原理与实战 | 欧阳鹏程、任浩然 |
| 计算机视觉——基于 OpenCV 与 TensorFlow 的深度学习方法 | 余海林、翟中华 |
| 深度学习——理论、方法与 PyTorch 实践 | 翟中华、孟翔宇 |
| HuggingFace 自然语言处理详解——基于 BERT 中文模型的任务实战 | 李福林 |
| AR Foundation 增强现实开发实战(ARKit 版) | 汪祥春 |
| AR Foundation 增强现实开发实战(ARCore 版) | 汪祥春 |
| ARKit 原生开发入门精粹——RealityKit + Swift + SwiftUI | 汪祥春 |
| HoloLens 2 开发入门精要——基于 Unity 和 MRTK | 汪祥春 |
| 巧学易用单片机——从零基础入门到项目实战 | 王良升 |
| Altium Designer 20 PCB 设计实战(视频微课版) | 白军杰 |
| Cadence 高速 PCB 设计——基于手机高阶板的案例分析与实现 | 李卫国、张彬、林超文 |
| Octave 程序设计 | 于红博 |
| ANSYS 19.0 实例详解 | 李大勇、周宝 |
| ANSYS Workbench 结构有限元分析详解 | 汤晖 |
| AutoCAD 2022 快速入门、进阶与精通 | 邵为龙 |
| SolidWorks 2021 快速入门与深入实战 | 邵为龙 |
| UG NX 1926 快速入门与深入实战 | 邵为龙 |
| Autodesk Inventor 2022 快速入门与深入实战(微课视频版) | 邵为龙 |
| 全栈 UI 自动化测试实战 | 胡胜强、单镜石、李睿 |
| pytest 框架与自动化测试应用 | 房荔枝、梁丽丽 |